文教事業部
專屬團購好禮方案

博碩文教事業部為博碩文化為服務廣大教育市場所成立的行銷團隊

活動說明

🕐 本活動與【讀墨電子書平台】合作，推出習題電子書教學配件，可供教師及學生作為日常作業或評量，了解個人學習狀況。

🕐 教師可另外申請下載習題解答，恕不提供非教師申請。

課用書團購好禮活動

🎯 好禮一：專屬優惠折扣或贈品

🎯 好禮二：專屬習題電子書

本教學配件由博碩文化文教事業部獨家提供

🕐 掃描以下 QR code，可查閱詳細說明，完成團購標準可獲得專屬習題電子書。

博碩文化

網路概論的

16堂精選課程 第三版

吳燦銘 著
ZCT 策劃

物聯網

行動通訊

大數據

雲端運算

人工智慧

·)) 快速建立網路基礎知識　　·)) 最新網路原理與應用
·)) 深入網路分層架構核心　　·)) 章末習題強化學習吸收力

本書如有破損或裝訂錯誤，請寄回本公司更換

作　　者：吳燦銘、ZCT 策劃
責任編輯：蔡瓊慧、魏聲圩

董 事 長：曾梓翔
總 編 輯：陳錦輝

出　　版：博碩文化股份有限公司
地　　址：221 新北市汐止區新台五路一段 112 號 10 樓 A 棟
　　　　　電話 (02) 2696-2869　傳真 (02) 2696-2867

發　　行：博碩文化股份有限公司
郵撥帳號：17484299　戶名‧博碩文化股份有限公司
博碩網站：http://www.drmaster.com.tw
讀者服務信箱：dr26962869@gmail.com
訂購服務專線：(02) 2696-2869 分機 238、519
（週一至週五 09:30 ～ 12:00；13:30 ～ 17:00）

版　　次：2025 年 1 月三版一刷

建議零售價：新台幣 500 元
I S B N：978-626-414-081-2
律師顧問：鳴權法律事務所 陳曉鳴律師

國家圖書館出版品預行編目資料

網路概論的十六堂精選課程：行動通訊x物聯網
x大數據x雲端運算x人工智慧/吳燦銘著. -- 三版.
-- 新北市：博碩文化股份有限公司, 2025.01
　面；　公分

ISBN 978-626-414-081-2(平裝)

1.CST: 電腦網路

312.16　　　　　　　　　　　　　113019175

Printed in Taiwan

博 碩 粉 絲 團

歡迎團體訂購，另有優惠，請洽服務專線
(02) 2696-2869 分機 238、519

我們知道網路的相關技術相當廣泛,所以網路概論課程到底要教授學生哪些主題與份量,一直是老師們教材選購的最大重點。本書的設計理念,希望定位它是一本網路概論的教學用書,因此在全書的撰寫過程中,把握內容淺顯易懂及圖文並茂的解說原則,希望這本難易適中的網路概論,可以符合網路概論課程入門教材的需求,以幫助各位學習這些不易理解的知識。

本書完全是以一本入門者的角度來撰寫,為了幫助學習過程降低負擔,一開始會先介紹網路入門與創新應用,包括:通訊網路基礎、網路參考模型、通訊基礎設備及資料通訊導論等,這些單元就是希望快速建立各種網路的基礎知識,有了這些知識背景後,接下來的單元,就會為各位介紹有線區域網路、無線網路通訊入門及廣域網路等相關觀念及技術。

接下來的章節安排,則會談到網路分層架構的精神,其中要介紹的主題包括:IP 位址封包與路由、IPv6 的發展與未來、UTP 與 TCP 協定、DNS 運作架構及查詢流程、DHCP 觀念與運作流程、ARP 與 ICMP 等,在這些單元中會逐一談論到這些網路協定內涵與應用、封包格式,以及實作原理的展現,期許幫助大家更深入網路概論的分層架構的核心理論。

在本書最後幾章,則會介紹最新網際網路原理與應用、網路與資訊安全導論、網路管理相關議題、雲端運算與物聯網、網路大數據與人工智慧等,期許透過這些章節的說明,可以更完備呈現出網路概論的學習重點。雖然本書力求資訊正確無誤,但仍恐有疏失之處,還望各位先進不吝指正。

目錄 CONTENTS

CHAPTER 03　有線區域網路

CHAPTER 04　無線網路通訊入門

CHAPTER 05　認識廣域網路

CHAPTER 06　認識 IP 位址、封包與路由

CHAPTER 07   IPv6 的發展與未來

CHAPTER 08   認識 DNS

CHAPTER 09　DHCP

CHAPTER 10　UDP 與 TCP 通訊協定

CHAPTER 11　ARP 與 ICMP

CHAPTER 12　網際網路原理與應用

CHAPTER 13　網路與資訊安全導論

CHAPTER 14　網路管理導論

目錄

CHAPTER 15　雲端運算與物聯網

CHAPTER 16　網路大數據與人工智慧

01
CHAPTER

網路入門與創新應用

我們如果使用「無孔不入」來形容網路或許稍嫌誇張，但網路確實已經成為現代人生活中的一部分，也全面影響了人類的日常生活型態。網路的一項重要特質就是互動，乙太網路的發明人鮑伯‧梅特卡夫（Bob Metcalfe）就曾說過網路的價值與上網的人數呈正比，如今全球已有數十億上網人口。

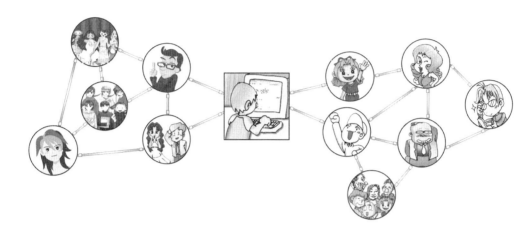

網路（Network）可視為是包括硬體、軟體與線路連結或其他相關技術的結合，網路讓許多使用者可以立即存取網路上的共享資料與程式，而且不需在他們自己的電腦上各自保存資料與程式備份。在資訊科技高速發展的今日，網路通訊的應用和範圍包羅萬象，特別是隨著網際網路（Internet）的興起與蓬勃發展，網路的應用更朝向多元與創新的趨勢邁進，帶動人類有史以來，最大規模的資訊與社會變動，無論是生活、娛樂、通訊、政治、軍事、外交等方面，都引起了前所未有的新興革命。

> **TIPS** 摩爾定律（Moore's law）是由英特爾（Intel）名譽董事長摩爾（Gordon Mores）於 1965 年所提出，表示電子計算相關設備不斷向前快速發展的定律，主要是指一個尺寸相同的 IC 晶片上，所容納的電晶體數量，因為製程技術的不斷提升與進步，造成電腦的普及運用，每隔約十八個月會加倍，執行運算的速度也會加倍，但製造成本卻不會改變。

1-1 通訊網路簡介

一個完整的通訊網路系統元件，不只包括電腦與其周邊設備，甚至有電話、手機、平板等。也就是說，任何一個透過某個媒介體相互連接架構，可以彼此進行溝通與交換資料，即可稱之為「網路」。歷史上的第一個網路即是以電話線路為基礎，也就是「公共交換電話網路」（Public Switched Telephone Network, PSTN）。網路連結的媒介體除了常

見的雙絞線、同軸電纜、光纖等實體媒介，甚至也包括紅外線、微波等無線傳輸模式。「網路」（Network），最簡單的定義就是利用一組通訊設備，透過各種不同的媒介體，將兩台以上的電腦連結起來，讓彼此可以達到「資源共享」與「傳遞訊息」的功用：

❶ 資源共享：包含在網路中的檔案或資料與電腦相關設備，都可讓網路上的用戶分享、使用與管理。

❷ 訊息交流：電腦連線後可讓網路上的用戶彼此傳遞訊息與交流資訊。

⬆ 網路系統架構圖

一個完整的網路是由下列五個元件組成：

通訊網路組成元件	功能說明
資料終端元件	在網路上負責傳送與接收資料的設備，例如個人電腦與工作站等。
資料通訊元件	將資料終端元件中的數位訊號轉換成類比訊號，例如數據機。
資料交換元件	是一種資料傳輸控制的中介裝置，例如路由器、集線器等等。
通訊媒介元件	在通訊網路中傳遞資料與訊息的媒介物，例如電話線、同軸電纜、光纖等。
通訊訊號元件	在網路中所傳送的資料必須先轉換成某些訊號（如電波或光波），才能在通訊媒介中傳遞，例如類比訊號。

1-1-1 通訊網路規模

如果依照通訊網路的架設規模與傳輸距離的遠近，可以區分為三種網路型態：

區域網路（Local Area Network, LAN）

「區域網路」是一種最小規模的網路連線方式，涵蓋範圍可能侷限一個房間、同一棟大樓或者一個小區域內，達到資源共享的目的：

> **TIPS** 個人區域網路（Personal Area Network, PAN）是指個人範圍（隨身攜帶或數米之內）的硬體裝置（如電腦、電話、平板、筆電、數位相機等）組成的通訊網路。

⬆ 同棟大樓內的網路系統是屬於區域網路

都會網路（Metropolitan Area Network, MAN）

「都會網路」的涵蓋區域比區域網路更大，可能包括一個城市或大都會的規模。簡單的說，就是數個區域網路連結所構成的系統。例如校園網路（campus area network, CAN），不同的校園辦公室與組織可以被連結在一起，如總務處的會計辦公室可以被連接至教務處的註冊辦公室，也算小型都會網路的一種。

⬆ 都會網路可以更將多個區域網路連結在一起

廣域網路（Wide Area Network, WAN）

「廣域網路」（Wide Area Network, WAN）是利用光纖電纜、電話線或衛星無線電科技，將分散各處的無數個區域網路與都會網路連結在一起。可能是都市與都市、國家與國家，甚至於全球間的聯繫。廣域網路並不一定包含任何相關區域網路系統，例如兩部遠距的大型主機都不是區域網路的一部分，但仍可透過廣域網路進行通訊，網際網路則是最典型的廣域網路，如右圖所示：

⬆ 廣域網路示意圖

1-1-2　網路連結模式

網路「拓樸」（Topology）就是指網路連線實體或邏輯排列形狀，或者說是網路連線後的外觀。網路連結型態也就是指網路的佈線方式，常見的網路拓樸有匯流排式（bus）拓樸、星狀（star）拓樸、環狀（ring）拓樸、網狀（mesh）拓樸，分別說明如下。

🌐 匯流排式拓樸

匯流排式拓樸是最簡單，成本也最便宜的網路拓樸安排方式，使用單一的管線，所有節點與周邊設備都連接到這線上。優點是如果要在網路中加入或移除電腦裝置都很方便，所使用的材料也頗為便宜，適用於剛起步的小型辦公室網路來使用。缺點是維護不易，如果某段線路有問題，整個網路就無法使用，並且需逐段檢查以找出發生問題線段並加以更換。其外觀如下所示：

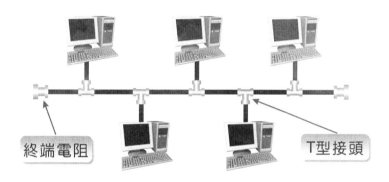

🔼 匯流排式拓樸示意圖

🌐 星狀拓樸

在星狀拓樸中，各別的電腦會使用各自的線路連接至一台中間連接裝置，這個裝置通常是集線器（Hub），所有的節點都被連接至集線器並透過它進行溝通。優點是每台電腦裝置都使用各自的線路連接至中央裝置，所以即使某條線路出了問題，也不至於影響到其他的線路，不過因為每台電腦都需要一條網路線與中心集線器相連，使用線材較多，成本也較高，另外當中心節點集線器故障時，則有可能癱瘓整個網路。如下圖所示：

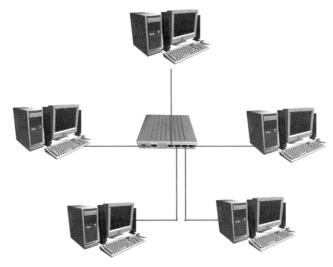

⬆ 星狀拓樸示意圖

🌐 環狀拓樸

　　將網路上的每台電腦與周邊設備，透過網路線以環狀（ring）方式連結起來。其中各節點連接下一個節點，最後一個節點連接到第一個節點，而完成環狀，各節點檢查經由環狀傳送的資料。環狀拓樸一般較不常見，使用環狀拓樸的網路主要有 IBM 的「符記環」（Token Ring）網路，符記環網路使用「符記」（token）來進行資料的傳遞。在網路流量大時會有較好的表現，優點是網路上的每台電腦都處於平等的地位，缺點是當網路上的任一台電腦或線路故障，其他電腦部會受到影響。如下圖所示：

⬆ 環狀網路示意圖

🌐 網狀拓樸

　　網狀拓樸則是一台電腦裝置至少與其他兩台裝置進行連接，由於每個裝置至少與其他兩個裝置進行連接，網狀拓樸的網路會具有較高的容錯能力，也就是如果此條線路不通，還可以用另外的路徑來傳送資料。雖然如此，但網狀拓樸的成本較高，要連接兩台以上的裝置也較為複雜，所以建置不易，一般還是很少看到網狀拓樸的應用。如右圖所示：

⬆ 網狀拓樸示意圖

1-1-3　主從式網路與對等式網路

　　如果從資源共享的角度來說，通訊網路中電腦間的關係，可以區分為「主從式網路」與「對等式網路」兩種：

🌐 主從式網路

　　通訊網路中，安排一台電腦作為網路伺服器，統一管理網路上所有用戶端所需的資源（包含硬碟、列表機、檔案等）。優點是網路的資源可以共管共用，而且透過伺服器取得資源，安全性也較高。缺點是必須有相當專業的網管人員負責，軟硬體的成本較高，如右圖所示：

用戶端

硬碟　　伺服器　　印表機

用戶端　　掃描器　　用戶端

⬆ 主從式網路示意圖

對等式網路

在對等式網路中，並沒有主要的伺服器，每台網路上的電腦都具有同等級的地位，並且可以同時享用網路上每台電腦的資源。優點是架設容易，不必另外設定一台專用的網路伺服器，成本花費自然較低。缺點是資源分散在各部電腦上，管理與安全性都有一定缺陷，如下圖所示：

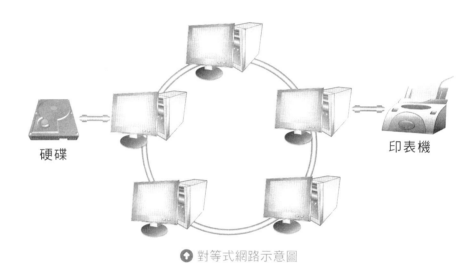

硬碟

印表機

⊙ 對等式網路示意圖

1-1-4 通訊協定簡介

通訊協定簡介

在廣大的網路世界中，為了讓所有電腦都能互相溝通，就必須制定一套可以讓所有電腦都能夠瞭解的語言，這種語言便成為「通訊協定」（protocol）。通訊協定就是一種公開化的標準，且會依照時間與使用者的需求而逐步改進，本節將為各位介紹幾種常見的有線通訊協定：

TCP 協定

「傳輸通訊協定」（Transmission Control Protocol, TCP）為一種「連線導向」資料傳遞方式，可以掌握封包傳送是否正確抵達接收端，並可以提供流量控制（flow control）的功能。TCP 運作的基本原理是發送端將封包發送出去之後，並無法確認封包是否正確的抵達目的端，必須依賴目的端與來源端「不斷地進行溝通」。TCP 經常被認為

是一種可靠的協定,如果發送端過了一段時間仍沒有接收到確認訊息,表示封包可能已經遺失,必須重新發出封包。

⊕ IP 協定

「網際網路協定」(Internet Protocol, IP)是 TCP / IP 協定中的運作核心,存在 DoD 網路模型的「網路層」(network layer),也是構成網際網路的基礎,是一個「非連接式」(Connectionless)傳輸通訊協定,主要是負責主機間網路封包的定址與路由,並將封包(packet)從來源處送到目的地。而 IP 協定可以完全發揮網路層的功用,並完成 IP 封包的傳送、切割與重組。

⊕ UDP 協定

「使用者資料協定」(User Datagram Protocol, UDP)是位於傳輸層中運作的通訊協定,主要目的就在於提供一種陽春簡單的通訊連接方式,通常比較適合應用在小型區域網路上。由於 UDP 在傳輸資料時,不保證資料傳送的正確性,所以不需要驗證資料,因此使用較少的系統資源,相當適合一些小型但頻率高的資料傳輸。

1-1-5 常見標準訂定機構

一般而言,重要網路標準之訂立還是得經過標準機構之審核與協調,所以接下來介紹幾個重要的標準訂定機構:

⊕ 國際標準組織(International Organization for Standardization, ISO)

此組織訂立了我們日常生活許多常聽見的標準規格,它建立於 1947 年,為一多國性的組織,成員目前為來自一百多個工業化國家的代表,目的在於推動各式工業產品的標準規格。我們經常聽見的「ISO 9000」(品質管理)、「ISO 14000」(環境管理)……等標準,即是該機構一萬多個標準中的兩個標準。

由於 ISO 是個自願性的組織,並未要求各國家或組織一定要遵守其制訂的標準,所以嚴格說來,ISO 並沒有所謂的認證,也不是產品標示,廣告中所常見的「符合 ISO 認證」,其實只是指符合 ISO 所制訂的標準而已。

美國國家標準協會（American National Standards Institute, ANSI）

ANSI 是美國境內推動標準化最著名的組織，相當於美國的 ISO 代表，雖然名稱上有「美國」的字樣，但是它並不屬於美國政府所管轄，任何的國家或團體也都可以參與。雖說如此，ANSI 中也有許多規格成為國際規格，例如 FDDI（光纖分散式資料介面）、SCSI（小型電腦系統介面）……等等。

電子電機工程師協會（Institute of Electrical and Electronic Engineers, IEEE）

從名稱就可以清楚地瞭解其為致力於電子、電機、電訊、無線電等專業工程領域標準的組織。其前身為 AIEE（American Institute of Electrical Engineers），於 1884 年成立，並於 1961 年與無線領域的 IRE 合併。在電腦網路方面的目標為，制訂各種電腦設備與通訊協定的標準，例如著名的「IEEE 1394」高速通訊介面標準的制訂，還有網路卡的卡號也必須向 IEEE 進行申請。

網際網路區號管理局（Internet Assigned Numbers Authority, IANA）

此為一個負責管理網路通訊協定的註冊中心，例如連接埠號的指定。在 TCP / IP 中，埠號為一「0 ～ 65,535」的號碼，而其中「0 ～ 1,023」就是由 IANA 來指定，也就是所謂的「公認埠號」（well-known port number），例如 HTTP 使用的連接埠為「80」、Telnet 為「23」等等。而埠號「1,024 ～ 49,151」則須向 IANA 申請以免重複使用；「49,152 ～ 65,535」則為動態埠，可以自由使用。

國際電訊聯盟（International Telecommunication Union, ITU-T）

其前身為聯合國轄下的「國際電報電話諮詢委員會」（Consultative Committee for International Telegraph and Telephone, CCITT），1993 年更名為「ITU-T」，目的為協調各國（或企業）標準之間不相容的問題，致力於電訊及資訊產品的標準化。

ICANN（Internet Corporation for Assigned Names and Numbers）

負責全球網域名稱管理的最高單位為 ICANN（The Internet Corporation for Assigned Names and Numbers），網址為「http://www.icann.org.」。ICANN 將不同區域的網域名稱管理工作逐層下放至各個國家或組織中。以台灣來說，就是「台灣網路資訊中心」

（TWNIC）為最高管理單位。但是如果您想要登記某個網域名稱來使用，則必須到它指定的機構進行註冊，而這些機構通常就是 ISP。

1-2 | 網路相關連結裝置

一個完整的通訊網路架構，還必須有一些相關硬體設備來配合進行電腦與終端機間傳輸與連結工作。本節中我們將分別為各位介紹這些設備的功能與用途。

1-2-1 數據機

數據機的原理是利用調變器（Modulator）將數位訊號調變為類比訊號，再透過線路進行資料傳送，而接收方收到訊號後，只要透過解調器（Demodulator）將訊號還原成數位訊號。如果以頻寬區分，可以區分為窄頻與寬頻兩種，傳統的撥接式數據機傳輸速率最多只能到 56 Kbps，因此稱為窄頻，而傳輸速率在 56 Kbps 以上的則通稱為寬頻，例如寬頻上網 ADSL 數據機與纜線數據機（Cable Modem），不過現在已經是光纖寬頻上網的世代了。

> **TIPS** 所謂「頻寬」（bandwidth），是指固定時間內網路所能傳輸的資料量，通常在數位訊號中是以 bps 表示，即每秒可傳輸的位元數（bits per second），其他常用傳輸速率如下：
> Kbps：每秒傳送千位元數。
> Mbps：每秒傳送百萬位元數。
> Gbps：每秒傳送十億位元數。

1-2-2 中繼器

訊號在網路線上傳輸時，會隨著網路線本身的阻抗及傳輸距離而逐漸使訊號衰減，而中繼器主要的功能就是用來將資料訊號再生的傳輸裝置，它屬於 OSI 模型實體層中運作的裝置。例如同軸電纜最大的長度是 185 公尺，訊號傳遞如果超過這個長度，將會由於訊號衰減而變得無法辨識，如果打算使用超過這個長度的網路，就必須加上中繼器連結，將訊號重新整理後，再行傳送出去。不過使用中繼器也會有些問題，錯誤的封包會同時被再生，進而影響網路傳輸的品質。而且中繼器也不能同時連接太多台（通常不超

過 3 台），因為訊號再生時多少會與原始訊號不相同，在經過多次再生後，再生訊號與原始訊號的差異性就會更大。

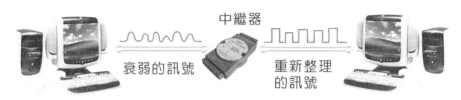

🔼 中繼器可以將訊號重新整理再傳送

1-2-3 集線器

集線器（Hub）通常使用於星狀網路，並具備多個插孔，可用來將網路上的裝置加以連接，增加網路節點的規模，但是所有的埠（port）只能共享一個頻寬。雖然集線器上可同時連接多個裝置，但在同一時間僅能有一對（兩個）的裝置在傳輸資料，而其他裝置的通訊則暫時排除在外。這是因為集線器採用「共享頻寬」的原則，各個連接的裝置在有需要通訊時，會先以「廣播」（Broadcast）方式來傳送訊息給所有裝置，然後才能搶得頻寬使用。

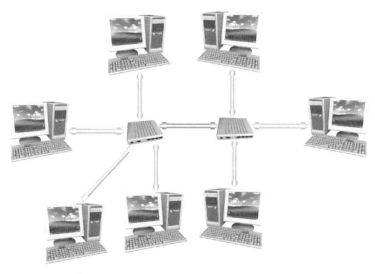

🔼 集線器的功用可以擴大區域網路的規模

還有一種「交換式集線器」（或稱交換器），也具備有過濾封包的功能，所以各位可以將交換器看作是一個多埠橋接器；由於集線器並不具備有過濾封包的功能，所以使用

集線器連接的電腦裝置會共享所有的頻寬。然而交換器具有橋接器過濾封包的功能，所以若不屬於另一個網段上的封包，則會過濾不予通過，所以若有一個電腦裝置連接至交換器，它將會擁有該條線路上所有的頻寬，連接至交換器上的電腦可以是伺服器，或是一整個區域網路，通常為了提高伺服器的存取效率，會將伺服器直連接至交換器上，而將其他個別的網路以集線器連接後，再連接至交換器，由於集線器的整體效率較差，目前幾乎已是交換器的天下了。如下圖所示：

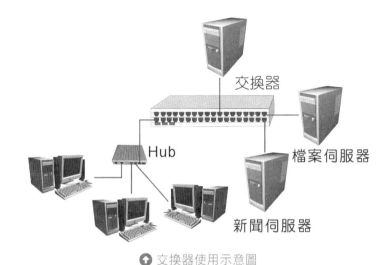

● 交換器使用示意圖

1-2-4 橋接器

當乙太網路上的電腦或裝置數量增加時，由於傳輸訊號與廣播訊號的碰撞增加，任何訊號在網路上的每一台電腦都會收到，因此會造成網路整體效能的降低。而橋接器可以連接兩個相同類型但通訊協定不同的網路，並藉由位址表（MAC 位址）判斷與過濾是否要傳送到另一子網路，是則通過橋接器，不是則加以阻止，如此就可減少網路負載與改善網路效能，是在 OSI 模型的資料連結層上運作。橋接器能夠切割同一個區域網路，也可以連接使用不同連線媒介的兩個網路。例如連接使用同軸電纜的匯流排網路與使用「無遮蔽式雙絞線」（UTP）的星狀網路。不過這兩個網路必須使用相同的存取方式，例如符記環網路就不能使用橋接器來與使用 UTP 線路的乙太網路連接。

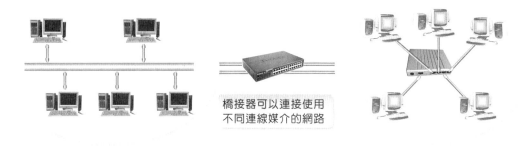

使用同軸電纜的匯流排網路

橋接器可以連接使用不同連線媒介的網路

使用UTP的星狀網路

⬆ 透過橋接器可減少網路負載與改善網路效能

1-2-5　閘道器

　　閘道器（gateway）可連接使用不同通訊協定的網路，讓彼此能互相傳送與接收。由於可以運作於 OSI 模型的七個階層，所以它可以處理不同格式的資料封包，並進行通訊協定轉換、錯誤偵測、網路路徑控制與位址轉換等。只要閘道器內有支援的架構，就隨時可對系統執行連接與轉換的工作，可將較小規模的區域網路連結成較大型的區域網路。

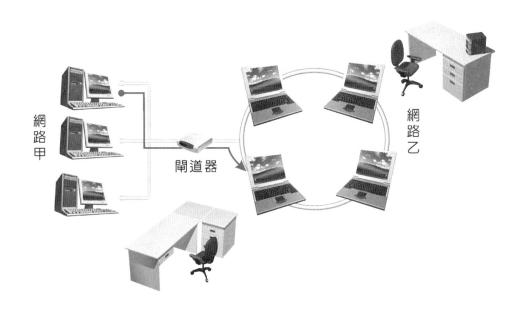

網路甲

閘道器

網路乙

⬆ 閘道器可轉換不同網路拓樸的協定與資料格式

1-2-6 路由器

「路由器」(router)又稱「路徑選擇器」,是屬於 OSI 模型網路層中運作的裝置。它可以過濾網路上的資料封包,且將資料封包依照大小、緩急與「路由表」來選擇最佳傳送路徑,綜合考慮包括頻寬、節點、線路品質、距離等因素,以將封包傳送給指定的裝置。路由器是在中大型網路中十分常見的裝置,並兼具中繼器、橋接器與集線器的功用。路由器也相當於網路上的一個網站,它必須擁有 IP 位址,而且是同時在兩個或兩個以上的網路上擁有這個位址。它可以連接不同的連線媒介、不同的存取方式或不同的網路拓樸,例如下圖所示:

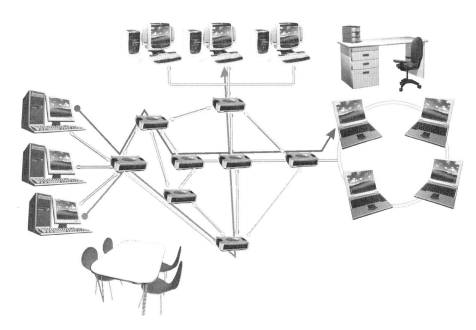

⬆ 路由器可在不同網路拓樸中選擇最佳封包路徑

1-3 網路科技的創新應用

最近每到平日夜晚,各大公園或街頭巷尾總能看到一群要抓寶的玩家們,整個城市都是你的狩獵場,各種神奇寶貝活生生在現實世界中與玩家互動。精靈寶可夢遊戲是由任天堂公司所發行的結合智慧手機、行動網路、GPS 功能及擴增實境(Augmented Reality, AR)的尋寶遊戲,也是一種從遊戲趣味出發,透過手機鏡頭來查看周遭的神奇寶

貝再動手捕抓，迅速帶起全球神奇寶貝迷抓寶的熱潮，這全都拜網路新興科技之賜。隨著網路應用不斷推陳出新與發展，接下來我們要為各位介紹通訊網路領域對現代社會的創新發展及影響。

> **TIPS** 全球定位系統（Global Positioning System, GPS）是透過衛星與地面接收器，達到傳遞方位訊息、計算路程、語音導航與電子地圖等功能。
>
> 擴增實境（Augmented Reality, AR）是一種將虛擬影像與現實空間互動的技術，能夠把虛擬內容疊加在實體世界上，並讓兩者即時互動，也就是透過攝影機影像的位置及角度計算，在螢幕上讓真實環境中加入虛擬畫面，強調的不是要取代現實空間，而是在現實空間中添加一個虛擬物件，並且能夠即時產生互動。

⬆ 台灣各地不分老少對抓寶都為之瘋狂

1-3-1　網路經濟

在二十世紀末期，隨著電腦的平價化、作業系統操作簡單化、網際網路興起等種種因素組合起來，也同時帶動了網路經濟（Network Economic）的盛行，這個現象更帶來許多數位化的衝擊與變革。網路經濟就是利用網路通訊進行傳統經濟活動的新模式，而這樣的方式也成為繼工業革命之後，另一個徹底改變人們生活型態的重大變革。例如新出現電子商務型態徹底改變了傳統的交易模式，不但促使消費及貿易金額快速增加，電子商務已經幾乎成為所有產業全新的必要通路，阿里巴巴董事局主席馬雲更大膽直言 2020 年時，電子商務將取代實體零售主導地位，佔整體零售市場 50% 的銷售額。

所謂「網路經濟」就是一種分散式的經濟，帶來了與傳統經濟方式完全不同的改變，最重要的優點就是可以去除傳統中間化，降低市場交易成本，對於整個經濟體系的市場結構也出現了劇烈變化，這種現象讓自由市

⬆ 網路的高速發展，帶動了電子商務型態的蓬勃發展

場更有效率地靈活運作。在傳統經濟時代，價值來自產品的稀少珍貴性，對於網路經濟所帶來的網路效應（Network Effect）而言，有一個很大的特性，透過網路無遠弗屆的特性，在這個體系下，產品的價值取決於其總使用人數，更產生了新的外部環境與經濟法則，全面改變世界經濟的營運法則。

> **TIPS** 「梅特卡夫定律」（Metcalfe's Law）：1995 年的 10 月 2 日是 3Com 公司的創始人，電腦網路先驅羅伯特‧梅特卡夫（B. Metcalfe）於專欄上提出：網路的價值是和使用者的平方成正比，稱為「梅特卡夫定律」，是一種網路技術發展規律，也就是使用者越多，其價值便大幅增加，產生大者恆大之現象，對原來的使用者而言，反而產生的效用會越大。

此外，網路經濟的特色是加速資訊的快速普及與大型互動多媒體技術研發的興盛，網路全球化讓產業的競爭不再是技術主導，而在於創新（innovation）的想法。近年經濟不景氣使宅經濟（Stay at Home Economic）大行其道，在家自行創業的風氣也逐漸甦醒。

⬆ Taipei Hackerspace 提供了本地創客們創意發想的設備與空間

創客（maker）或稱為自造者，就是那些有從「想」到「做」的創新精神，並且重視自我表現以及次文化的融合，藉著網路與各種多媒體數位工具來做出產品來的人。由於網路無遠弗屆的影響力，隨時隨地都能提供使用者上網與資訊搜尋功能，不但讓新資訊

的交流更為驚人，加上開放多媒體軟硬體平台資源愈來愈多，更加快許多研究的開發速度，硬體設計與製造也變得容易許多，讓全球各地喜歡自己動手作的創意者可以透過創新交流迅速分享技術。市場上陸續出現創客打造的爆紅商品，不但解放了人們的創意，且讓創新不再只是大企業的專利，這群人已經成為全球物聯網時代最受注目的焦點。

1-3-2 串流媒體技術

傳統的網路影音傳輸往往受限於網路頻寬問題，如果是直接在網路播放視訊影片，常常會有畫面不流暢或畫質粗糙的問題。通常必須先將檔案完整下載，存放到用戶的硬碟中，除了佔據硬碟空間外，也必須等待一段下載的時間，唯一優點是可以觀賞到較好的畫面品質。如今隨著寬頻網路的快速普及，串流媒體技術的興起正是為瞭解決上述問題所研發出來的一項技術，因為它具有立即播放與鎖定特定對象傳播的特性。

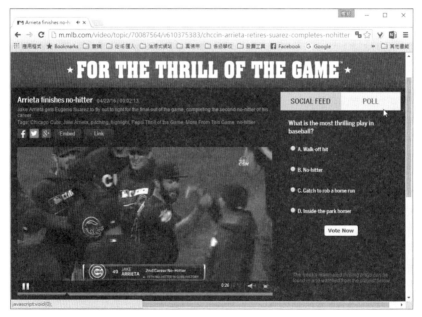

⬆ 許多球賽實況轉播都是使用串流媒體技術

網路影音串流正顛覆我們的生活習慣，數位化的高度發展打破過往電視媒體資源稀有的特性，已邁向提供觀眾電視頻道外的選擇。所謂「串流媒體」（Streaming Media）是近年來熱門的一種網路多媒體傳播方式，技術原理就是把連續的影像和聲音資訊經過壓縮處理，接著把這些影音檔案分解成許多小封包（Packets），再將資料流不斷地傳送到用戶端伺服器。使用者端的電腦上也同時建立一個緩衝區，再利用網路上封包重組技術，於播

放前預先下載一段資料作為緩衝。當網路實際連線速度小於播放所耗用的速度時，串流媒體播放程式就會取用這一小段緩衝區內的資料，也就是在收到各媒體檔案部分後即進行播放，而不是等到整個檔案傳輸完畢才開始播放，避免播放的中斷，即時呈現在用戶端的螢幕上。

用戶可以依照頻寬大小來選擇不同影音品質的播放，而不需要等整個壓縮檔下載到自己電腦後才可以觀看。目前一些串流媒體廠商就開發了自有的格式，以符合串流媒體傳輸上的需求，例如微軟的 WMV、WMA、ASF，RealNetwork 的 RM、RA、RAM，以及 Apple 所推出的 MOV 檔案等。

例如網路電視（Internet Protocol Television, IPTV）是一種利用機上盒（Set-Top-Box, STB），透過網際網路來進行視訊節目的直播，就是一種串流技術的應用，可以提供用戶在任何時間、任何地點可以任意選擇節目的功能，而且終端設備可以是電腦、電視、智慧型手機、資訊家電等各種多元化平台，不過影片播放的品質高低還是會受到網路服務和裝置性能上的限制。

⬆ 知名的網路電視串流平台 -Netflix 網飛正式進駐台灣

網路電視發展的時機對各大科技業者來說正式成熟，可預期將會創造一個龐大的電視新生態。Apple TV 是蘋果所推出的網路多媒體裝置，正式進軍搶食網路電視市場。

Apple TV 包括一台長、寬各 10 公分的機上盒與一支像有觸控功能的遙控器，具備藍牙 4.0 的功能，並且透過 AirPlay 的機制與 HDMI 即可轉接家用電視機，連線到蘋果的線上影音服務，播映高畫質線上節目。當然對於家中有 iPhone、iPad 等 iOS 裝置的使用者來說，更可以選擇透過 AirPlay 將畫面直接無線傳輸到電視上，無論是上網、播放影片甚至是玩遊戲，都相當方便。

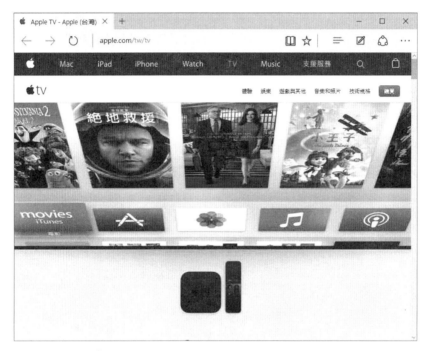

⬆ Apple TV 帶來了生活中不同的視覺饗宴

圖片來源：http://www.apple.com/tw/tv/

TIPS HDMI（High Definition Multimedia Interface，高清晰度多媒體介面）是代表另一種新一代的全數位化視訊和聲音傳輸介面，多半使用在影音家電方面，頻寬速度達到 5 Gbps，只需要一條 HDMI 線，便可以同時傳送影音訊號，而不像現在的類比端子需要多條線路來連接。

Airplay 是 Apple 於 2010 年所開發的一個無線網路影音串流協定（Wireless media streaming），讓你可以在各種裝置之間以無線的方式來傳遞串流訊息，也就是說你可以從 iPhone、iPad 或 iPod touch 透過無線網路串流，經由 Apple TV 轉換到大螢幕的電視上觀看。

1-3-3 穿戴式裝置

由於電腦設備的核心技術不斷往輕薄短小與美觀流行等方向發展，備受矚目的穿戴式裝置（Wearables）更因健康風潮的盛行，為行動裝置帶來多樣性的選擇，被認為是下一世代最熱門的電子產品。手機配合的穿戴式裝置也越來越吸引消費者的目光，就是希望與個人的日常生活產生多元連結，同時也將造成下一波的數位行銷模式的革命。

穿戴式裝置未來的發展重點，主要取決於如何善用可攜式與輕便性，簡單的滑動操控介面和創新功能，持續發展出吸引消費者的應用，講求的是便利性，其中又以腕帶、運動手錶、智慧手錶為大宗。穿戴式裝置的特殊性，並非裝置本身，特殊之處在於將為全世界帶來全新的行動商業模式，實際上在倉儲、物流中心等商品運輸領域，早已可見工作人員配戴各類穿戴式裝置協助倉儲相關作業，或者相關行動行銷應用可以同時扮演連結者的角色。

⬆ 韓國三星推出了許多時尚實用的穿戴式裝置

例如在目前的行動跨螢時代，如果大家想要站上這波穿戴式裝置流行的浪頭，任何螢幕款式都應該被允許展現行銷的機會，例如一名準備用餐的消費者戴著 Google 眼鏡在速食店前停留，虛擬優惠套餐清單立刻就會呈現給他參考，或者以後透過穿戴式裝置，乘客可以直接向計程車司機叫車，不像現在透過車隊的客服中心轉接，從一般消費者的食衣住行日常生活著手，運用創意吸引消費者來開發更多穿戴式裝置的廣告工具，未來肯定有更多想像和實踐的可能性，可預期潛在廣告與行銷收益將大量引爆，目前有愈來愈多的知名企業搭上這股穿戴式裝置的創新列車。

TIPS 所謂的「跨螢」就是指使用者擁有兩個以上的裝置數，通常購買商品時可能利用時間在手機上先行瀏覽電商網站的商品介紹，再利用空檔時間將要購買的商品先行放入購物車，等一切要購買的商品選齊後，也許在手機上直接下單，但也有可能在自己的平板電腦或桌上型電腦進行下單的行為。

1-3-4　體感互動科技

在網路科技逐漸進步的今天，體感互動技術（Motion Sensing Technology）成為熱門話題，當今的人機互動模式，已從傳統控制器輸入方式，邁向以人為中心的體感偵測方式。近年來許多類比設備開始數位化，新的創作媒介與工具提供了創作者新的思考與可能性，體感互動設計的產品不斷出現，透過類似各種網路感測器功能，可讓使用者藉由肢體動作、溫度、壓力、光線等外在變化達到與電腦互動溝通的目的。

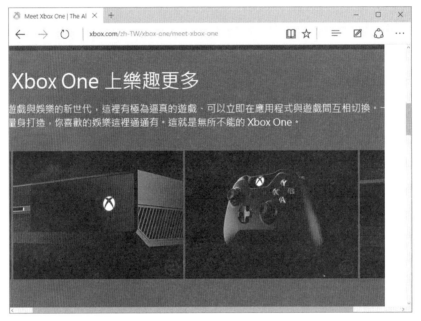

🔼 Xbox One 的 Kinect 鏡頭解析度十分清晰

「體感互動科技」是體感模擬、穿戴式裝置等跨域網路整合的高度創新產業，藉由更自然更精準的人機介面，不僅能創造新應用，市面上體感互動的相關應用現今多半侷限在遊戲機上，例如任天堂 Wii、微軟 Xbox Kinect、Sony PS3 Move 等全新的體感操控方式在遊戲機市場陸續推出之後，具備更強大的動態感應功能，能夠快而準地判斷玩家的動作。除了遊戲市場之外，在 3C 產品、健身運動、電子商務、教育學習、安全監控、家電用品及醫療上都有其應用。體感互動科技的出現把人們從繁複帶回簡單，根本不需要配戴任何感應的元件，只要透過手勢、身形或聲音，即可和螢幕中的 3D 立體影像互動。例如語音辨識是人類長久以來的想像創意與渴望，透過語音助理，消費者可以直接說話來訂購商品與操控家電等。

1-3-5 智慧家電

　　近年來由於網路頻寬硬體建置普及、行動上網也漸趨便利，加上各種連線方式的普遍，網路也開始從手機、平板的裝置滲透至我們生活的各個角落，資訊科技與家電用品的應用，也是網路行銷的未來發展趨勢之一。科技不只來自人性，更須適時回應人性，「智慧家電」（Information Appliance）是從電腦、通訊、消費性電子產品 3C 領域匯集而來，也就是電腦與通訊的互相結合，未來將從符合人性智慧化操控，能夠讓智慧家電自主學習，並且結合雲端應用的發展。各位只要在家透過智慧電視就可以上網隨選隨看影視節目，或是登入社群網路即時分享觀看的電視節目和心得。

⬆ 透過手機就可以遠端搖控家中的智慧家電

圖片來源：http://3c.appledaily.com.tw/article/household/20151117/733918

　　例如「智慧家庭」（Smart Home）堪稱是利用網際網路與智慧家電終端裝置等新一代技術，所有家電都會整合在智慧型家庭網路內，可以利用智慧手機 APP，提供更為個人化的操控；更進一步做到能源管理。例如家用洗衣機也可以直接連上網路，用手機 APP 控制洗衣流程；用 Line 和家電系統連線，馬上就知道現在冰箱庫存；就連人在國外，手機就能隔空遙控家電，輕鬆又省事；家中音響連上網，結合音樂串流平台，即時瞭解使用者聆聽習慣，推薦適合的音樂及網路行銷廣告。

　　談到智慧家庭與消費之間的連動應用，可以透過每家每戶的智慧家庭平台各種裝置聯網的資料，掌握用戶即時狀態及習性，進一步提供精準廣告或導購訊息來行銷產品。網路所串起的各項服務也能替當下情境提供回饋；其中記錄各種時間、使用頻率、用量及使用者習慣的特點也發展出另一種行銷手法。例如聲寶公司首款智慧冰箱，就具備食材管理、app 下載等多樣智慧功能。只要使用者輸入每樣食材的保鮮日期，當食材快過期時，會自動發出提醒警示，未來若能透過網路連線，也可透過電子商務與網路行銷，讓使用者能直接下單採買食材。

02
CHAPTER

網路參考模型與
資料通訊

由於網路是個運行於全世界的資訊產物，設立模型的目的就是為了樹立共同的規範或標準。如果不制定一套共同的運作標準，整個網路也無法推動起來，而且網路結合了軟體、硬體等各方面的技術，在這些技術加以整合時，如果沒有共同遵守的規範，所完成的產品，就無法達到彼此溝通與交換資訊的目的。因此網路模型在溝通上扮演極重要的角色，模型或標準通常由具公信力的組織來訂立，而後由業界廠商共同遵守，OSI 模型就是一個例子。本章中首先將為您介紹建立網路標準的兩個重要參考模型：OSI 模型（Open Systems Interconnection Reference Model）與 DoD 模型（Department of Defense）。

2-1 | OSI 參考模型

OSI 參考模型是由「國際標準組織」（International Standard Organization, ISO）於 1988 年的「政府開放系統互連草案」（Government Open Systems Interconnect Profile, GOSIP）所訂立，當時雖然有要求廠商必須共同遵守，不過一直沒有得到廠商的支持，但是 OSI 訂立的標準有助於瞭解網路裝置、通訊協定等的運作架構，倒是一直被教育界拿來作為教學討論的對象。至於 OSI 模型共分為七層，如右圖所示：

| Application Layer （應用層） |
| Presentation Layer （表達層） |
| Session Layer （會議層） |
| Transport Layer （傳輸層） |
| Network Layer （網路層） |
| Data Link Layer （資料連結層） |
| Physical Layer （實體層） |

⬆ OSI 參考模型示意圖

2-1-1 實體層

實體層（Physical Layer）是 OSI 模型的第一層，所處理的是真正的電子訊號，主要作用是實際定義網路資訊傳輸時的實體規格，包含連線方式、傳輸媒介、訊號轉換等等，也就是對數據機、集線器、連接線與傳輸方式等加以規定。例如我們常見的「集線器」（Hub），也都是屬於典型的實體層設備。

2-1-2 資料連結層

由於 IP 位址只是邏輯上的位址，而真正的網路是以實際的硬體裝置來連結，實體的位址與邏輯的位址這中間轉換的工作，是由資料連結層負責這項工作，它可以透過「位

址解析協定」（Address Resolution Protocol, ARP）來取得網路裝置的「媒體存取控制位址」（Media Access Control Address, MAC），MAC 位址是網路裝置的實體位址，像是網路卡就是直燒錄在 EEPROM 上的網路卡卡號。ARP 會詢問網路上所有的裝置，看看某個 IP 位址是屬於哪個裝置，符合這個 IP 位址裝置會傳送回 MAC 位址，之後發送資料的一端會將這份 MAC 位址包裝在資料中傳送出去：

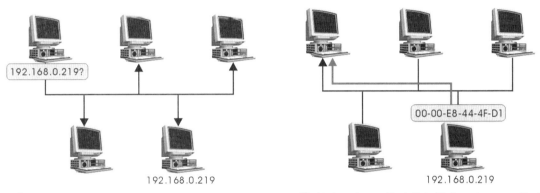

<table>
<tr><td>⬆ 先詢問這個 IP 位址是哪一台電腦所設定</td><td>⬆ 符合這個 IP 位址的主機會回應 MAC 位址</td></tr>
</table>

　　當所有的資料都已經準備完畢，可以準備將它送上網路了，資料連結層（Data link layer）將 MAC 位址包裝在資料中，連同上層所夾帶的資料一同傳送出去，資料連結層負責檢查網路上來來往往的資料，如果 MAC 位址相同的就擷取進來，不相同的就表示這不是它所要的資料，於是忽略而不加以處理。

<h1 style="text-align:center">實體位址:MAC3</h1>

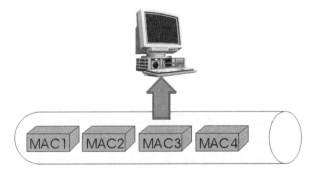

⬆ 實體位址相同者，表示是自己的資料，於是就加以擷取

在接收端收到資料封包後，連結層會做資料偵錯的動作，其偵錯的方式為「循環餘數檢查」（Cyclic Redundancy Check, CRC）。在發送端傳送資料之前，會先經過一種演算機制，演算後所得到的一組碼，就稱為「CRC 碼」，CRC 碼會隨著資料一起傳送出去，而接收端在收到資料時，也會利用一種演算機制，得到一組 CRC 碼，如果接收到資料的 CRC 碼與演算後所得到的 CRC 碼相同時，則可判斷資料在傳送的時候沒有發生錯誤，資料的正確性也較高。

2-1-3　網路層

網路層（Network Layer）為 OSI 模型的第三層，網路層的工作就是負責解讀 IP 位址並決定資料要傳送給哪一個主機，如果是在同一個區域網路中，就會直接傳送給網路內的主機，如果不是在同一個網路內，就會將資料交給路由器，並由它來決定資料傳送的路徑，而目的網路的最後一個路由器再直接將資料傳送給目的主機。

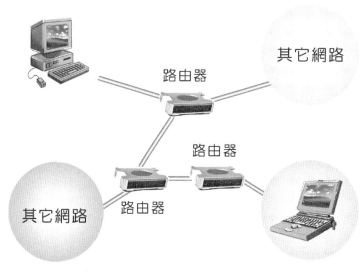

⬆ 網路層負責將資料傳送至目的主機

注意到網路層與傳輸層的不同，雖然資料都帶有目的性，但網路層只負責將資料傳送給目的主機，而至於這份資料是屬於哪個程式來處理，則是由傳輸層來決定。

2-1-4　傳輸層

傳輸層（Transport layer）主要工作是提供網路層與會議層一個可靠且有效率的傳輸服務，例如 TCP、UDP 都是此層的通訊協定。傳輸層所負責的任務就是將網路上所接收到的資料，分配（傳輸）給相對應的軟體，例如將網頁相關資料傳送給瀏覽器，或是將電子郵件傳送給郵件軟體，而這層也負責包裝上層的應用程式資料，指定接收的另一方該由哪一個軟體接收此資料並進行處理。傳輸層用來辨識資料屬於哪個應用程式的方法，就是使用常聽到的「連接埠」（port），一個應用程式開始執行之後，作業系統就會分配給它一個連接埠號，每個應用程式的埠號彼此之間絕對不會重複。資料在傳送給另一方時，會指明對方的應用程式埠號，另一方接收到資料時，傳輸層就可以由這個埠號得知，該由哪個應用程式來接收處理這個資料。

2-1-5　會議層

會議層（Session Layer）為 OSI 模型的第五層，作用在於建立起連線雙方應用程式互相溝通的方式，例如何時表示要求連線、何時該終止連線、發送何種訊號時表示接下來要傳送檔案，也就是建立和管理接收端與發送端之間的連線對談形式。這層可利用全雙工、半雙工或單工來建立雙向連線，並維護與終止兩台電腦或多個系統間的交談，透過執行緒的運作，決定電腦何時可傳送 / 接收資料。一旦連線成功，會議層便可管理會議對談，要建立會議層連線，使用者必須告知會議層遠端連線的位址，遠端連線的位址並不是所謂的 MAC 位址，也不是網路位址，而是專為使用者容易記憶的位址，如網域名稱（Domain Name Space, DNS）（www.zct.com.tw）、電腦名稱（zct）。例如在玩線上遊戲時，就不能發生用戶端按一下方向鍵表示要移動遊戲中的人物 1 格，伺服端卻認為這是要移動人物 10 格，這就是會議層中應該實作的規範。

2-1-6　表達層

表達層（Presentation layer）為 OSI 模型的第六層，主要的工作是在協調網路資料交換的格式、字元碼的轉換及資料的壓縮加密。例如全球資訊網中有文字、各種圖片、甚至聲音、影像等資料，而表達層就是負責訂定連線雙方共同的資料展示方式，例如文字編碼、圖片格式、視訊檔案的開啟等等。

　　由於字碼的轉換在電腦內部都會有不一樣的編碼方式，從電腦的角度來看，電腦只看得懂 0 跟 1（無電、有電）而已，而我們所要看得懂的資料，是必須編列過的，而編列出這一套我們看得懂的碼，我們稱為「內碼」，在各家廠商電腦內部下會有不一樣的編碼方式（如 EBCDIC、ASCII 碼），雖然電腦傳輸是以二進位碼來傳輸的，可是如果沒有制定一種轉碼的方式，那麼接收端接收的資料看起來就一定會與發送端的資料有所不同了，例如發送端傳送一個字元 A，在接收端可能看到一個字元 B，那不是很奇怪嗎？所以表達層在這裡會先判斷接收端的內碼編排方式，將資料依照接收端的內碼編排方式編排一次，再送往下一層。

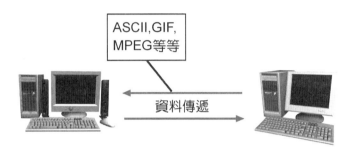

　　<ins>⬆</ins> 表達層負責資料的表現方式

　　除了字元碼轉換外，表達層還能夠在傳送端將資料予以壓縮（Compression）及加密（Encryption），以使資料傳輸效率得以提升，並且具有更高的安全性。至於在接收端方面，則可以對接收的資料予以解壓縮（Decompression）及解密（Decryption），以還原成原來的模樣。

2-1-7　應用層

　　應用層（Application Layer）為 OSI 模型的第七層，也是最上層，它最主要是提供應用程式與網路之間溝通的介面，它可以讓應用程式與網路傳遞資料或收發電子郵件。請讀者小心，切勿把應用層看成是應用程式，應用層並不是使用者所使用的應用程式，應用層只是在做應用程式彼此之間的通訊而已。

　　在這一層中運作的就是我們平常接觸的網路通訊軟體，直接提供使用者程式與網路溝通的「操作介面」，例如瀏覽器、檔案傳輸軟體（FTP）、電子郵件軟體（email）等。它的目的在於建立使用者與下層通訊協定的溝通橋樑，並與連線的另一方相對應的軟體進行資料傳遞。通常這一層的軟體都採取所謂的主從模式。

2-2 DoD 參考模型（TCP / IP）

OSI 模型是在 1988 年所提出，但是網路的發展卻早在 1960 年代就開始，所以不可能是按照 OSI 模型來運作，在 OSI 模型提出來之前，TCP / IP 也早就於 1982 年提出，當時 TCP / IP 的架構又稱之為 TCP / IP 模型，同年美國國防部（Department of Defense）將 TCP / IP 納為它的網路標準，所以 TCP / IP 模型又稱之為 DoD 模型。DoD 模型分工較為簡略，強調是以 TCP / IP 為主的網際網路；而 OSI 模型是由 ISO 所制定的國際標準，必須容納多種不同的網路，因此不侷限於 TCP / IP 協定。DoD 模型是個業界標準（de facto），並未經公信機構標準化，但由於推行已久，加上 TCP / IP 協定的普及，因此廣為業界所採用，DoD 模型的層次區分如右圖所示：

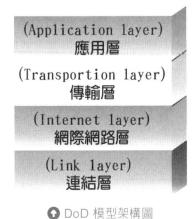

🔺 DoD 模型架構圖

2-2-1 應用層

應用層（Application layer）就是程式處理資料的範圍與如何提供服務，這一層的工作相當於 OSI 模型中的應用層、表達層與會議層三者的負責範圍，只不過在 DoD 模型中不如 OSI 模型區分的這麼詳細。例如，HTTP 對應瀏覽器、SMTP / POP3 對應郵件管理程式。

2-2-2 傳輸層

傳輸層（Transportion layer）又稱為主機對主機層（Host to Host Layer），主要功能是提供兩部不同電腦之間穩定且可靠的通訊。將上層應用層的應用程式與下層網路層的複雜性相互隔離，應用層只須發出請求，而不用瞭解任務，相當於 OSI 模型的傳輸層，這層中負責處理資料的確認、流量控制、錯誤檢查等項目，TCP 與 UDP 是本層最具代表性的通訊協定。

2-2-3 網路層

網路層（Network layer）[又稱網際網路層（Internet layer）] 所負責的工作，相當於 OSI 模型的網路層與資料連結層，決定資料如何傳送到目的地，例如 IP 定址、IP 路徑

選擇、MAC 位址的取得等,都是在這層中加以規範。網路層(Network layer),是透過路由器(Router)之 IP 協定與路由選擇(Routing),把封包送往目的地。

2-2-4　連結層

連結層(Link layer)所負責的工作,又稱為網路介面層,相當於 OSI 模型的實體層,負責對硬體的溝通,將封裝好的邏輯資料以實際的物理訊號傳送出去,負責與資料鏈結層設備溝通,例如乙太網路、PPP 及 ISDN 等設備。

2-2-5　網路模型的運作方式

不論是 OSI 模型還是 DoD 模型,運作方式其實都是大同小異,都是以分層分級來工作,資料必須由最上層往最下層運送與逐層處理,絕不允許越層處理,經過每一層的包裝,並在表頭(header)加上每層的資訊,我們稱之為「封裝」(Encapsulation)。包裝完畢後再把資料傳送到接收端,當接收端收到封包時,再由最下層傳至最上層,並經過一層一層的解開,最後得到真正的資料。

請各位注意到之前在說明 OSI 模型時,曾使用到 IP 位址、ARP 協定等來作為印證,其實這些協定是屬於 DoD 模型中所規範的,也就是 TCP / IP 協定組合中運作的機制,只不過兩者之間可以相互對應,下圖列出了 OSI 模型、DoD 模型與 TCP / IP 三者間的對應關係:

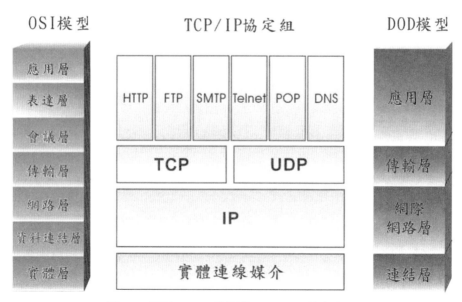

⬆ OSI 模型、DoD 模型與 TCP / IP 協定套件

下圖則是 TCP / IP 模型處理資料順序的示意圖：

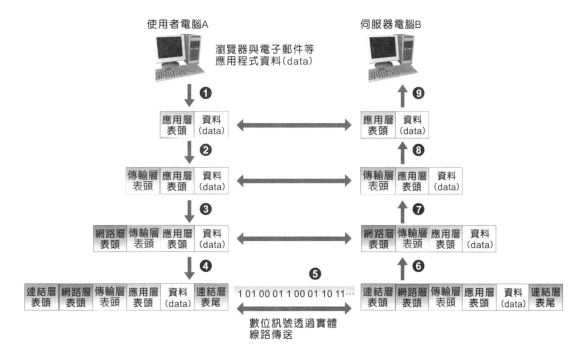

底下為上圖 TCP / IP 模型分層架構下資料傳送的過程說明：

❶ 取得使用者電腦 A 應用程式的指令資料（data）並加以封裝成封包。

❷ 將封包加上應用層表頭，再往下一層傳輸層傳送。

❸ 將封包再加上傳輸層表頭，再往下一層網路層傳送。

❹ 將封包再加上網路層表頭，再往下一層連結層傳送。

❺ 將封包再加上連結層表頭及表尾，再透過實體線路傳送到目的地電腦。

❻ 將從實體線路收到的資料進行解封包的動作，首先去除連結層的表頭及表尾後，再上傳到伺服器端的網路層。

❼ 去除網路層的表頭後，再上傳到伺服器端的傳輸層。

❽ 去除傳輸層的表頭後，再上傳到伺服器端的應用層。

❾ 去除應用層的表頭後，伺服器電腦 B 的應用程式便能正確接收使用者電腦 A 所傳送的資料。

2-3 │ 承載訊號與傳輸模式

資料從發送端傳送至接收端,必須透過傳輸媒介將資料轉換成所能承載的訊號來傳送。當接收端收到承載的訊號後,再將它轉成可讀取的資料。下面先來看看承載訊號的種類。

2-3-1　承載訊號的種類

資料的承載訊號可分成「數位」與「類比」兩種。「數位」就如同電腦中的高低訊號,而「類比」則是一種連續性的自然界訊號(如同人類的聲音訊號)。如右圖所示:

類比訊號

數位訊號

以常見的電話語音系統來說,就是一種典型的類比訊號傳輸。當我們利用電話機與對方交談時,發話器會利用聲音的類比訊號來改變電流的大小,再經過電話線到達接收端,當接收端收到訊號電流後,依據電流大小來震動電話機上的發聲器,這整個過程只有利用類比訊號來傳送資訊。雖然類比訊號是最原始的訊號,不過利用這種方式來傳輸訊號時,因為是屬於連續性的規則變化,所以較容易累積錯誤的訊號。例如受到大自然裡雷與電,或不相干的電波雜訊干擾等,便會失去原有的訊號波形。

在自然界中,真正的訊號是來自於類比訊號,但由於數位科技的進步,目前訊號處理大多轉成數位的方式來處理。每次量測到的資料,都以二進位的數值加以記錄,這樣的資料稱之為「數位」(Digital)資料,而原來連續的訊號則稱之為「類比」資料,由於所得到的資料是不連續的,因此取樣之後的資料一定會與原來的訊號有所不同,這稱之為「失真」(Distortion)。

「數位」訊號所傳送的方式與電腦訊號的原理是一樣的,它只認得「0」與「1」的符號而已(有無電流通過)。不像類比訊號在進行傳輸時,容易受到環境訊號的干擾,數位訊號可以輕易地辨別出環境雜訊,並且加以過濾,特別是長途訊號的傳送,更顯得穩定正確。

在數位訊號的傳輸過程中,只有高電位和低電位兩種訊號,分別是以正電壓和負電壓來表示,以 +1 V 和 -1 V 所組成的訊號而言,利用數位訊號傳輸,發送端會利用 0 與 1 來區分成高電位和低電位,並將這些高低電位的階層訊號傳送出去,而接收端則會依

據這些高低電位來還原 0 與 1 的資料。例如當發送端送出一個 +1 V 的訊號電壓時,如果在傳輸的過程中受到了 -0.2 V 的雜訊電壓所干擾,因而降為 +0.8 V,而當接收端收到了 +0.8V 的訊號電壓後,因為它還是屬於正電壓的階段,因此對數位訊號而言,則不會受干擾的影響。

2-3-2 訊號傳輸模式

一般資料傳輸的工作,可以分成三種工作型態,分別是「單工」、「半雙工」及「全雙工」。下面我們就為您介紹它們之間有何不同之處。

🌐 單工

單工(simplex)是指傳輸資料時,只能做固定的單向傳輸,所以一般單向傳播的網路系統,都屬於此類,例如有線電視網路、廣播系統、擴音系統等等。

⬆ 喇叭播放音樂是屬於單工傳輸

🌐 半雙工

半雙工(half-duplex)是指傳輸資料時,允許在不同時間內互相交替單向傳輸,也就是同一時間內只能單方向由一端傳送至另一端,無法雙向傳輸,例如火腿族或工程人員所用的無線電對講機。在半雙工傳輸模式的環境中,發送端與接收端一次只能做一種傳輸動作,當發送端在進行資料傳輸時,接收端便不能做傳送動作。例如無線電就是一種半雙工的傳輸設備。當按下無線電設備的「talk」按鈕時可以說話,但不能同時進行接聽的工作;當鬆開「talk」按鈕後,就只能做接聽的工作,而無法將聲音傳送出去。

全雙工

全雙工（full-duplex）是指傳輸資料時，即使在同一時間內也可同步進行雙向傳輸，也就是收發端可以同時接收與發送對方的資料，例如日常使用的電話系統雙方能夠同步接聽與說話、電腦網路連線完成後可以同時上傳或下載檔案。

⬆ 電話聊天是屬於全雙工傳輸

2-3-3　訊號傳輸類型

如果是依照通訊網路傳輸時的線路多寡來分類，可以區分為兩種模式，分別是並列傳輸（Parallel Transmission）與序列傳輸（Serial Transmission），分述如下：

並列傳輸

並列傳輸通常用於短距離的傳輸，是透過多條傳輸線路或數個載波頻率同時傳送固定位元到目的端點，傳輸速率快、線路多、成本自然較高。例如印表機（LPT1 埠）與電腦、控制匯流排、位址匯流排上的傳輸。

發訊端	01011011	收訊端
	10110101	
	11111101	
	00000011	
	10111011	
	01111100	
	00000010	
	11000000	

⬆ 並列傳輸示意圖

🌐 序列傳輸

序列傳輸通常用於長距離的傳輸,是將一連串的資料只用一條通訊線路,以一個位元接著一個位元的方式傳送到目的端點,傳輸速率較慢,成本較低。例如數據機(COM1、COM2 埠)、RS-232 介面、區域網路的傳輸。

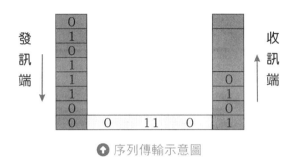

⬆ 序列傳輸示意圖

「序列傳輸」傳送方式還可依照資料是否同步,再細分為「同步傳輸」與「非同步傳輸」兩種,分述如下:

- 「同步傳輸」(**Synchronous Transition Mode**):一次可傳送數個位元,資料是以區塊(block)的方式傳送,並在資料區塊的開始和終止的位置加上偵側位元(check bit)。優點是可以較高速的傳輸,缺點是所需設備花費較高,而且如果在傳輸過程中發生錯誤,整段傳送訊息都會遭到破壞:

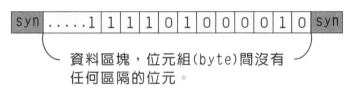

⬆ 同步傳輸示意圖

- 「非同步傳輸」(**Asynchronous Transition Mode**):一次可傳送一個位元,在傳輸過程中,每個位元開始傳送前會有一個「起始位元」(Start Bit),傳送結束後也有一個「結束位元」(Stop Bit)來表示結束,這種方式較適合低速傳輸:

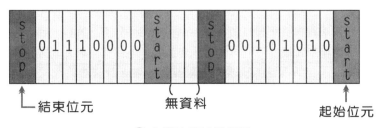

⬆ 非同步傳輸示意圖

2-4 | 基頻傳輸簡介

一般所指的訊號傳輸方式可分為基頻傳輸（baseband）與寬頻傳輸（broadband）兩種傳輸技術。這兩種傳輸技術的差異是：基頻傳輸是直接控制訊號狀態來進行傳送，而寬頻傳輸則是利用多通道載波（carrier）將資料加入載波中一起進行傳出，當傳輸到目的地之後，再將資料從載波訊號中分離出來。

2-4-1　基頻傳輸

基頻（Baseband）在纜線上一次只能傳送一個訊號，不用經過調整動作的傳輸技術，例如直接在同軸電纜上改變電位來傳送資料。由於傳輸速率有限，通常適合頻寬 10 Megabyte 以下的區域網路，或者電腦與周邊設備之間的傳輸。基頻的傳輸方式就是將 0 與 1 的數位訊號直接在同軸電纜上傳送，或者將訊號進行適當的編碼後再傳送。

常見的基頻編碼技術分為二階基頻訊號編碼技術及三階基頻訊號編碼技術兩種。所謂的二階基頻訊號編碼技術就是使用「高電位」與「低電位」的電流脈衝來區分兩種邏輯狀態。所謂的三階基頻訊號編碼技術則是利用「正電位」、「零電位」、「負電位」三種不同狀態來進行編碼。

2-5 | 寬頻傳輸

寬頻（Broadband）的傳輸方式是指同軸電纜以多通道載波（Carrier）方法，屬於類比的方式傳送，提供許多節點同時共用一條通訊線。「載波」（Carrier）可以看成是載送資料的電波，原理就像小時候我們在教室裡互傳紙條一樣，為了要將紙條傳給距離較遠的同學時，勢必會將紙條包在橡皮擦上，然後再利用橡皮擦的特性丟出，使得紙條可以丟到距離較遠的同學位座上。

 TIPS 什麼是頻寬？

各位可能在許多網路說明手冊或網路上看到「頻寬」一詞，所謂「頻寬」（Bandwidth）這個名稱在不同應用領域有不同的意思，例如線路「頻寬」就是以每秒能夠傳輸資料量的多寡來表示資料的傳輸速率，通常是依據傳輸媒介材質的特性，來決定每秒所能夠傳輸資料量的多寡。例如以 10 Base-T 線路所架構的網路，每秒鐘可傳輸 10 Mbits 的資料，而以 100 Base-T 線路所架構的網路，每秒鐘則可傳輸 100 Mbits 的資料。以目前線路頻寬最快的光纖線路來言，每秒鐘最大可傳輸到 10 Gbits 的資料。

至於「訊號頻寬」則是指訊號頻率所能夠變動的範圍，也就是說頻率所能夠通過的頻帶範圍。如下圖所示：

```
5 MHz  ┌─────────────────┐
       │   網路資料上傳    │
50 MHz ├─────────────────┤
       │                 │
       │  傳送有線電視訊號  │
       │                 │
550 MHz├─────────────────┤
       │                 │
       │   網路資料下載    │
750 MHz└─────────────────┘
```

⬆ 有線電視的頻寬

上圖中，可看出有線電視頻率所能變動的範圍是 5 MHz ~ 750 MHz，因此它的頻寬則是 750-5 = 745（MHz）。MHz 是 CPU 執行速度（執行頻率）的單位，是指每秒執行百萬次運算，而 GHz 則是每秒執行 10 億次。至於電腦常用的時間單位如下：

- 毫秒（Millisecond, ms）：千分之一秒
- 微秒（Microsecond, us）：百萬分之一秒
- 奈秒（Nanoosecond, ns）：十億分之一秒

2-5-1　寬頻調變技術

我們知道通常頻率較高的訊號會有較大的振幅，當然傳送的距離也就比較遠，不過如果要將它傳送至幾公里以外更遠的接收端，會受到環境的影響而使得訊號減弱，這時就必須藉助寬頻調變（Modulation）技術。「調變」方式能產生更高頻率訊號，並夾帶在原訊號中傳送出去，而接收端將接收到的調變訊號利用高頻「解調」（Demodulation）的方式，將它還原成原來的訊號。

調變後的高頻訊號是用來進行原訊號的傳送工作，一般稱為「載波」（Carrier）。事實上，高頻訊號是以正弦波來作為載波，依據原訊號的 0 與 1 特性來改變訊號的振幅（調變幅度，Amplitude Modulation，簡稱 AM）或頻率（調變頻率，Frequency Modulation，簡稱 FM）、或者是相位（調變相位，Phase Modulation，簡稱 PM）之後，再將載波傳送出去，當接收端收到此高頻訊號後，它會與正常的正弦波做比較，如此一來便可推算出哪些訊號是變動過的，最後再利用這些變動過的訊號來還原成原來的訊號。

前面有提到，如果要利用高頻載波來傳送原訊號至遠方，就必須使用寬頻調變技術將它們合併在一起。一般來說，載波訊號會依據原訊號的頻率、振幅或相位來進行調變的工作。接著來看看經過不同調變方式之後，原訊號的波形會變成如何？

FM- 頻率調變技術

這種調變技術會依照原訊號的頻率來調整載波頻率的大小，而原訊號的振幅與相位則保持不變。它以頻率較低的訊號代表 0，頻率較高的訊號代表 1。如下圖所示：

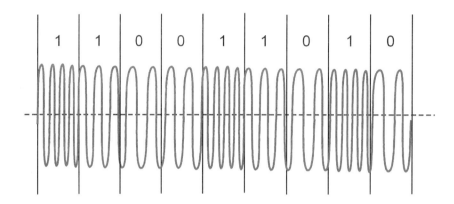

AM- 振幅調變技術

此調變技術會依照原訊號的振幅來調整載波振幅的大小，而原訊號的頻率與相位則保持不變。它是以振幅較弱的訊號代表 0，振幅較強的訊號代表 1。如下圖所示：

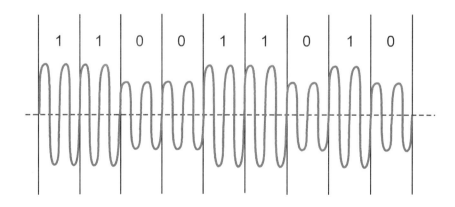

PM- 相位調變技術

此調變技術會依照原訊號的相位來調整載波相位的大小,也就是將前一波形反相 180 度,而原訊號的頻率與振幅則保持不變。它以訊號相位狀態的改變代表 1,訊號相位狀態維持不變代表 0。如下圖所示:

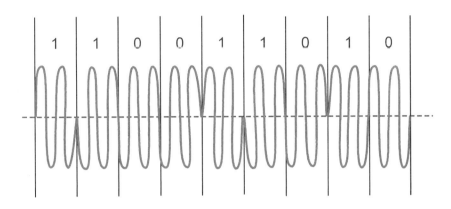

2-5-2 解調變技術

載波是從發送端經過調變處理後,再傳送出去的訊號,當接收端收到載波訊號時,就必須利用「解調」的方式將它還原成原來的數位訊號。在 AM 解調器接收到此高頻載波訊號後,則利用二極體的正電壓可通過、負電壓不可通過特性,將載波的正負電壓分離出來,讓資料與載波分離,如此一來便可輕易地將原來的訊號還原回來。

2-5-3 資料數位化

要將類比訊號轉換為數位訊號,必須透過「類比數位轉換器」(Analog-to-Digital Converter, ADC),而要將數位訊號轉換為類比訊號,則必須透過「數位類比轉換器」(Digital-to-Analog Converter, DAC),通常音效卡上都會設計有這兩種電路晶片,當進行聲音錄製時,就是類比轉數位的過程,而利用電腦資料將音效檔案播放出來,就是數位轉類比的過程:

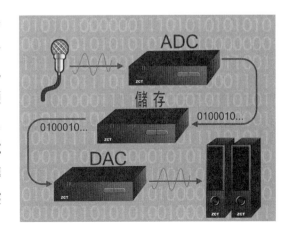

為了提升訊號的品質，將類比訊號轉換成數位訊號是必然的做法。類比訊號轉換成數位訊號，必須經過三個步驟，分別為取樣、量化、編碼。

🌐 取樣

將類比資料數位化的過程，由於利用數字來表示的聲音是斷斷續續的，所以將模擬訊號轉換成數字訊號的時候，就會在模擬波形上每隔一個時間裡取一個幅度值，這個過程稱之為「取樣」，通常會產生一些誤差。例如對於聲音的取樣，所謂取樣頻率是每秒鐘聲音取樣的次數，以赫茲（Hz）為單位。

例如各位使用麥克風收音後，再由電腦進行類比與數位聲音的轉換，轉換之後才能儲存在電腦媒體中。取樣解析度決定了被取樣的音波是否能保持原先的形狀，越接近原形則所需要的解析度越高。

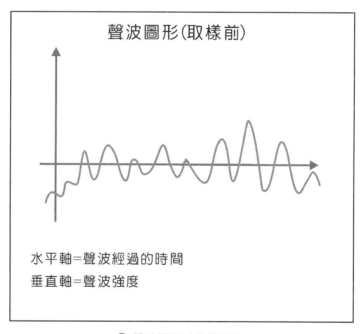

● 聲波圖形（取樣前）

那取樣頻率多少才算是恰到好處呢？事實上，有一種稱為「奈奎斯特定理」（Nyquist Theorem）提供了相當好的取樣依據。這個定理證明了一個頻率範圍內的類比訊號，如果以此範圍二倍頻率來進行取樣的話，那麼接受端便可以非常準備地將取樣訊號還原回來。舉例來說，以 CD 的訊號而言，它的頻率範圍在 0 ～ 20 kHz 之間，因此取

樣頻率便必須高於 40 kHz，所以在一般 CD 音源製作上，它就是 44.1 kHz 的訊號取樣頻率。

🌐 量化

在執行完取樣的動作，接下來便是將這些還是連續性的離散取樣訊號進行振幅上的分割。同樣的，振幅上的分割越密集，接收端取得的訊號就會越好。這個振幅分割的動作便稱為「量化」（Quantization）。

數位訊號屬於階段性訊號，而離散取樣後的訊號還是屬於連續性，因此它的大小值有無限種可能，無法直接進行二進位的編碼。基於這個理由，必須將離散取樣後的訊號量化成階梯狀的位階訊號。也就是說，量化的過程中，實際上是一個將取樣訊號截取「近似值」的過程，而每個近似值則稱為「量化等級」或「量化位階」（Quantization Level），量化等級的間隔則可視訊號的編碼長度而定。以 CD 音源來說，每個訊號被劃分成 4096（2^{12}）個層級，因此它可得到更高層級的聲音效果。

🌐 編碼

在離散取樣訊號量化後，訊號已經變成階層式的離散訊號，而每個階層便可以直接對應一個二進位碼，這就是編碼的動作。階層訊號所對應二進位碼的位元數則稱為「編碼長度」（Encoding Length），它決定了量化等級的多寡與精密度。假設編碼長度以 n 位元來表示時，那麼它便可以產生 2^n 的量化等級，例如編碼長度為 12 位元的話，那麼則共有 2^{12}=4096 個量化等級，也就是說，編碼長度可用來決定訊號振幅的解析度。

2-6 錯誤檢查

資料在傳輸的過程中難免受到外界干擾而造成錯誤，通常可以利用資料偵測碼來解決這樣的問題。常見的方法是同位位元檢查（Parity bit Check），這個方法是在每一筆資料的最後加上一個同位檢查位元（Parity Check bit）。舉例來說，假設發送端想要傳送五個字元的 ASCII 碼分別如下：

1100111
1101111
1110111

1101100

1110010

經過加入「偶同位檢查位元」後的傳送碼為：

1̲1100111（含同位檢查位元 1 的總個數為 6，符合偶同位的資料檢查碼規則）

0̲1101111（含同位檢查位元 1 的總個數為 6，符合偶同位的資料檢查碼規則）

0̲1110111（含同位檢查位元 1 的總個數為 6，符合偶同位的資料檢查碼規則）

0̲1101100（含同位檢查位元 1 的總個數為 4，符合偶同位的資料檢查碼規則）

0̲1110010（含同位檢查位元 1 的總個數為 4，符合偶同位的資料檢查碼規則）

上圖中，有被加框的位元，是為了辨識該字元為同位檢查字元所特別加上的。各位可以發現，當接收端收到資料後，會先判斷每一位元組傳送過來的資料的 1 的總數是否為偶數？如果是，再將該檢查位元移除掉；如果不是，則代表傳輸過程中位元遺失或因干擾而產生錯誤，就會要求重新傳送。

就以上例來說明，當收到資料時，會以 8 個位元（即 1 個位元組）為一個檢查單位，先行驗算是否 1 的總個數為偶數？如果是，則分別去掉檢查位元，就可以還原出下列的原始資料內容，如下圖所示：

1100111

1101111

1110111

1101100

1110010

同理，如果採用為「奇同位元檢查」，經過加入「奇同位檢查位元」後的傳送碼為：

0̲1100111（含同位檢查位元 1 的總個數為 5，符合奇同位的資料檢查碼規則）

1̲1101111（含同位檢查位元 1 的總個數為 7，符合奇同位的資料檢查碼規則）

1̲1110111（含同位檢查位元 1 的總個數為 7，符合奇同位的資料檢查碼規則）

1̲1101100（含同位檢查位元 1 的總個數為 5，符合奇同位的資料檢查碼規則）

1̲1110010（含同位檢查位元 1 的總個數為 5，符合奇同位的資料檢查碼規則）

當收到的資料時，會以 8 個位元（即 1 個位元組）為單位，先行驗算 1 的總個數是否為奇數，如果是，則分別去掉檢查位元，就可以還原出下列的原始資料內容，如下圖所示：

1100111
1101111
1110111
1101100
1110010

其實同位檢查只能用來偵測傳輸過程是否有錯誤發生，並無法即時針對錯誤的資料
予以更正，萬一有兩個位元同時發生錯誤時，這種同位元資料偵錯的方式，就無法偵測
出來。也就是說，若資料單位內偶數個位元被改變，則同位檢查無法偵測出錯誤。例如
發送端想要傳送五個字元的 ASCII 碼如下：

1100111
1101111
1110111
1101100
1110010

如果採用偶同位檢查的資料檢查碼方式，經過加入偶同位檢查位元後的傳送碼為：

1̲1100111（含同位檢查位元 1 的總個數為 6，符合偶同位的資料檢查碼規則）
0̲1101111（含同位檢查位元 1 的總個數為 6，符合偶同位的資料檢查碼規則）
0̲1110111（含同位檢查位元 1 的總個數為 6，符合偶同位的資料檢查碼規則）
0̲1101100（含同位檢查位元 1 的總個數為 4，符合偶同位的資料檢查碼規則）
0̲1110010（含同位檢查位元 1 的總個數為 4，符合偶同位的資料檢查碼規則）

萬一第一個位元組收到的資料為：

1̲1100100（含同位檢查位元 1 的總個數為 4，也符合偶同位的資料檢查碼規則，可
是原先同位檢查位元 1 的總個數為 6）。按照之前的邏輯，也完全符合 1 的總個數為偶
數，如此就會造成誤判，以為傳輸的過程沒有發生錯誤，並直接將檢查位元去除，就會
得到下列的資料：

1100100（和原始資料的第一個位元組 1100111 內容值已有兩個位元不一樣）
1101111
1110111
1101100
1110010

　　各位請注意，上述標示下底線的第一個位元組資料為 1100100，卻和原始資料的第一個位元組 1100111 不一樣，分別為第一個及第二個位元不一樣。因此，再次強調說明，這種同位元資料偵錯的方式，萬一有偶數個位元同時發生錯誤時，就無法偵測出來，而這也是這種資料檢查碼的最大缺點。

03
CHAPTER

有線區域網路

　　近年來由於個人電腦之硬體價格越來越便宜，軟體支援也越來越多元化，使得區域網路普及率逐漸提升，目前區域網路可以區分為有線區域網路（Local Area Network, LAN）與無線區域網路兩種（Wireless Local Area Network, WLAN）。本章中首先介紹有線區域網路，有線區域網路最大的特點就是必須依靠實體的傳輸媒介來連結各個節點，如電纜線等。有線網路的優點是保密性佳，不易受到干擾，缺點則是容易受硬體線路品質的影響。

⬆ 乙太網路系統架構圖

3-1 │ 有線通訊傳輸媒介

　　一個完整的通訊網路架構，還必須有一些傳輸媒介來配合進行電腦與終端機間傳輸與連結工作。對於這些設備的瞭解與認識，也是對於進入網路通訊領域的必備課程。

3-1-1　雙絞線

　　「雙絞線」（twisted pair）是一種將兩條絕緣導線相互包裹絞繞在一塊的網路連線媒介，通常又可區分為「無遮蔽式雙絞線」（Unshielded Twisted Pair, UTP）與「遮蔽式雙絞線」（Shielded Twisted Pair, STP）兩種。例如家用電話線路是一種「無遮蔽式雙絞線」，優點是價格便宜，缺點是容易被其他電波所干擾。另外應用於 IBM「符記環」

（Token Ring）網路上的電纜線就是一種「遮蔽式雙絞」，由於遮蔽式雙絞線在線路外圍加上了金屬性隔離層，較不易受電磁干擾，所以成本較高，架設也不容易。

⬆ 雙絞線剖面圖

3-1-2　同軸電纜

塑膠套覆蓋

PE絕緣體

網狀金屬層

銅質導體

⬆ 同軸電纜外觀與剖面圖

「同軸電纜」（Coaxial Cable）的構造中央為銅導線，外面圍繞著一層絕緣體，然後再圍上一層網狀編織的導體，這層導體除了有傳導的作用之外，還具有隔絕雜訊的作用，最後外圍會加上塑膠套以保護線路。在價格上比雙絞線略高，普及率也僅次於雙絞線。

3-1-3　光纖

「光纖」（optical fiber）所用的材質是玻璃纖維，並利用光的反射來傳遞訊號，主要是由纖蕊（core）、被覆（cladding）及外層（jacket）所組成，它是利用光的反射特性

來達到傳遞訊號的目的。傳遞原理是當光線在介質密度比外界低的玻璃纖維中傳遞時，如果入射的角度大於某個角度（臨界角），就會發生全反射的現象，也就是光線會完全在線路中傳遞，而不會折射至外界。由於光纖所傳遞的是光訊號，所以速度快，而且不受電磁波干擾。光纖通常使用在「非同步傳輸模式」網路（Asynchronous Transfer Mode, ATM）上，而在 100BaseFX 高速乙太網路上，也可以使用兩對光纖來進行連結。

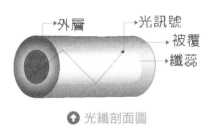

● 光纖剖面圖

3-2 | 常見區域網路標準

由於區域網路的普及率增加，一個機構可能同時擁有許多區域網路，可能只使用了一個集線器來連接兩、三台電腦，在家庭或小型辦公室中常見到這種網路模式。區域網路中多部電腦裝置在同一區域網路中進行資料存取時的情形，就好像許多人在一間房間中進行對話一樣，大家必須遵守一定的標準，才能夠聽清楚每個人的發言內容。區域網路的架構通常不會太複雜，但其技術的演進歷史非常複雜，從最早的「乙太網路」（Ethernet network）、「符記環網路」（Token Ring）、「光纖分散式資料介面」（FDDI）網路、「高速乙太網路」（Fast Ethernet），以及後來的非同步傳輸模式（Asynchronous Transfer Mode, ATM），在這些網路技術中最較為人所熟悉的以「乙太網路」為主。

3-2-1 符記環網路

符記環網路（Toking Ring）也稱為權杖環網路，是由 IBM 在 1980 年代所發展的區域網路技術，相關資訊則規範在 IEEE 802.5 標準中，它的存取速度有 4 Mbps 與 16 Mbps 兩種，可謂區域網路架構的鼻祖。符記環網路主要是使用「多工作站存取裝置」（Multistation Access Unit, MAU）作為連結而形成環狀網路，它具有「ring-in」與「ring-out」兩個連接埠，以便與上下游的 MAU 連接。符記環網路並非利用競爭的方式來取得資料的存取權，而是當每部電腦裝置需要使用線路前，必須先取得一個稱為「符記」

（Token）的訊框。這個訊框會不斷地在網路上一站接一站傳遞，只有取得這個「符記」訊框的電腦裝置才有權力將資料傳送到網路上。

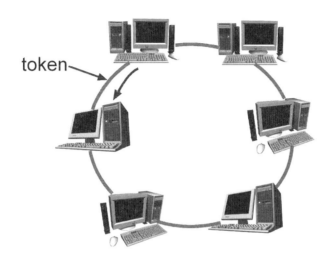

🔼 符記環網路是環狀網路架構

在符記環網路上所加入的第一台電腦裝置會成為「主動監視站」（Active Monitor），它在有需要時重新產生符記，並負責監視網路上是否加入或移除電腦裝置。第二台以後加入符記環網路的電腦裝置稱為「待命監視站」（Standby Monitor），每部在符記環網路中的裝置都會監視其上下游裝置，一旦「主動監視站」出現問題，就可以產生新的「主動監視站」。

在外觀上符記環網路的線路結構則是屬於環狀網路，標準傳輸速度為 4 Mbps。符記環網路可以擁有的網路裝置與長度，依照所使用的線路而有所不同。如果是使用 UTP（Unshielded Twisted Pair, 無遮蔽式）線材，最多可以擁有 33 個網段及 72 個裝置，網段最長長度為 45 公尺。如果是 STP 線材，網路裝置數量上限為 250 個，網段長度為 100 公尺。符記傳遞的方式在流量高的網路上使用時較為適用，在網路流量較低的網路上，所提供的效能反而更差。

3-2-2 FDDI 網路

「光纖分散式資料介面」（Fiber Distributed Data Interface, FDDI）是由 ANSI 與 ISO 於 1990 年代所制定的標準，採用分離式雙環狀網路架構，可預留一個備份線路以

防不時之需。許多區域網路上的技術也都沿用 FDDI 網路的傳輸技術,如 100Base-Tx 、 100Base-Fx 等。事實上,FDDI 技術與 IBM 的 Token Ring 技術相似,也就是採用環狀 網路結構及符記傳遞(Token Passing)來分配傳輸媒介的使用權,工作站則公平使用頻 寬。FDDI 網路是一種具備「兩個環」的環狀網路,也就是一個為「主環」與另一個為 「次環」,兩者都是單方向傳送訊號。

這兩個環傳遞資料的方向並不相同,而且平時是以主環進行資料的傳送,次環作為 備份使用,也就是當主環故障或中斷時,次環會自動接替主環工作,並重新建立新的環 路來傳遞,使整個網路不致於中斷。由於 FDDI 環狀網路所採用的傳輸媒介是光纖,所 以它可以提供高達 100 Mbps 的傳輸速率,主要是用來作為骨幹網路或高性能的區域網 路,不過目前 FDDI 技術並沒有得到充分的認可和廣泛的應用。優點是有較長的傳輸距 離,相鄰兩站間的最大站間距離為 200 公里。不過原本備受市場看好,速度可以達到 100 Mbps 的 FDDI 光纖網路,卻因為當時光纖接頭價格太高,而無法成功推動市場、宣 告失敗。

3-3 | 乙太網路

乙太網路(Ethernet)是目前最普遍的區域網路存取標準,使用 CSMA / CD 技術, 通常用於匯流排型或星型拓樸。由於它具備傳輸速度快、相關設備組件便宜與架設簡單 等特性,使得中小企業或學校的辦公室中,大部分都是採用此種架構來建立區域網路。 架設乙太網路將家中或辦公室的電腦連結起來並不是一件困難的事,只要備妥集線器、 網路線以及電腦中裝妥網路卡後,依照乙太網路的架構來安裝,就可輕易組成一個小型 區域網路。

> **TIPS** 乙太網路所使用的媒體介質存取方式是定義在 IEEE 802.3 標準,「載波偵測多重存取 / 碰 撞偵測」(Carrier Sense Multiple Access / Collision Detection, CSMA / CD)CSMA / CD 技術則是乙太網路進行媒體介質存取控制的方式。簡單來說,使用 CSMA / CD 協定時, 在運送資料前,會先偵測纜線上是否有資料在傳輸;確認纜線是「空」的狀態,才會傳 輸資料。如果纜線上有資料在運送,會等待一段時間後,再次偵測與傳輸,直到資料傳 輸成功為止。CSMA / CD 有助於降低封包碰撞的機率,傳輸效率較佳,較不適宜傳送封 包較大的資料,硬體成本也較高。

乙太網路的起源於 1976 年 Xerox PARC 將乙太網路正式轉為實際的產品，1979 年 DEC、Intel、Xerox 三家公司（稱為 DIX 聯盟）試圖將 Ethernet 規格交由 IEEE 協會（電子電機工程師協會）制定成標準。IEEE 並公布適用於乙太網路的標準為 IEEE 802.3 規格，直至今日 IEEE 802.3 和乙太網路意義是一樣的，一般我們常稱的「乙太網路」，都是指 IEEE 802.3 CSMA / CD 中所規範的乙太網路。

到了 1995 年，IEEE 正式通過 802.3u 規格定義了高速乙太網路（Fast Ethernet），將 10 Mpbs 的乙太網路提昇為 100 Mbps，另外又於 1998 年 6 月底 IEEE 802.3z 標準委員會通過傳輸速率高達 1 Gigabit（即 1000 Mbps）的超高速乙太網路等後續發展。以下我們繼續為各位介紹各種乙太網路類型。

3-3-1　10 Mbps 乙太網路

第一個正式問世的乙太網路產品是 10Base5 乙太網路，之後經過不斷改進與技術提升，產生多種不同類型的乙太網路，DIX 聯盟所定義的 EV2 與 IEEE 802.3 所定義的 Ethernet，其差異在於資料封包格式上的些微不同，以及一般規範名詞上的差別。無論是 EV2 與 802.3 規格的乙太網路，都是屬於 10 Mbps 的乙太網路。

IEEE 在 802.3 中訂立各個乙太網路的成員，依提出的時間不同，在編號之後以英文字母來識別，這邊先列出 10 Mbps 乙太網路的規格，如下所示：

 IEEE 802.3 制訂的乙太網路名稱可區分頻寬、傳輸方式及傳輸媒介（或傳輸距離）等三個部分。例如「10Base5T」的「10」表示「10 Mbps」頻寬，「Base」表示以「基頻」（Baseband）方式傳輸，「5」表示網段最大傳輸距離 500 公尺，而「T」則表示使用「雙絞線」（Twisted Pair）為傳輸媒介。

以下將分別對這幾個 10 Mbps 乙太網路類型加以說明。

🌐 10Base5 乙太網路

10Base5 乙太網路使用 RG-11 A / U50 歐姆粗同軸電纜，線路兩端必須連接 50 歐姆的終端電阻。在名稱上，數字 10 表示其傳輸速率為 10 Mbps，而 5 表示單一個網路區段最長可達 500 公尺，允許每個網段連接 100 個節點，如果要超過 500 公尺以上，則必須使用中繼器來再生訊號，而為了避免訊號多次再生後變得難以辨識，最多不得使用超過

「四」個中繼器,其中雖然有「五」個網路區段,但是其中兩條是用來延伸線段之用,所以只有「三」個線段可以連接電腦,這就是著名的 5-4-3 原則。由於 10Base5 乙太網路所使用的連接線材是粗同軸電纜,所以又稱之為「粗線乙太網路」(Thick Ethernet),也稱為「標準乙太網路」,因為它是第一個標準化,也是最早出現的乙太網路。如下圖所示:

⬆ 10Base5 的 5-4-3 原則示意圖

10Base5 的網路使用「收發器」(transceiver)與 15-pin DIX 接頭與電腦連接,收發器彼此之間不得短於 2.5 公尺,而收發器由於本身也有訊號再生的功能,所以分支線最長可以達 50 公尺,收發器與網路卡的連接如下圖所示:

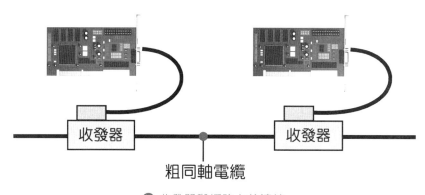

⬆ 收發器與網路卡的連接

🌐 10Base2 乙太網路

由於 10Base5 乙太網路使用 RG-11 A / U 的粗同軸電纜線,施工不易且成本昂貴,於是 3Com 公司推出 10Base2 乙太網路,改採 RG-58 A / U 細同軸電纜,其單一個網路區段最長可達 185 公尺(約 200 公尺,也就是 2 這個數字的由來),資料傳輸率可達 10 Mbps,最多可以連接 30 台電腦,使用 T 型接頭來連接電腦裝置,而各連接裝置之間必

須間隔 0.5 公尺以上，又稱為細乙太網路。10Base2 乙太網路的施工方便且成本便宜，所以經常成為小型網路的一個選擇，因而取代了 10Base5 乙太網路。無論是 10Base5 或 10Base2 乙太網路，都是屬於匯流排式網路，缺點是只要其中有一段線路斷線，就會使得整個網路無法運作。

🌐 10BaseT 乙太網路

1990 年 IEEE 802.3i 通過 10BaseT 的乙太網路，使用 22AWG 的無遮蔽式雙絞線作為連線，名稱中的 T 所指的就是雙絞線（Twisted pair），在 10BaseT 乙太網路中，所有的電腦都連接至集線器（hub）上，而形成星狀網路拓樸，因此即使其中一條線路發生問題，也不至於影響其他的線路，不過如果集線器發生問題，就會使得整個網路就無法運作。

使用 UTP（Unshielded Twisted Pair，無遮蔽式）雙絞線與集線器連接的網路，資料傳輸率可達 10 Mbps，每個區段最多可擁有 512 個裝置，總裝置數最多也可以有 1024 個，每個裝置都獨立連接，而且距離集線器最短不得少於 2.5 公尺，最長不得超過 100 公尺，集線器如果埠數不夠，或是需要延伸長度，則通常不超過四個集線器，連接的方式如下圖所示：

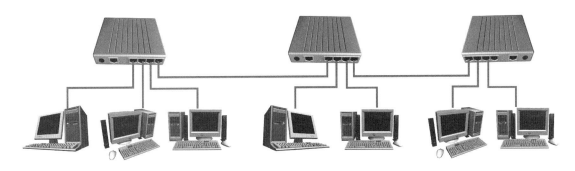

⬆ 10BaseT 網路的擴充示意圖

🌐 10BaseF 乙太網路

1992 年通過 IEEE 802.3j 的規範，使用光纖作為傳輸媒介，10BaseF 乙太網路較不為人所熟悉，它使用光纖來作為資料傳送的線材，F 就是表示光纖（Fiber）。10Base 包括 10BaseFL、10BaseFB、10BaseFP 三種，它們被定義在 IEEE 802.3j 標準中。由於傳遞資料的是光訊號，所以訊號不易衰減，而單一個網段最長可達兩公里，可連接的裝置

數最多為 33 個，適合用來作為遠距離的資料傳送。不過由於光纖材質較為昂貴，這類的
網路並不常見。

 TIPS 光纖線（Fiber-Cable）可以使用「單模」（Single Mode Fiber, SMF）或「多模」（Multi Mode Fiber, MMF）光纖，單模光纖非常細，幾乎只容許一個路徑傳遞光訊號，比較沒有光線折射或反射等的損耗，因此傳送距離可以較長。多模光纖比較粗，容許多個路徑傳遞光訊號，有較多光線折射或反射等的損耗，因此傳送距離較短。

底下是幾種 10 Mbps 乙太網路各種規格的特性比較：

項目	IEEE 規格	通過年份	最大區段長度	傳輸媒體	網路拓樸	最大節點數
10Base5	802.3	1983	500 公尺	粗同軸電纜	匯流排（bus）	100
10Base2	802.3a	1988	185（約 200）公尺	細同軸電纜	匯流排（bus）	30
10BaseT	802.3i	1990	100 公尺	Category 3 以上 UTP 線	星狀（star）	1024
10BaseF	802.3j	1992	500 / 1000 / 2000 公尺	單 / 多模光纖	星狀（star）	2/33

3-3-2 100 Mbps 乙太網路

隨著 10 Mbps 傳輸速率已漸漸不符合需求，1992 年 Grand Junction 網路公司提
出計劃在保留原有的 10 Mbps 乙太網路協定下，將乙太網路的速率提升至 100 Mbps，
這項計劃獲得 3Com、Sun Microsystems 和 SynOptics 的支持，於是 1995 年通過
IEEE 802.3u 標準，稱之為「高速乙太網路」（Fast Ethernet），而 1997 年又加入一個
新規格 802.3y 標準；高速乙太網路同樣可區分為「100BaseTX」、「100 BaseT4」、
「100BaseFX」和「100BaseT2」四種，讓我們分別敘述如下：

🌐 100BaseTX

100BaseTX 與 10BaseTX 一樣，使用 Category 5 的無遮蔽雙絞線（UTP）或遮蔽雙絞
線（STP），都僅使用 4 對線路中的其中兩對分別來傳送與接收資料，因此 100BaseTX 可
以提供全雙工的傳輸服務，以及 100 Mbps 的傳輸速率。此為當年市場上最早推出的 100
Mbps 乙太網路架構，也是目前使用最普遍使用的架構。

100BaseT4

100BaseT4 同樣用雙絞線為傳輸媒介，並且可使用 Category 3、4、5 等級的 UTP 來建立。100BaseT4 並不像 100BaseTX 僅使用兩對線路，而是使用全部的 4 對線路，其中一對用來偵測是否發生碰撞，另外三對則用來進行資料的傳送與接收，不過只有半雙工的傳輸模式。由於 100BaseT4 推出時程較晚，因此市場上並不常見此類型的網路。

100BaseFX

使用兩對光纖來建立高速網路，光纖可以比雙絞線提供更長的傳輸距離，其中一對用來傳送資料，另一對則用來接收。如果使用多模光纖，在點對點（設備分置於網路的兩端）的傳輸下最長可達 2 公里；若是使用單模光纖，則可以延伸到 10 公里的距離。

100BaseT2

這是 1997 年所發展出來的網路架構，與 100BaseT4 的架構類似，是使用 Category 3 以上 UTP 中的 3 對線路來架設，可說是兼具了 100BaseT4 及 100BaseTX 的優點，市場上也有人稱為「100VG-AnyLAN」。100BaseT2 網路採用集線器來構成星狀拓樸，但是它使用不同的編碼方式，因此與 100BaseT4 並不相容。再加上它的設計成本高、推出時間晚，因此在市場上並不常見。以下為幾種 100 Mbps 乙太網路各種規格的特性比較：

項目	IEEE 規格	通過年份	最大區段長度	傳輸媒體	網路拓樸
100BaseTX	802.3u	1995	100 公尺	Category 5 以上 UTP	星狀（star）
100BaseFX	802.3u	1995	2 / 10 公里	單 / 多模光纖	星狀（star）
100BaseT4	802.3u	1995	100 公尺	Category 3 以上 UTP	星狀（star）
100BaseT2	802.3y	1997	100 公尺	Category 3 以上 UTP	星狀（star）

3-3-3　Gigabit 乙太網路

在今日的網路應用中，所傳輸的資料量越來越大，尤其是對於聲音、影像與視訊的即時傳送需求日增，100 Mbps 也不足以滿足傳輸速率上的需求，於是在 1995 年 IEEE 802.3 委員會開始研究 1000 Mpbs 的乙太網路標準，1996 年成立了 802.3z 小

組，開始制定 Gigabit Ethernet 標準，當時也成立了一個 Gigabit Ethernet Alliance 聯盟，共有 28 間公司共同參與，並於 1998 年正式通過 802.3z 標準 -「1000BaseSX」、「1000BaseLX」、「1000BaseCX」，使用光纖與同軸電纜的超高速乙太網路標準，其傳輸速率可達 1000 Mbps，並在 1999 年追加第四種使用雙絞線的 802.3ab 標準 -「1000BaseT」，由於價格上十分昂貴，目前來說只適用於網路的骨幹線路之上。

🌐 1000BaseSX

1000BaseSX 使用短波長雷射光（Short-wave laser），其所達距離較短，一般網路硬體商均以多模光纖搭配 1000Base-SX 為傳輸媒介，如果軸芯直徑為 62.5 微米，在全雙工模式下可達 275 公尺的傳輸距離，若軸芯直徑為 50 微米，在全雙工模式下可達 550 公尺的傳輸距離。

🌐 1000BaseLX

1000BaseLX 則使用長波長（130 nm）雷射光（Long-wave laser），搭配單模光纖，可達距離就遠多了，通常可達 5000 公尺的傳輸距離，如搭配多模光纖，可達距離約 550 公尺。

🌐 1000BaseCX

1000BaseCX 則是使用特殊的同軸電纜，但由於傳輸距離限制為 25 公尺內，因此不適合應用在架設網路上。

🌐 1000BaseT

1000BaseT 雖然可以使用 Category 5 的雙絞線，最長傳輸距離為 100 公尺，不過相關產品仍屬少數且還不太成熟。

項目	IEEE 規格	通過年份	最大區段長度	傳輸媒體	網路拓樸
1000BaseSX	802.3z	1998	275 / 550 公尺	四對多模光纖	星狀（star）
1000BaseLX	802.3z	1998	550 / 5000 公尺	四對多模光纖（550 公尺）或單模光纖 5000 公尺	星狀（star）
1000BaseCX	802.3z	1998	25 公尺	特殊的同軸電纜	星狀（star）
1000BaseT	802.3ab	1999	100 公尺	Category 5 UTP 雙絞線	星狀（star）

3-3-4　10 Gigabit 乙太網路

2002 年 IEEE 推出 802.3ae 標準，將乙太網路的頻寬大幅推向 10 Gbps，並且全部使用光纖為傳輸媒介，因此點對點的傳輸距離從 1000 Mbps 的 5 公里大幅增加到 40 公里。超高速乙太網路的傳輸速度是目前市面上高速乙太網路的十倍，更是原有乙太網路的一百倍，每秒傳輸十億位元組（GB）的標準，目前單一乙太網路的傳輸速度為每秒 10 Gb，IEEE 旗下的 IEEE 802.3 工作小組則專門定義有線乙太網路的媒體存取控制（MAC）。有鑑於大數據時代的來臨，雲端架構或資料中心內部伺服器所傳輸的資料量愈來愈大，擴大傳輸容量最普及的方式是串聯多條乙太網路，例如需要每秒 40 Gb 的傳輸速度時，便串聯 4 條乙太網路，而「25G 乙太網路聯盟」則是要打造單條 25 Gb 乙太網路的規格，以提昇乙太網路的傳輸效能。

3-3-5　40G / 100G 乙太網路

新的 40G / 100G 乙太網路傳輸標準 IEEE 在 2010 年 6 月通過，包含一系列的實體層標準，MAC 層速率達到 40 Gigabit 或者 100 Gigabit，成為 IEEE Std 802.3ba 標準。它規範了以 40 Gbit/s 或者 100 Gbit/s 的速度來傳輸的乙太網路，僅支援全雙工方式連線。40G / 100G 乙太網路傳輸標準提供在單模光纖、多模光纖、OM3 / OM4、銅線及電氣背板等不同的實體層。例如 OM3 多模光纖最大傳輸距離可達 100 公尺。

3-4 ｜ 乙太網路的運作原理

乙太網路最大的特性在於訊號是以廣播的方式傳輸，廣播的方式意思就是說，在網路上任何一部電腦送出的訊號，會讓其他相連的電腦都能收到，就像請所有的人先注意聽您說話，等大家都留意到的時候，就可以開始發送訊息。

乙太網路的傳輸主要就是網路卡對網路卡之間的資料傳遞而已。每張乙太網路卡出廠時，就會賦予一個獨一無二的卡號，那就是所謂的 MAC（Media Access Control）位址。所謂定址（Addressing）是指在資料中記錄目的端與來源端的位址，以決定資料的接收及回應對象。例如電腦 A 所送出的資料，B、C、D 三部電腦都能夠接收到，但由於封包上的目的端位址是 D，因此電腦 B 與 C 會將此訊框資料丟棄，只有電腦 D 會抓下處理該資料。

以實際情況來說，就是要送出資料的電腦必須先對網路發出詢問，如果是使用 TCP / IP 協定的話，那就是先以 IP 位址來取得 MAC 位址，然後再根據這個實體位址來進行資料傳送。

3-4-1 資料存取方式

乙太網路（Ethernet）是採用競爭式媒介存取法，由網路上的所有主機共享網路上的相同頻寬。何謂「競爭」（Contention）存取方式呢？簡單地說就是「先搶先贏」。例如房間中每個人都想要發言，但只有先搶到麥克風的人才能夠發言，沒有搶到的人只能苦苦等待，當麥克風閒置時再次進行競爭。它則是使用下列三種方式來進行資料的存取，它們分別為「載波偵測」（Carrier Sense）、「多方存取」（Multiple Access）與「碰撞偵測」（Collision Detection），這也就是經常聽見的「CSMA / CD」。

載波偵測（Carrier Sense）

所有電腦在網路上的資源使用權都是公平的，唯一的方法就是看誰先搶到傳輸使用權。當區域網路上有兩台電腦同時將資料封包傳送到纜線時，兩組資料的封包就會產生碰撞而無法傳遞。因此主機要發送網路封包前，必須先檢測目前的線路是否有其他裝置正在使用，確認沒有人在使用後，才能夠發送出訊框。如果發現其他裝置此刻正在使用網路，就必須等到線路空閒下來，才會將資料送上網路，這就稱之為「載波偵測」（Carrier Sense）。

多方存取（Multiple Access）

當網路上的線路空閒下來後，還是可能會有多部裝置在同一個時間試圖進行資料的存取，這時候每部裝置搶得線路使用權的機會都會是同等的。CSMA / CD 技術是要克服不同節點同時傳輸封包時所發生的碰撞問題，也能協助裝置公平地共享頻寬，但不會有兩個裝置同時在網路媒介上傳輸。

碰撞偵測（Collision Detection）

在網路的運作中，資料在同軸電纜、雙絞線等線路中傳送時，其實就是依賴電位的變化來產生各種不同的訊號，所以當某台電腦裝置送出訊號至網路上時，網路上所有的電腦裝置將會偵測到這個電位變化：

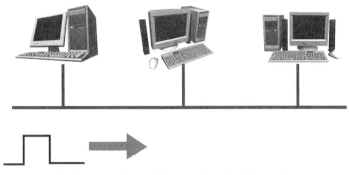

● 當資料被送上網路時，所有電腦都會得知

如果有兩台電腦試圖同時送出資料，當雙方所發出的電位變化相遇在一起時，就會使得波形訊號無法辨識，導致資料的傳送失敗，這個情況稱之為「碰撞」（Collision）：

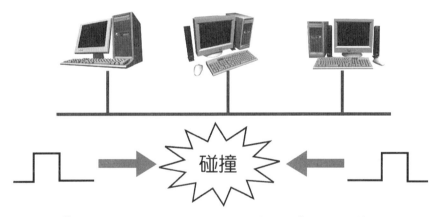

● 當有資料同時被送上網路時，就會發生「碰撞」的情況

當碰撞發生時，雙方都必須放棄這一次的競爭，並且在等待一段時間後再次進行競爭。在 10 / 100 Mbps 乙太網路的規定中，碰撞發生後的等待時間稱為「IFG」（Inter Frame Gap），是要確保接收端能處理完之前接收的資料封包，而且接收端可以回復到繼續接收資料封包的狀態。這表示線路空閒的時間「至少」必須要維持「96 Bit-time」之久，「Bit-time」則是指網路中傳送一個 Bit 的平均時間。如果是 10 Mbps 的乙太網路，這個時間相當於 10^{-7} 秒。也就是在碰撞發生後，所有的電腦都必須等待 9.6 μs 以上的時間，才能夠再次進行競爭。

3-5 | 虛擬區域網路（VLAN）

「虛擬區域網路」（Virtual Local Area Network 或簡寫 VLAN, V-LAN），是一種建構於區域網路交換技術（LAN Switch）的網路管理的技術，適用於所有 IEEE 802 計畫下的連結設備與區域網路型態，它是一種「邏輯網路」（Logical LAN），能夠依據邏輯關聯來規劃子網路，而不是連結設備的實體位置，並透過軟體設定達到對不同實體區域網路中的設備進行邏輯分群（Grouping）管理，使得這些設備彼此之間通訊的行為和將它們實際連結在一起時一樣可以互通訊息，共享資源。這些虛擬區域網路中的機器通常擁有相同的特性，而這特性並不需要與這些機器的所在位置有任何的關係，可以降低乙太網路上因為廣播行為所造成的負擔。

虛擬區域網路的組成成員可以機動調整，增加規劃上的彈性，尤其是當網路設備需添加、移除或更動時，VLAN 可減少路由器的使用，提高傳輸效能。虛擬區域網路可以在邏輯上區分不同的廣播網域，每一個虛擬區域網路有一個虛擬標籤資訊（Virtual LAN ID，簡稱 VLAN ID 或 VID），因此必須有辨識碼才能辨認訊框是屬於哪一個虛擬網路，不但能夠增加網路組織的彈性，還能限制存取，提高安全性。

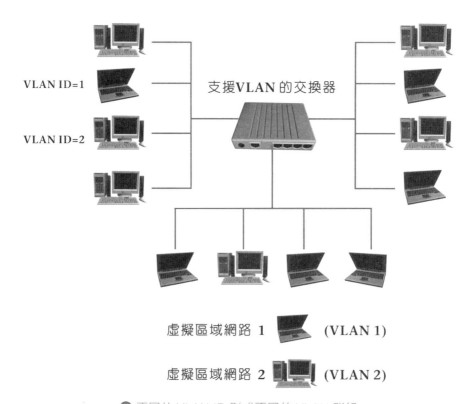

❶ 不同的 VLAN ID 形成不同的 VLAN 群組

04
CHAPTER

無線網路
通訊入門

網路已成為現代人生活最需要的通訊工具,雖然寬頻的普及程度越來越高,不過隨之而來的網路線也越來越多,不但造成一間辦公室內經常看到一大堆的網路線,且使用者對於網路使用空間與時間的要求越來越高,這也加速了無線網路的興起與流行,提供有線網路無法達到的無線漫遊的服務。特別是隨著手機及筆記型電腦的快速普及,幾乎人人都可享受輕鬆無線上網的便利及樂趣。

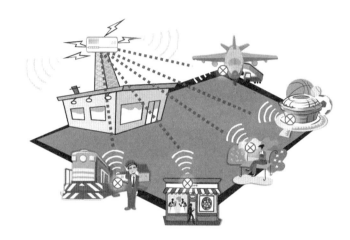

隨著新興無線通訊技術與行動通訊的高度普及,加速了無線網路的發展與流行,提供使用者能夠克服環境上限制,在任何時間地點都可上網的網路環境。無線通訊網路可應用的產品範圍相當廣泛,涵蓋資訊、通訊、行動產品的 3C 產業,並可與網際網路整合,例如利用無線上網功能,各位可以輕鬆的在會議室、走道、大廳、餐廳及任何含有熱點(Hot Spot)的公共場所,即可連上網路存取資料。

所謂「熱點」(Hot spot),是指在公共場所提供無線區域網路(WLAN)服務的連結地點,讓大眾可以使用筆記型電腦或 PDA,透過熱點的「無線網路橋接器」(AP)連結上網際網路,無線上網的熱點愈多,無線上網的涵蓋區域便愈廣。

4-1 | 認識無線網路

無線網路其實就是不用透過實體網路線就可以傳送資料。以現在的無線通訊技術而言,無線傳輸媒介可以分成兩大類,分別是「光學傳輸」與「無線電波傳輸」,也就是利用光波(有紅外線- Infrared 和雷射光- Laser)或無線電波(有窄頻微波、直接序列展

頻（DSSS）、跳頻展頻（FHSS）、HomeRF 和 Bluetooth －藍牙技術）等傳輸媒介來進行資料傳輸的資訊科技。使用者只要在傳輸媒介的涵蓋範圍內，就可以如同以往使用網路線來連上網路一樣迅速方便。其中光波媒介的缺點是其無法穿透障礙物，若遇障礙時通訊便會中斷，而無線電波則無此困擾。現在我們先就從無線傳輸媒介談起。

4-2 | 光學傳輸

光學傳輸的原理就是利用光的特性來進行資料傳送。以目前所知道的傳輸媒介中，光的傳播速率是最快的。因此在無線通訊技術中，便利用光的特性來進行資料的傳送，以提升資料傳輸的效率。目前採用「光」作為傳輸媒介的技術，有「紅外線」（Infrared）與「雷射」（Laser）兩種。

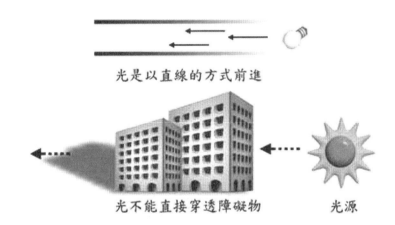

光是以直線的方式前進

光不能直接穿透障礙物　　　　　　光源

4-2-1 紅外線

「紅外線」（Infrared, IR）是相當簡單的無線通訊媒介之一，經常使用於遙控器、家電設備、筆記型電腦、熱源追蹤、軍事探測……等，作為遙控或資料傳輸之用。頻率比可見光還低，紅外線的頻率從 300 GHz 到 385 THz，較適用在低功率、短距離（約 2 公尺以內）的點對點（point to point）半雙工傳輸。紅外線的傳輸比較需要考慮到角度的問題，角度差太多的話，會接收不到。紅外線傳輸有具備以下特點：

❶ 傳輸速率每秒基本為 115 KB。

❷ 最大傳輸角度為 30 度。

❸ 屬於點對點半雙工傳輸。

❹ 最大傳輸距離為 1 公尺

紅外線

🔴 紅外線適合筆記型電腦間的傳輸

　　例如無線滑鼠或筆記型電腦間的傳輸，都採用紅外線方式。至於市面上常見的紅外線傳輸技術如下：

紅外線傳輸技術	特色與說明
直接式紅外線傳輸	直接式紅外線傳輸（Direct Beam IR, DB／IR），是利用兩個紅外線接收端面對面來進行資料的傳輸，所以中間也不能有任何阻隔物。缺點是距離不能太遠，角度也不得超過 30 度。
散射式紅外線傳輸	散射式紅外線傳輸（Diffuse IR, DF／IR），是利用放射狀方式來進行連線的動作，可克服直接式的限制。通訊的雙方只要處於同一個密閉的空間內，便可傳輸訊號。不過卻容易受到其他光源干擾，例如太陽光等。
全向性紅外線傳輸	全向性紅外線傳輸（Omnidirectional IR, Omni／IR）是包含直接式與散射式兩者的優點，在空間建立一個紅外線中繼台，提供中繼台四周工作站的連接埠，以定向的方式與基地台連接，以便傳輸資料。

4-2-2　雷射光

　　雷射光（Laser）較一般光線不同之處在於它會先將光線集中成為「束狀」，然後再投射到目的地。除了本身所具備的能量較強外，同時也不會產生散射的情形。在光學無線網路傳輸的安全機制中，雷射就遠比紅外線來得強，除了攜帶訊號的能力強外，也增加連線的距離。

4-3 | 無線電波傳輸

　　無線電磁波像收音機發出的電波一樣，具備穿透率強和不受方向限制的全方位傳輸特性，與無線光學技術比較起來，它確實較適合使用在無線傳輸，並且也不容易受到鋪設及維護線路的限制。不過由於無線電磁波的頻帶相當的寶貴，所以它受到各國之間的嚴格控管，為了可以使用無線電磁波，各國之間訂定出一個公用的頻帶，頻帶為 2.4 GHz，而無線網路也就是採用這個頻帶作為電磁波的傳輸媒介。

 TIPS 「頻帶」（Band）就是頻率的寬度，單位為 Hz，也就是資料通訊中所使用的頻率範圍，通常會訂定明確的上下界線。

　　目前利用無線電波作為傳輸媒介的技術，最主要的技術包括微波、展頻及多工存取等技術，請看以下說明。

4-3-1 | 微波

　　由於電波的頻率與波長成反比，頻率愈高者其波長愈小，傳輸距離就會越遠。微波（microwave）就是一種波長較短的波，頻率範圍在 2 GHz～40 GHz。與可見光一樣，皆為電磁波，傳送與接收端間不能存有障礙物體阻擋，且其所攜帶之能量通常隨傳播之距離衰減，高山或大樓頂樓經常會設置有微波基地台高臺來加強訊號，克服因天然屏障或是建築物所形成的傳輸阻隔。此外，也可透過環繞在地球大氣層軌道上的衛星作為中繼站，不過由於衛星與地面電台的距離很遠，所以必須以很大的功率來發射電波。

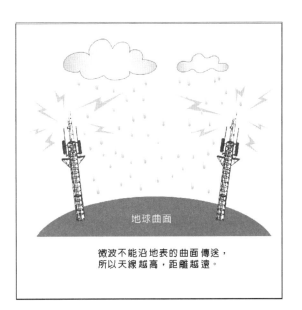

地球曲面

微波不能沿地表的曲面傳送，所以天線越高，距離越遠。

4-3-2 展頻技術

由於窄頻電波不但會受到相同頻率的通訊來源所干擾，而且也十分容易被竊取，並不具備可靠傳輸的特性。所以為了軍事與國防通訊需求，美國軍方發展出了展頻技術（Spread Spectrum, SS），希望在戰爭環境中，依然能保持通訊訊號的穩定性及保密性，將原本窄頻功率高的電波轉為頻率較寬與功率較小的電波。展頻系統的優點包括可抵抗或抑制各種干擾造成的破壞性效應。簡單來說，展頻是通訊領域內一種重要的二次調變技術，特色為寬頻及低功率，也就是利用訊息展開到一個較寬頻帶的技術，再以此寬頻來攜帶訊號，當遇到雜訊干擾時，由於這些雜訊所涵蓋的頻帶寬度沒有展頻訊號那麼寬，所以展頻訊號依然可以順利傳遞。其目的是希望在惡劣的環境中，仍然能保持通訊傳輸的穩定性及保密性。

在 OSI 模型中的實體層裡，IEEE 802.11 的展頻技術主要區分為「跳頻展頻技術」（Frequency-Hopping Spread Spectrum, FHSS）及「直接序列展頻」（Direct Sequence Spread Spectrum, DSSS）兩種，可以應用在無線區域網路（IEEE 802.11）、藍牙無線傳輸（Bluetooth）、全球衛星定位系統（GPS）等產品上，展頻技術為目前無線區域網路使用最廣泛的傳輸技術，當各位選擇 FHSS 還是 DSSS 來傳輸，會影響無線區域網路在性能表現上的差異。

🌐 跳頻展頻（FHSS）

「跳頻展頻」（Frequency Hopping Spread Spectrum, FHSS）是將訊號透過一系列不同頻率範圍廣播出去，並且利用 2.4 GHz 的頻帶，以 1 MHz 的頻寬將它劃分成 75 ～ 81 個無線電頻率通道（Radio Frequency Channel, RFC），很快地從一個頻段跳到另一個頻段，每一個頻段所停留的時間非常短暫，並且使用接收和發送兩端一樣的「頻率跳躍模式」（Frequency Hopping）來接發訊號和防止資料被別人擷取。跳頻展頻在同步情況下，採用所謂頻率位移鍵（Frequency Shift Keying, FSK）技術，讓發射與接收兩端以特定型式窄頻電波來傳送訊號，另外為了避免在特定頻段受其他雜訊干擾，收發兩端傳送資料經過一段極短的時間後，便同時切換到另一個頻段。

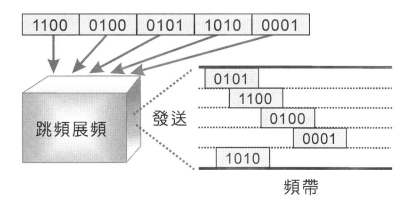

由於不斷的切換頻段，因此較能減少在一個特定頻道受到的干擾，經常用在軍方通訊，也不容易被竊聽，優點在於成本較低和使用材料彈性度上較為優良，而且可以讓許多網路共存在一個實體區域中，因此一些以低成本技術如藍牙與 HomeRF 都是採用跳頻展頻技術。

🌐 直接序列展頻（DSSS）

「直接序列技術」（Direct Sequence Spread Spectrum, DSSS）提供一個可靠的無線傳輸技術，原理是將要發送的基頻訊號轉換為展頻，也就是將原本 0 與 1 的高功率、窄頻帶的位元訊號，展開成數倍頻寬的訊號，使得原來較高功率、較窄的頻率變成較寬的低功率頻率。此展開的方法會將原來訊號的能量降低，以有效控制雜訊干擾並防止訊號被截取，大幅提高了對外在環境干擾的抵抗能力。這些轉變後的載波訊號則稱為「展頻碼」（Spreading Code）。展頻碼的數量越多越可以增加資料安全性。不過由於每個頻道的頻率範圍有部分重疊，為了避免相互干擾，實務上只使用不互相干擾的頻道。

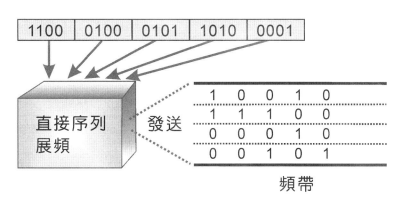

一般來說，直接序列技術會使用 10 ～ 20 個展頻碼，目前在無線網路的應用上，使用 11 位元的展頻碼將原來的無線電波訊號展開為 11 倍後再傳送，而且原始訊號必須透過二次展頻碼的處理才可獲得還原的訊號。由於 DSSS 是採用全頻帶傳送資料，故速度快，傳輸距離較遠，單位時間傳輸量較大，但其成本也較高，適用於固定環境中或對傳輸品質要求較高的應用，例如無線醫院、網路社區等。

4-3-3　多工存取技術（Multiplex）

多工存取技術（Multiplex）主要是作為控制頻寬資源之用，就是指多人共同使用一條資訊通道的方法，有 CDMA、TDMA、FDMA 三種。

🌐 CDMA

「分碼多工存取」（Code Division Multiple Access, CDMA）則是展頻技術的一種，主要在於能夠讓更多的使用者共用一個頻寬，也就是在同一頻寬內的分碼技術，並能提供更大的系統容量，CDMA 系統的發射功率最高只有 200 mW，最早用於軍用通訊，但時至今日，已廣泛應用到全球不同的民用通訊中。CDMA 使用 DSSS 展頻技術，可以指定給每位用戶端不同的展頻碼，接收器也依照不同展頻碼來過濾掉其他用戶訊號而取出需要的資訊，並且把其他使用者發出的訊號視為雜訊，就會使得每一位使用者的收訊不會受到干擾，並採用先進的擴頻技術，使通訊背景噪音大大降低。至於不相同的 CDMA 載波可在相鄰的小區域內使用，因而網路規劃與擴展較為容易，且可以增加用戶的容量。

🌐 TDMA

「分時多工存取」（Time Division Multiple Access, TDMA）：主要是利用不同訊號源在不同時間點傳輸時錯開，使用者依照時間先後輪流傳送資料，並將頻寬切割成等長的時槽（slot），每一個時槽可作為單一通道給用戶使用，允許多個用戶在不同的時間時槽來使用相同的頻率，因為單一頻率即可支援多個同時作用的資料通道，如此不同用戶的訊號便不至於重疊，也可以有效改善傳輸過程中封包碰撞的情況。TDMA 的優點是每一個轉頻器只使用一個載波，因此不會有互調干擾雜訊。不過這種架構有一項缺點，由於 TDMA 固定的時槽分配，如果傳送節點數較少時，就會使得因為時槽利用率不佳造成整體效能降低，TDMA 多數用於數位式的行動通話系統，如 GSM。

🌐 FDMA

「分頻多工存取」（Frequency Division Multiple Access, FDMA）是第一代行動通訊的基本技術，經常應用在微波或衛星通訊領域。FDMA 是在頻率上直接切割，將全數頻寬切割成每一個等寬頻帶的通道，使用者依照頻率的差別來同時傳送資料，每一個通道可供一個用戶使用，也就是利用不同訊號源調變到不同頻率上進行傳輸，而接收端則將想要接收的訊號以濾波器濾出，再還原為數位訊號。FDMA 因為將全數頻寬切成每一個等寬頻帶的通道，系統以配置不同頻率的方法，同步處理多量通話的架構。

4-3-4　正交分頻多工（OFDM）

「正交分頻多工」（Orthogonal Frequency Division Multiplexing, OFDM）是一種多載波（multi-carrier）調變的展頻技術，與跳頻展頻類似，適合於高速率資料傳輸，可以視為一調變技術與多工技術的結合。OFDM 主要是利用平行傳輸的觀念將寬頻訊號分成多個子頻道後，以窄頻訊號整排整列地傳送出去，可以使得頻寬使用效率上升，並且克服多重路徑問題。OFDM 與其他展頻技術的差異在於這些訊號彼此互為正交（Orthogonal），它可根據接收端所得到的通道品質來對每個子通道使用不同的調變形式，所以載波中心點不會相互干擾，因此能提升傳輸速率，增加頻寬與提高保密性，並擁有更遠的傳輸距離，加上能有效對抗頻率選擇性衰減，目前已成為無線通訊系統中最熱門的傳輸架構及調變技術。

4-4 ┃ 無線廣域網路

無線網路在目前現代生活中應用範圍也已相當廣泛，如果依其所涵蓋的地理面積大小來區分，無線網路的種類有「無線廣域網路」（Wireless Wide Area Network, WWAN）、「無線都會網路」（Wireless Metropolitan Area Network, WMAN）、「無線個人網路」（Wireless Personal Area Network, WPAN）與「無線區域網路」（Wireless Local Area Network, WPAN），接下來將從「無線廣域網路」開始為您介紹。

「無線廣域網路」（WWAN）是行動電話及數據服務所使用的數位行動通訊網路（Mobil Data Network），由電信業者所經營，其組成包含行動電話、無線電、個人通訊服務（Personal Communication Service, PCS）、行動衛星通訊等。無線廣域網路的連線

能力可涵蓋相當廣泛的地理區域，多半用於行動通訊系統，就是指此系統配合如行動電話、筆記型電腦或 PDA 等通訊設備，可以傳輸語音、影像、多媒體等內容。以下將為您介紹常見的行動通訊標準。

4-4-1　AMPS

所謂 AMPS（Advance Mobile Phone System, AMPS）系統，是北美第一代行動電話系統，採用類比式訊號傳輸，即為第一代類比式的行動通話系統（1G）。類比式行動電話的缺點是通話品質差、服務種類少、沒有安全措施、門號容量少等。在國內，類比式行動電話系統已經正式走入歷史，例如早期耳熟能詳的「黑金剛」大哥大，原本 090 開頭的使用者將自動升級為 0910 的門號系統。

4-4-2　GSM

「全球行動通訊系統」（Global System for Mobile communications, GSM）是於 1990 年由歐洲發展出來，故又稱泛歐數位式行動電話系統，即為第二代行動電話通訊協定。GSM 使用 TMDA（分時多工存取）無線電波及電路交換（Circuit Switch）傳送技術，以作為行動裝置與基地台間訊號的傳輸。GSM 是屬於無線電波的一種，因此必須在頻帶上工作，頻帶有 900 MHz、1800 MHz 及 1900 MHz 三種，目前世界上兩大 GSM 系統為 GSM 900 及 GSM 1800，由於採用不同頻率，因此適用手機也不同。除了美國、日本與韓國外，GSM 是目前全世界使用最廣泛的行動通訊系統。由於 GSM 通訊系統的誕生，刺激了行動通訊市場，也拉近全球的通訊距離。GSM 的優點是不易被竊聽與盜拷，可進行國際漫遊。但缺點為通話易產生回音與品質較不穩定。另外由於採用蜂巢式細胞概念來建構其通訊系統，也就是以多個小功率基地台，取代一個高功率基地台，所以需要較多的基地台才能維持理想的通話品質。

4-4-3　GPRS

「整合封包無線電服務技術」（General Packet Radio Service, GPRS）的傳輸技術採用無線調變標準、頻帶、結構、跳頻規則以及 TDMA 技術都與 GSM 相同，但是 GPRS 允許兩端線路在封包轉移的模式下發送或接收資料，而不需要經由電路交換的方式傳遞資料，屬於 2.5G 行動通訊標準，算是 GSM 的加強改良版。各位知道 GSM 的最大傳輸

速率為 9.6 Kbps，而 GPRS 透過「封包交換」（Packet Switch）技術，能有效運用無線頻譜資源，在資料傳輸的速率上，理論上高達 168 Kbps。在與 GSM 相較之下，資料傳輸速率足足多了 20 倍的效能。由於資料傳輸速率提升，GPRS 採用 IP 協定，更有利與網際網路連線，所以只要是手機能收到訊號的地方，隨時隨地都可以上網。而且用戶的手機開機後，即處於全天候連線狀態，也就是來電時，仍然可連線，不須斷線重新上網，還可以將手機與筆記型電腦相連上網。

4-4-4　3G

3G（3rd Generation）就是第三代行動通訊系統，由於各國無線通訊標準不一，負責全球通訊標準制定的國際電信聯盟（ITU），希望可以整合出一個全球性的行動通訊標準，才造就出 3G 成為國際標準。3G 是一種透過大幅提升資料傳輸速度（速率一般在幾百 kbps 以上），並將無線通訊與網際網路等多媒體通訊結合的新一代通訊系統。和 2G 比較起來，3G 除了有更佳的頻寬，更結合較佳的軟體壓縮技術，提供語音服務以外的多媒體服務，當然也比現有的 2.5 G-GPRS 在無線資料傳輸速度上更具優勢。正因為 3G 系統提供多種的資訊服務，所以該無線網路必須能夠支援不同的資料傳輸速度，例如：支援 2 Mbps（百萬位元組／每秒）、384 kbps（千位元組／每秒）以及 144 kbps 的傳輸速度，在 3G 的通訊系統時代，大量提升了傳輸的速度與品質，一支手機可以走遍全世界，但卻能擁有接近固網般的高音質通話。目前經國際電信聯盟（ITU）認可的第三代行動電話（3G）無線傳輸技術共有 3 種標準，分別是 CDMA-2000（分碼多工存取 2000）、W-CDMA（寬頻分碼多工存取）以及 TD-SCDMA（同步分碼多工存取）三種規格：

🌐 CDMA-2000

CDMA-2000（分碼多工存取 2000）由美國高通北美公司為主導提出，摩托羅拉和韓國三星皆是該系統的支持者。CDMA-2000 是由 CDMA one 改良的標準，其設備建設費用較低，不過傳輸速率上限為每秒 144 kb，通訊硬體建設的成本較為低廉。目前使用 CDMA 的地區只有日、韓和北美，而我國拿到 3G 執照的五家電信業者當中，只有亞太寬頻使用 CDMA-2000 技術規格，也就是說，如果將使用 CDMA-2000 的手機拿到美加地區也能使用。

🌐 W-CDMA

W-CDMA（Wideband Code Division Multiple Access，寬頻分碼多工存取）是國際電信聯盟在 2000 年 5 月通過的無線通訊標準，以 CDMA 為核心技術。W-CDMA 是目前先進國家最熱門的第三代無線通訊系統（例如歐洲及日本），建置成本較高，技術發展時間也較短，其載波頻寬為 5 MHz，可支援 384 Kbps 到 2 Mbps 不等的資料傳輸速率。W-CDMA 以現有的 GSM 系統作為發展網路的基礎，也是 GSM 網絡向 3G 升級的首選方式，因此 GSM 網路業者最適合選擇 W-CDMA 系統來接取 3G 寬頻無線服務。正因為 W-CDMA 具有先天性的市場優勢，順理成章成為最多國家計劃使用的 3G 技術，國內目前有四家電信業者採用 W-CDMA，分別是中華電信、遠傳電信、台灣大哥大、威寶電信等。

🌐 TD-SCDMA

TD-SCDMA（Time Division - Synchronous Code Division Multiple Access，同步分碼多工存取）是一種寬頻快速的行動通訊網路技術標準，也是 ITU 批准 3G 標準，是由中國制定的 3G 標準。TD-SCDMA 以 CDMA 為基礎，重新制定更符合大陸環境及需求的通訊技術，這項由中國主導並具有智慧財產權的第三代行動通訊標準，基本上是運用分時多工存取技術，把無線頻譜分割成若干個時槽，每個時槽只允許一個用戶進行發送或接收，如此可以避免遠近訊號相互干擾的問題。由於目前是大陸地區採用的 3G 通訊標準，再加上大中華圈廣大的通訊市場誘因，使得這項 3G 通訊標準受到全球主要電信設備製造廠商相當程度的重視，並陸續有不少設備廠商投入生產支援 TD-SCDMA 標準的電信設備。正因為如此，這項標準在成本、市場業務面，比早它起步的 CDMA-2000 及 W-CDMA 兩種標準更具優勢。

4-4-5　3.5G/3.75G

3.5G 使用的技術為 HSDPA（High-Speed Downlink Packet Access），稱為高速下載封包存取，為 3G 技術的升級版本，是延伸 3G 寬頻分碼多工存取（W-CDMA）的技術，主要用來加快用戶端設備（User Equipment, UE）的傳輸速率，可提供高達 1.8 Mbps 高速下載服務，大幅提高手機用戶上網及下載資料效率。對於提供 3.5G 的業者來說，3.5G 的建置成本比從 2G 升級至 3G 成本來得低，僅需透過軟體升級即可，現在 HSDPA 是目前全世界相當熱門的技術，例如：許多通訊設備廠商推出支援 HSDPA 的新款手機，或

是筆記型電腦內建 HSDPA 或推出 HSDPA 功能擴充卡。又如 3G 基地台軟體升級成支援 3.5G，即使上網的地方沒有支援 3.5G 無線網路，也能自動轉換為 3G 或 GPRS 無線網路。由於 HSDPA 上傳速度不足（只有 384 Kb/s），後來又開發高速上行封包存取（High Speed Uplink Packet Access, HSUPA）的技術，又稱 3.75G，其上傳速度達 5.76 Mb/s，3.75G 提供了雙向視訊或網路電話更佳傳輸速率的頻寬環境。

4-4-6　4G / LTE

隨著智慧型手機等行動上網裝置的日漸普及，相對也造成 3G 上網大塞車，如何儘早開放 4G 上網才是根本解決之道。所謂 4G（Fourth-Generation），是指行動電話系統的第四代，為新一代行動上網技術的泛稱，4G 所提供頻寬更大，由於新技術的傳輸速度比 3G/3.5G 更快，傳輸速度理論值約比 3.5G 快 10 倍以上，能夠達成更多樣化與更私人化的網路應用，也是 3G 之後的延伸，所以業界稱為 4G。從用戶需求的角度來看，4G 能為用戶提供更快的速度並滿足用戶更多的需求，它的願景是希望建構完備的高速無線通訊系統，所謂的 4G 網路，是指下行達到 1 Gb/s 的流量技術，4G 網路可以讓服務供應商，以較低成本的方式提供客戶無線寬頻服務。LTE（Long Term Evolution，長期演進技術）是以

▲遠傳在 FETnet 官網與行動客服 App 皆設置 4G 專區，具有與 3G 對比的速度實測影片、遠傳 4G 絕配雙頻、涵蓋範圍至 4G 絕配費率等 4G 資訊介紹，以及 4G 最新產品和用量管理等服務。

⬆ LTE 已經成為全球發展 4G 技術主流

現有的 GSM / UMTS 的無線通訊技術為主來發展，不但能與 GSM 服務供應商的網路相容，用戶在靜止狀態的傳輸速率達 1 Gbps，而在行動狀態也可以達到最快的理論傳輸速度 170 Mbps 以上。例如各位傳輸 1 個 95 M 的影片檔，只要 3 秒鐘就完成，除了頻寬、速度與高移動性的優勢外，LTE 的網路結構也較為簡單，所以 LTE 已經成為目前全球發展 4G 技術的主流。

4-4-7　5G

5G（Fifth-Generation）指的是行動電話系統第五代，也是 4G 之後的延伸，由於大眾對行動數據的需求年年倍增，因此就會需要第五代行動網路技術，現在我們已經習慣用 4G 頻寬欣賞愈來愈多串流影片，5G 很快就會成為必需品，5G 智慧型手機即將在

2019 年上半年正式推出，宣告高速寬頻新時代正式來臨，屆時除了智慧型手機，5G 還可以被運用在無人駕駛、智慧城市和遠程醫療領域。

雖然目前全球還沒有一個具體標準，不過在 5G 時代，全球將可以預見有一個共通的標準。韓國三星電子在 2013 年宣布，已經在 5G 技術領域獲得關鍵突破，5G 標準將於 2018 年 6 月完成第二階段的制訂。5G 技術是整合多項無線網路技術而來，包括幾乎所有以前幾代行動通訊的先進功能，對一般用戶而言，最直接的感覺是 5G 比 4G 又更快、更不耗電，5G 不只注重飆速度，更重視網路的效率，也更方便各種新的無線裝置。5G 未來除提供行動寬頻服務，將與智慧城市、交通、醫療、重工業等領域更加緊密結合，還可透過 5G 網路和各種感測器提供美好的聯網應用，預計未來將可實現 10 Gbps 以上的傳輸速率。這樣的傳輸速度下可以在短短 6 秒中，下載 15 GB 完整長度的高畫質電影。

4-5 | 無線都會網路

無線都會區域網（WMAN）路是指傳輸範圍可涵蓋城市或郊區等較大地理區域的無線通訊網路，例如可用來連接距離較遠的地區或大範圍校園。此外，IEEE 組織於 2001 年 10 月完成標準的審核與制定 802.16 為全球微波存取互通介面（Worldwide Interoperability for Microware Access, WiMAX），是一種應用於都會型區域網路的無線通訊技術。

4-5-1　WiMAX 簡介

WiMAX 最早於 2001 年 6 月由 WiMAX 論壇（WiMAX Forum）提出，固定式 WiMAX 於 2004 年完成規格的制定，其標準稱為 IEEE 802.16-2004。而於 2005 年底完成規格制定的 IEEE 802.16e 標準可同時支援固定式及移動式的存取。802.16 技術有能力確保用戶以一固定不變的速度完成傳輸任務，至於在通訊安全上採用資料加密標準（DES）技術，並且提供的服務有分時多工（Time Division Duplex）處理的資料和語音、網際網路連接、封包式語音（VoIP）等。例如許多學校將逐步嘗試於校園中建立 802.16 試驗網路。

WiMAX 有點像 Wi-Fi 無線網路（即 802.11），然而，最重要的差別是 WiMAX 通訊距離是以數十公里計，而 Wi-Fi 是以公尺，WiMAX 與 Wi-Fi 最大的差別就是在頻寬的

大小。簡單來說，Wi-Fi 是代表 802.11 標準的小範圍區域網路通訊技術，Wi-Fi 技術為 WLAN 帶來類似線乙太網路（Ethernet）一樣的性能。WiMAX 則是代表 802.16 標準的大範圍都會網路通訊技術，與 Wi-Fi 相比，它的訊號範圍更廣、傳遞速度更快。

WiMAX 通常被視為取代固網的最後一哩，作為電纜和 xDSL 之外的選擇，實現廣域範圍內的行動存取。能夠藉由寬頻與遠距離傳輸，協助 ISP 業者建置無線網路。也就是說，利用 WiMAX 無線天線，不需要任何的固接性寬頻實體線路連結，在室內就能直接行動無線上網。

4-6 | 無線區域網路：Wi-Fi 與 Li-Fi

無線區域網路（Wireless LAN, WLAN），是讓電腦等行動裝置，透過無線網路卡（Wireless Card / PC / MCIA 卡）與「無線基地台」（Access Point）的結合，來進行區域無線網路連結與資源的存取，將用戶端接取網路的線路以無線方式來傳輸。無線區域網路標準是由「美國電子電機學會」（IEEE），在 1990 年 11 月制訂出一個稱為「IEEE 802.11」的無線區域網路通訊標準，由於與乙太網路原理類似，也稱為無線乙太網路（Wireless Ethernet），採用 2.4 GHz 的頻段，資料傳輸速度可達 11 Mbps，不過媒介存取控制是使用 CSMA / CA（Carrier Sense Multiple Access with Collision Avoidance，載波感測多重存取 / 碰撞迴避），與乙太網路的 CSMA / CD 不同。一般來說，無線區域網路架構可以歸納出以下兩種常見模式：

 TIPS　CSMA / CA 是 CSMA / CD 的一種改良媒介存取控制（MAC）協定，可應用在無線乙太網路（Wireless Ethernet），使用 CSMA / CA 時，必須對媒介進行感測，先檢查傳輸媒體是否已有其他傳輸訊號，當伺服器傳回「允許傳送」時，便能進行資料傳送，完成傳送後，會送出結束訊號來表示完成，就是由競爭模式取得傳輸媒介。

🌐 Add Hoc 模式（對等式網路）

電腦與電腦間以點對點（Peer to Peer）方式互相傳遞資料，只需要接上無線網路卡即可，不需透過無線基地台（Access Point, AP）來轉送。

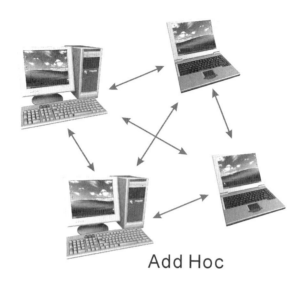

Add Hoc

🌐 Infrastructure 模式（基礎架構網路）

如果要能連上網際網路或區域網路，必須要增加無線基地台設備，與無線網路卡形成基本網路環境。

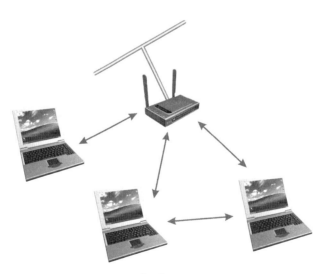

Infrastructure

> **TIPS** 無線基地台（Access Point, AP）扮演中介的角色，用來和使用者的網路來源相接，一般無線 AP 都具有路由器的功能，可將有線網路轉化為無線網路訊號後發射傳送，作為無線設備與無線網路及有線網路設備連結的轉接設備，類似行動電話基地台的性質。

IEEE 802.11 是 WLAN 相當廣泛的標準。無線網路技術的快速發展，徹底改變現代人的生活和工作，我們目前所熟知的無線區域網路應用只是冰山一角，例如筆記型電腦、平板與手機等行動裝置市場；未來的市場在工業、醫療、汽車等應用領域將會逐漸趨向使用無線技術。以下將為您介紹常見的無線區域網路（WLAN）通訊標準。

4-6-1　802.11b

最早開始被廣泛使用的是 802.11b，802.11b 是利用 802.11 架構作為一個延伸的版本，採用的展頻技術是「高速直接序列」，頻帶為 2.4 GHz，最大可傳輸頻寬為 11 Mbps，傳輸距離約 100 公尺，是目前相當普遍的標準。802.11b 使用的是單載波系統，調變技術為 CCK（Complementary Code Keying），CCK 是一種調變的技術，被使用在無線網路 IEEE 802.11 的規範中，傳輸速率可達 5.5 Mbps 與 11 Mbps 的速度。在 802.11b 的規範中，設備系統必須支援自動降低傳輸速率的功能，以便可以和直接序列的產品相容。另外為了避免干擾情形的發生，在 IEEE 802.11b 的規範中，頻道的使用最好能夠相隔 25 MHz 以上。

> **TIPS** CCK（Complementary Code Keying）是一種調變的技術，被使用在無線網路 IEEE 802.11 的規範中，傳輸速率可達 5.5 Mbps 與 11 Mbps 的速度。

4-6-2　802.11a

802.11a 採用一種多載波調變技術，也就是前面所介紹的正交分頻多工技術（OFDM），並使用 5 GHz ISM 波段，在 2.4 GHz 頻帶已經被到處使用的情況下，採用 5 GHz 的頻帶讓 802.11a 具有更少衝突的優點。由於其展頻與調變的方式改變，最大傳輸速率可達 54 Mbps，傳輸距離約 50 公尺，且因為普及率較低，頻段較寬，能提供比 IEEE 802.11b 更多的無線電頻道，相對之下干擾源少。不過雖然擁有比 802.11b 較高的傳輸能力，不過耗電量高，傳輸距離短，加上晶片供應商少，與 802.11b 不相容，改用 802.11a 需將設備更新，成本過高，尚未被市場廣泛接受。

4-6-3　802.11g

　　802.11g 標準結合了目前現有 802.11a 與 802.11b 標準的精華，在 2.4G 頻段使用 OFDM 調製技術，使數據傳輸速率最高提升到 54 Mbps 的傳輸速率，並且保證未來不會再出現互不相容的情形，由於 802.11b 的 Wi-Fi 系統後向相容，又擁有 802.11a 的高傳輸速率，802.11g 使得原有無線區域網路系統可以向高速無線區域網延伸，同時延長了 802.11b 產品的使用壽命。總之，802.11g 穩定的效能與 54 Mbps 的傳輸速率已經成為無線區域網路的一項新標準，而且在成本價格逐漸滑落的情況下，目前已成為無線區域網路的主流產品。

4-6-4　802.11p

　　IEEE 802.11p 是 IEEE 在 2003 年以 802.11a 為基礎所擴充的通訊協定，稱為車用環境無線存取技術（Wireless Access in the Vehicular Environment, WAVE）。這個通訊協定主要用在支援車用智慧型運輸系統（Intelligent Transportation Systems, ITS）的相關應用。802.11p 主要應用於車載通訊（Telematics），可用於「專用短距離通訊」（Dedicated Short Range Communication, DSRC），使用 5.9 GHz（5.84-5.925 GHz）頻帶，此頻帶上有 75 MHz 的頻寬，以 10 MHz 為單位切割，將有七個頻道可供操作。802.11p 可提供給車用通訊系統使用，可增加在高速移動下傳輸雙方可運用的通訊時間，並加強車用安全，包括碰撞警示、道路危險警示等功能，功用在提供車用通訊上安全性與商業性的應用。

4-6-5　802.11n

　　IEEE 802.11n 是一項新的無線網路技術，也是無線區域網路技術發展的重要分水嶺，它使用 2.4 GHz 與 5 GHz 雙頻段，所以與 802.11a、802.11b、802.11g 皆可相容，雖然基本技術仍是 Wi-Fi 標準，但是又利用包括「多重輸入與多重輸出技術」（Multiple Input Multiple Output, MIMO）與「通道匯整技術」（Channel Binding）等，除了能以更大的頻寬來傳輸，更可以增強傳輸效能並擴大收訊範圍。尤其在未來數位家庭環境中，將大量以無線傳輸取代有線連接，802.11n 資料傳輸速度估計將達 540 Mbit/s，此項新標準要比 802.11b 快上 50 倍，而比 802.11g 快上 10 倍左右，代表傳統的有線區域網路將轉變為無線網路傳輸的開始。無線網路在以往根本不可能是有線網路的對手，但在

802.11n 推出後，情勢完全改觀。802.11n 不但提供可媲美有線乙太網的性能與更快的數據傳輸速率，網路的覆蓋範圍更為寬廣。目前許多廠商寄望 802.11n 能成為數位家庭中主要的無線網路技術，並作為數位影音串流的應用。

4-6-6　802.11ac

802.11ac 俗稱第五代 Wi-Fi（5th Generation of Wi-Fi），第一個草案（Draft 1.0）發表於 2011 年 11 月，是指它運作於 5 GHz 頻率，也就是透過 5 GHz 頻帶進行通訊，追求更高傳輸速率的改善，並且支援最高 160 MHz 的頻寬，比目前主流的第四代 802.11n 技術在速度上將提高很多，並與 802.11n 相容，算是它的後繼者，在最理想情況下傳輸速率可以達到驚人的 6.93 Gbps，如果在考慮線路及雜訊干擾等情況下，實際傳輸速度仍可達到與有線網路相比擬的 Gbps 等級。

4-6-7　802.11ad

802.11 ad 標準是由 WiGig 聯盟制定，隨後在 2013 年該聯盟併入 Wi-Fi 聯盟，工作在 60 GHz 頻段，理論連線速度高達 7 Gbps，比現有任何 IEEE 802.11ac 規格快兩倍以上，不過其電磁波波長僅為 5 mm，因此訊號衰減極快，雖然加強了傳輸速度，但缺點是極容易受障礙物影響，因此其覆蓋範圍受到限制。

4-6-8　802.11 ah

Wi-Fi 聯盟於 2016 年正式將 IEEE 802.11ah 標準命名為 Halow，運作頻段則設定為 1 GHz 以下，約為現行運作於 2.4 GHz Wi-Fi 標準連線距離的 2 倍，且盡量降低功率消耗，同時具備更高滲透率的訊號傳輸能力，適合作為家用物聯網（IOT）的連接方式。

4-6-9　Li-Fi

隨著全球的行動裝置爆發性的成長，也帶動網路相關服務，消費者對網路的容量與速度要求越來越高，由於目前的無線網路主要是以無線電波作為傳輸媒介，而 Li-Fi（Light Fidelity）是新一代的無線光通訊技術，這是一種新興的無線協議，是一種類似於 Wi-Fi 的行動通訊，可為人們提供一個新的無線通訊替代方案。

Li-Fi 與 Wi-Fi 的最大不同是使用可見光譜來提供無線網路存取，它利用可見光（LED 光、紅外線或近紫外線）的頻譜來傳送訊號，透過使用連接數據機的 LED 燈具傳輸訊號，而不是傳統的無線電頻率，無須安裝無線基地台，只要利用目前家中電燈泡，並將每一個燈泡當作熱點，透過控制器控制燈光的通斷，進而控制光源和終端接收器之間的通訊，相較於 Wi-Fi 技術，Li-Fi 的傳輸速度更快，可以達到比 Wi-Fi 快 100 倍的高速無線通訊。

使用 Li-Fi 連結的首要條件是需要有可見光，雖然是一項正在發展中的技術，不過具有很大的潛力，因為是以光為媒介，所以即使在地底深處也能使用，相較於 Wi-Fi 技術，Li-Fi 的傳輸速度更快，由於可見光不會造成電磁干擾，也較不容易被入侵，安全性也比 Wi-Fi 還要高，可以傳送更多資料，而且成本也比 Wi-Fi 便宜 10 倍。

⬆ Li-Fi 能達到比 Wi-Fi 快 100 倍的高速無線通訊

圖片來源：http://hssszn.com/archives/23579

4-7 │ 無線個人網路

無線個人網路（WPAN），通常是指在個人數位裝置間進行短距離訊號傳輸，通常不超過 10 公尺，並以 IEEE 802.15 為標準。最常見的無線個人網路應用就是紅外線傳輸，目前幾乎所有筆記型電腦都已經將紅外線網路（IrDA，Infrared Data Association）作為標準配備。優點是耗電省，成本也低廉。速度約為 100 Kbps，大多應用在少量的資料傳輸，例如電視機、冷氣機、床頭音響等遙控器，均是利用紅外線來傳遞控制指令。不過缺點是紅外線無線傳輸裝置在進行資料傳輸時，需將兩傳輸裝置對準，易受干擾。此外，還有兩種無線電波的傳輸方式，可讓不同行動裝置於短距離進行傳輸。

4-7-1 藍牙技術

藍牙技術（Bluetooth）最早是由「易利信」公司於 1994 年發展出來，接著易利信、Nokia、IBM、Toshiba、Intel……等知名廠商，共同創立一個名為「藍牙同好協會」

（Bluetooth Special Interest Group, Bluetooth SIG）的組織，大力推廣藍牙技術，並且在 1998 年推出了「Bluetooth 1.0」標準。可以讓個人電腦、筆記型電腦、行動電話、印表機、掃瞄器、數位相機等數位產品之間，進行短距離的無線資料傳輸。藍牙技術主要是運用跳頻展頻（FHSS）技術，支援「點對點」（point-to-point）及「點對多點」（point-to-multi points）的連結方式，以某一特定形式的窄頻載波同步在 2.4 GHz 頻帶上傳送訊號。每一個藍牙技術連接裝置都具有根據 IEEE 802 標準所制定的 48-bit 位址，可以一對一或一對多來連接。目前傳輸距離大約有 10 公尺，每秒傳輸速度約為 1 Mbps，預估未來可達 12 Mbps。

➡ 小巧精緻的藍牙耳機

> **TIPS** Beacon 是種低功耗藍牙技術（Bluetooth Low Energy, BLE），藉由室內定位技術應用，可作為物聯網和大賣場的小型串接裝置，比 GPS 有更精準的微定位功能，是連結店家與消費者的重要環節，只要手機安裝特定 App，透過藍牙接收到代碼便可觸發 App 做出對應動作，可以包括在室內導航、行動支付、百貨導覽、人流分析，及物品追蹤等進階感知應用。隨著支援藍牙 4.0 BLE 的手機、平板裝置越來越多，利用 Beacon 的功能，能幫零售業者做到更深入的行動行銷服務。

4-7-2 HomeRF

HomeRF 也是短距離無線傳輸技術的一種。HomeRF（Home Radio Frequency）技術是由「國際電信協會」所發起，它提供一個較不昂貴，並且可以同時支援語音與資料傳輸的家庭式網路，也是針對未來消費性電子產品資料及語音通訊的需求，所制訂的無線傳輸標準。HomeRF 設計的目的主要是為了讓家用電器設備之間能夠進行語音和資料的傳輸，並且能夠與「公用交換電話網路」（Public Switched Telephone Network，簡稱 PSTN）和網際網路進行各種互動式操作。工作於 2.4 GHz 頻帶上，並採用數位跳頻的展頻技術，最大傳輸速率可達 2 Mbps，有效傳輸距離 50 公尺。

4-7-3　ZigBee

ZigBee 是一種低速短距離傳輸的無線網路協定，是由非營利性 ZigBee 聯盟（ZigBee Alliance）制定的無線通訊標準，目前加入 ZigBee 聯盟的公司有 Honeywell、西門子、德州儀器、三星、摩托羅拉、三菱、飛利浦等公司。ZigBee 聯盟於 2001 年向 IEEE 提案納入 IEEE 802.15.4 標準規範之中，IEEE 802.15.4 協定是為低速率無線個人區域網路所制定的標準。ZigBee 工作頻率為 868 MHz、915 MHz 或 2.4 GHz，主要是採用 2.4 GHz 的 ISM 頻段，傳輸速率介於 20 kbps ～ 250 kbps 之間，每個設備都能夠同時支援大量網路節點，並且具有低耗電、彈性傳輸距離、支援多種網路拓撲、安全及最低成本等優點，成為各業界共同通用的低速短距無線通訊技術之一，可應用於無線感測網路（WSN）、工業控制、家電自動化控制、醫療照護等領域。

4-7-4　RFID

「無線射頻辨識技術」（radio frequency identification, RFID）是一種自動無線識別資料獲取技術，可以利用射頻訊號以無線方式傳送及接收數據資料，而且卡片本身不需使用電池，就可以永久工作。RFID 主要是由 RFID 標籤（Tag）與 RFID 感應器（Reader）兩個主要元件組成，原理是由感應器持續發射射頻訊號，當 RFID 標籤進入感應範圍時，就會產生感應電流，並回應訊息給 RFID 辨識器，以進行無線資料辨識及存取的工作，最後送到後端的電腦上進行整合運用，也就是讓 RFID 標籤取代條碼，RFID 感應器也取代條碼讀取機。

例如在所出售的衣物貼上晶片標籤，透過 RFID 的辨識，可以進行衣服的管理。因為 RFID 讀取設備利用無線電波，只需要在一定範圍內感應，就可以自動瞬間大量讀取貨物上的標籤訊息，不用像讀取條碼的紅外線掃描儀般需要一件件手工讀取。RFID 辨識技術的應用層面相當廣泛，包括如地方公共交通、汽車遙控鑰匙、行動電話、寵物所植入的晶片、醫療院所應用在病患感測及居家照護、航空包裹、防盜應用、聯合票證及行李的識別等領域內，甚至於在企業供應鏈管理（Supply Chain Management, SCM）上的應用，例如採用 RFID 技術讓零售業者在存貨管理與貨架補貨上獲益良多。

TIPS 供應鏈管理（Supply Chain Management, SCM）是在 1985 年由邁克爾·波特（Michael E. Porter）提出，可視為一個策略概念，主要是關於企業用來協調採購流程中，關鍵參與者的各種活動。範圍包含採購管理、物料管理、生產管理、配銷管理與庫存管理乃至供應商等方面的資料予以整合，並且針對供應鏈活動所做的設計、計畫、執行和監控的整合活動。

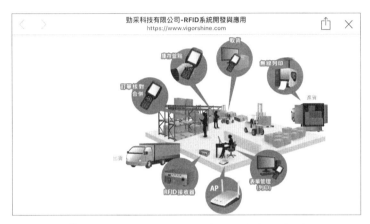

⬆ RFID 也可以應用在日常生活的各種領域

4-7-5 NFC

　　RFID 與 NFC 都是新興的短距離無線通訊技術，RFID 是一種較長距離的射頻識別技術，主打射頻辨識，可應用在物品的辨識上。NFC 則是一種較短距離的高頻無線通訊技術，屬於非接觸式點對點資料傳輸，可應用在行動裝置市場。

⬆ NFC 目前是最為流行的金融支付應用

NFC（Near Field Communication，近場通訊）是由 PHILIPS、NOKIA 與 SONY 共同研發的一種短距離非接觸式通訊技術，又稱近距離無線通訊，以 13.56 MHz 頻率範圍運作，一般操作距離可達 10~20 公分，資料交換速率可達 424 kb/s，因此成為行動交易、服務接收工具的最佳解決方案。最簡單的應用是只要讓兩個 NFC 裝置相互靠近，就可開始啟動 NFC 功能，接著迅速將內容分享給其他相容於 NFC 的行動裝置。

NFC 未來已經是一個全球快速發展的趨勢，就連蘋果的 iPhone 6 / 6 Plus 也搭載 NFC，目前可以使用 Apple Pay 支付服務。事實上，手機將是現代人包含通訊、娛樂、攝影及導航等多重用途的實用工具，結合 NFC 功能，只要一機在手就能夠實現多卡合一的服務功能，輕鬆享受乘車購物的便利生活。

NFC 最近會成為市場熱門話題，主要是因為其在行動支付中扮演重要的角色。目前 NFC 行動支付使用最成熟的是日本，NFC 手機進行消費與支付已經是一個全球發展的趨勢。

對於行動支付來說，都會以交易安全為優先考量，必須連動到後台的信任服務管理平台（Trusted Service Manager, TSM）機制。TSM 是一個專門提供 NFC 應用程式下載的共享平台，這個平台提供各式各樣的 NFC 應用服務，未來的 NFC 手機可以透過空中下載（OTA：over-the-air）技術，將 TSM 平台上的服務下載到手機中。TSM 平台的運作模式，主要是透過與所有行動支付的相關業者連線後，NFC 手機用戶只要花幾秒鐘下載與設定 TSM 系統，經 TSM 系統及銀行驗證身分後，將信用卡資料傳輸至手機內 NFC 安全元件（secure element）中，便能以手機進行消費。例如各種 NFC 卡片服務（如電子錢包、信用卡、交通票證服務）都可以經由 TSM 系統上架發行。

近年來 NFC 相關技術也逐漸與行動行銷結合，包括下載音樂、影片、圖片互傳、交換名片、折價券、交換通訊錄和電影預告片等，或者門禁、學生員工卡、數位家電識別、商店小額消費、交通電子票證等。目前許多網路行銷案例也開始應用這項技術來進行推廣，例如有些書籍雜誌也開始應用 NFC 技術，只要將手機靠近就可以聽到悅耳的宣傳音樂，還可以結合各種 3C 家電產品的連結應用，透過手機感應 NFC 後，再透過專屬品牌 App 來連線與行銷推廣特定商品。

05

CHAPTER

認識廣域網路

　　區域網路是利用不同種類的電纜線作為傳輸的媒介，將小範圍的電腦設備連接在一起，以達到資源共享的目的。廣域網路（Wide Area Network, WAN）則和一般所謂的區域網路大大不同，廣域網路所能傳播與連結的範圍更廣，其為利用光纖電纜或電話線將多重區域網路（LAN）連結在一起的網路，可涵蓋廣大區域，包括無數個區域網路與都會網路，可能是都市與都市、國家與國家，甚至於全球間的聯繫。例如一家公司總部與製造廠可能位在一個城市，而它的業務辦公室卻位於另一城市。廣域網路一般都是經由網際網路來連結各成員，網際網路利用光纖電纜或電話線將廣大範圍內分散各處的有線區域網路連結在一起，就是最典型的廣域網路。

⬆ 廣域網路示意圖

5-1 | 連線傳輸技術

　　廣域網路的連線傳輸技術可以區分為「專屬式」與「交換式」連線兩種。專屬式連線乃是向電信公司申請或租用專用線路，整個連線頻寬屬於申請的機關所有，所以價格上較高。至於交換式連線傳輸方式則是一種於傳輸資料時才建立連線的網路系統。本節中將介紹兩種常見的資料傳輸交換技術。

> **TIPS** 訊息交換（Message Switching）模式是以「先儲存再發送」（Store and Forward）的方式進行。也就是當網路上的裝置（或路徑中間點）接受此資料時，會等待資料全部接收完畢後加以儲存，然後再傳至下一站。優點是訊息傳送中才會佔線路，線路的使用率高，缺點是傳送速度較慢，需要較大空間來存放資料，即時性較低，重新傳送機率高，較不適用於如廣域網路這類大型網路，適合比近距離的小型網路環境使用。

5-1-1　電路交換

　　「電路交換」（Circuit Switching）技
術，如同一般各位所使用的電話系統。如
果從較廣義的範圍來看，最古老的網路在
我們日常生活中可是十分熟悉且常用的
一項服務，就是「公共交換電話網路」
（Public Switched Telephone Network,
PSTN）。當您要使用時，才撥打對方的電
話號碼與利用線路交換功能來建立連線路
徑，此路徑由發送端開始，一站一站往目
的端串聯起來。不過一旦建立兩端間的連
線後，它將維持專用（dedicated）狀態，
無法讓其他節點使用正在連線的線路，直
到通訊結束之後，這條專用路徑才停止使
用。這種方式費用較貴，且連線時間緩慢。

⬆ PSTN 示意圖

5-1-2　分封交換

　　「分封交換」（Packet Switching）技術，也稱為封包交換，是一種結合電路交換與
訊息交換優點的交換方式，利用「先儲存再發送」（Store and Forward）的功用，將所傳
送的資料分為若干「封包」（Packet），「封包」是網路傳輸的最小單位，也是一組二進位
訊號，每一個封包中並包含標頭與標尾資訊。

 TIPS　「封包」是網路傳輸的最小單位，通常可分為三個單位：表頭、資料區及檢查碼。

　　每一個封包可經由不同路徑與時間傳送到目的端點後，再重新解開封包，組合恢復
資料的原來面目，這樣不但可確保網路可靠性，並可隨時偵測網路資訊流量，適時進行
流量控制。優點是節省傳送時間，增加線路的使用率，目前大部分的通訊網路都採用這
種方式。對遠距離且短時間的傳送，分封交換網路是一種高效率與可靠的網路，缺點是
由於封包傳送順序不一，需要花費封包重組的成本。

雖然分封交換的系統大都採用不固定長度的封包來傳送，例如乙太網路中資料傳輸的封包大小是允許不一樣的，不過這種大小不固定的封包反而會造成設備額外的負擔，因此使用固定大小的封包協定因而產生。例如「非同步傳輸模式」（Asynchronous Transfer Mode, ATM）網路會將資料切割成一個個固定長度的封包，每個細胞（Cell）固定長度為 53 bytes，然後傳送到目的地。這種傳送資料單位為固定長度的封包稱為「細胞」，主要的任務是將由每個輸入埠進入的細胞「交換」到適當的輸出埠去，又稱為「細胞交換」（Cell Switching）。

5-2 | 廣域網路實體層傳輸方式

相較於區域網路，廣域網路的傳輸範圍可就廣泛多了，廣域網路標準描述實體層（Physical Layer）的傳送方法和資料鏈結層的需求，屬於實體層的傳輸方式與標準有 T-Carrier（Trunk Carrier）、SONET、SDH 三種，至於其往上運作範圍的鏈結層標準則有訊框傳送（Frame Relay）及非同步傳輸模式（Asynchronous Transfer Mode, ATM），首先我們來介紹 T-Carrier（Trunk Carrier）、SONET / SDH 兩種，分述如下：

- T-Carrier（Trunk Carrier）
- SONET（Synchronous Optical Network，同步光纖網路）/SDH（Synchronous Digital Hierarchy，同步數位階層）

5-2-1　T-載波系統（T-Carrier system）

專線（Lease Line）是資料通訊中最簡單也最重要的一環，專線的優點是工作容易、查修方便。較傳統的廣域網路連線方式，用戶端與專線服務業者之間透過中華電信等 ISP 所提供之數據線路，申請一條固定傳輸線路與網際網路連接，利用此數據專線，達到提供二十四小時全年無休的網路應用服務。

1960 年代貝爾實驗室便發展了 T-Carrier（Trunk Carrier）的類比系統，到了 1983 年 AT&T 發展數位系統，主要使用雙絞線傳輸，採用分時多工（Time Division Multiplexing, TDM）與脈波編碼調變（Pulse Code Modulation, PCM）方式的傳輸技術，每 64 Kbps 為一個傳輸通道，採用 4 條導線傳輸，其中一對用來發送資料，另一對用來接收資料，以支援全雙工（duplexing）傳輸模式。主要在北美地區使用，所使用設備稱為多工器（Multiplexer, MUX），可提供不同層級的速率。

T-Carrier 系統的第一個成員是 T1，可以同時傳送 24 個電話訊號通道，即第零階訊號（Digital Signal Level 0, DS0）所組成，每路訊號為 64 Kbps，總共可提供 1.544 Mbps 的頻寬，這是美制的規格。對於 T1 可提供 1.544 Mbps 頻寬的計算方式是因為使用 8 位元的取樣大小來傳送每條電話訊號，24 條電話訊號便需要 8×24 ＝ 192 位元，而在傳送的過程當中，還必須加上一個同步位元，所以實際傳輸的碼框大小為 193 位元。碼框傳送的速率是 8 KHz（每秒傳送 8,000 次），所以 1 秒鐘資料的傳輸量為 193×8000 ＝ 1,544,000 位元，也就是速率為 1.544 Mbps。

T2 為擁有 96 個頻道，每秒傳送達 6.312 Mbps 的數位化線路。T3 為擁有 672 個頻道，每秒傳送達 44.736 Mbps 的數位化線路。T4 則為擁有 4,032 個頻道，且每秒傳送可達 274.176 Mbps 的數位化線路。T1 專線所使用的導體是銅纜線，如果要達到更高的傳輸速率也可以使用光纖，例如 T3 或 T4。

除了 T-carrier 系統，CEPT 歐洲郵政和電信管理會議訂定 E-carrier system，T-carrier 與 E-carrier 兩種基本資料通道都是 64 Kbps，E1 系統使用 30 個語音通道 +2 個同步控制通道，傳輸速率為 2.048 Mbps，因為（32*8 bits）*8000＝2.048 Mbps，傳輸速率較快。E2 系統有 130 個語音通道，傳輸速率為 8.448 Mbps。E3 系統有 480 個語音通道，傳輸速率為 34.368 Mbps。E4 系統有 672 個語音通道，傳輸速率為 44.736 Mbps。E5 系統則有 7,680 個語音通道，傳輸速率達 565.148 Mbps。

5-2-2　SONET / SDH

目前同步光纖網路的標準，主要分為北美標準的 SONET（Synchronous Optical Network，同步光纖網路）與國際電信聯盟（ITU）的 SDH（Synchronous Digital Hierarchy，同步數位階層）兩種標準。同步光纖網路 SONET 是 Bellcore（後改名為 Telcordia）於八十年代中期，首先提出用光導纖維傳輸的物理層標準，它被 ANSI 標準化，並被 CCITT 推薦在全世界推廣，主要是用於光纖通訊傳輸。同步數位階層（SDH）是 ITU（International Telecommunication Union）根據 SONET 為藍本，之後再訂定改編適用於美國以外的全球同步傳輸標準，此標準除了適用於光纖網路外，也適用於其他以「同步傳輸」為標準的傳輸方式。

今天 SONET / SDH 被廣泛的應用，也使得廣域網路的傳輸效率明顯改善，管理與維護成本也大幅降低。SONET 應用在美國和加拿大，SDH 則應用在世界其他國家。例如

STM-1 是 SDH 的第一個級別，其速率為 155.52 Mbps，相當於 SONET 的 STS-3（OC-3）級別，同樣也有階層（Hierarchy）的架構。目前在全球許多國家的長途骨幹網路上都已普遍採用 SONET / SDH 的光纖網路，主要應用光纖作為傳輸介質，同時也可以用微波作為介質，大多以提供 2.5 Gbps、5 Gbps 或 10 Gbps 的系統為主，在中繼幹線上則是 OC（Optical Carrier）-3 及 OC-12 為多數。以下是常見傳輸速率對照表：

SONET 等級	SDH 等級	傳輸速率
OC-1	STM-0	51.840 Mbit / s
OC-3 / STS-3	STM-1	155.520 Mbit / s
OC-9 / STS-9	STM-3	466.560 Mbit / s
OC-12 / STS-12	STM-4	622.080 Mbit / s
OC-18 / STS-18	STM-6	933.120 Mbit / s
OC-24 / STS-24	STM-8	1.244160 Gbit / s
OC-192 / STS-192	STM-64	9.953280 Gbit / s

5-3 | 訊框傳送（Frame Relay）

訊框傳送（Frame Relay）網路協定是一個效能相當高的廣域網路協定，為 ITU-T 組織於 1988 年所訂立的網路協定，由 X.25 協定演進改變而來，採用與 X.25 相同的資料分封交換（Packet Switching）的資料傳輸技術。例如乙太網路上的「資料鏈結層」的資料單位稱為「訊框」（frame），而在「網路層」資料的單位則稱為「封包」（packet）。訊框是將 IP 封包在資料鏈結層以訊框形式包裝直接轉送，因為不處理路由，其效率較經路由器者為高，而且不作流量控制與偵錯處理，所以可以達到加速傳輸的目的。

 TIPS X.25 通訊協定是在 1974 年由 CCITT（國際電報暨電話諮詢委員會）所制定的低速分封交換（packet switching）網路標準，幾乎等於分封交換網路的代名詞，它定義了實體層、資料鏈結層與網路層，等於是一個完整資料傳送的環境以供各種應用，X.25 提供兩種虛擬電路的連線方式：一種是「永久性虛擬線路」（Permanent Virtual Circuit, PVC），類似專線，另一種則為「交換式虛擬線路」（Switched Virtual Circuit, SVC），類似撥接式電話線，一般 X.25 所提供的速率約在 1.2 Kbps 到 56 Kbps 之間。

訊框傳送（Frame Relay）利用快速分封（Fast Packet）交換技術，是網路上資料傳輸的一種協定，連線時兩端必須建立虛擬電路（Virtual Circuit），可以用來保證兩台資料終端設備（Data Terminal Equipment, DTE）之間的雙向通路，多條虛擬線路可以集結成單一條實體線路，並且有永久性虛擬線路（Permanent Virtual Circuit, PVC）及交換式虛擬線路（Switched Virtual Circuit, SVC）兩種。

有些網路連線需要非常頻繁的流通，此時永久性虛擬線路就可以針對這種需求，PVC 允許同一條實體電路上建立多條邏輯通道，進而達到頻寬共享的目的；交換式虛擬線路則是當有資料要傳遞時才建立連線，傳遞完成後就中斷。如下圖所示：

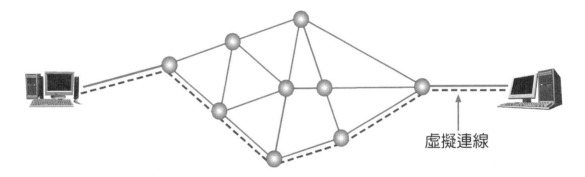

通常訊框傳送是以 64 Kbps 到 1.544 Mbps 的速率傳輸，而且訊框傳送交換設備並不會做任何錯誤更正或是流程控制，所以它需要十分穩定的傳輸設備，特別適合集送式（Bursty）訊務之資料通訊，如區域網路（LAN）間之互連、訊框傳送配封器（Frame Relay Assembler / Disassembler, FRAD）之連接，以及電腦主機或工作站（Workstation）等資料通訊設備之連接。

總結來說，訊框傳送網路具有下列優點：

❶ 它是一種連接到公眾網路的介面標準，可將封包經由網路作分封交換的技術。

❷ 可大量節省使用者的成本，增加網路的效能及可用性。

❸ 簡化網路管理工作，整合了其他網路，所有通訊協定封包均能在其上傳送。

5-4 | 非同步傳輸模式（ATM）

ATM（Asynchronous Transfer Mode）的中文稱為「非同步傳輸模式」，是屬於一種高速連結導向的資料傳輸技術，由於其具有相當完善的服務品質保障功能，因此受到全世界先進國家的重視。ATM主要應用於骨幹網路來連結其他的區域網路，如果有必要也可以架設成區域網路或連結公眾網路來使用，可以同時傳送聲音、影像，以及一般性資料等內容，在OSI模型中屬於資料鏈結層的通訊協定。我國目前正大力推展的「國家資訊基礎建設」（National Information Infrastructure, NII），也是以ATM網路為主要骨幹。

5-4-1　ATM 的網路架構

ATM網路的架構是以「交換器」（switches）為主體，每一個ATM交換器（ATM Switch）有若干個輸入輸出「埠」（port），每個埠可以連結到區域網路內的電腦裝置（工作站或PC）或其他ATM交換器，我們稱為ATM端點（ATM Endpoint）。這種連線架構類似乙太網路中，使用集線器（Hub）來連結各電腦裝置或另一個集線器。當然每一個電腦設備中，也必須擁有ATM網路卡（與一般的乙太網路卡不同）來和ATM交換器相連接。

ATM交換器上有「使用者對網路介面」（User-Network Interface, UNI）與「網路對網路介面」（Network-Network Interface, NNI）兩種，UNI用來連接交換器與電腦裝置，而NNI則是用來作為交換器與交換器間的連接。

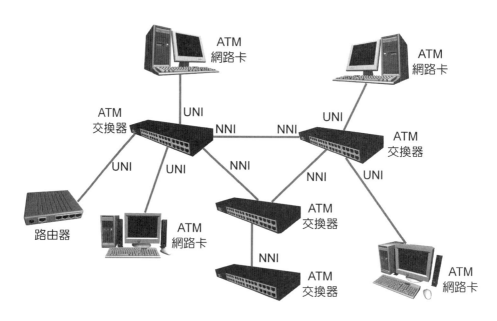

5-4-2 ATM 資料封包格式

ATM 網路系統是使用固定長度為 53 位元組的封包來取代可變長度的封包。一個 ATM 封包也稱為「細胞」(Cell)，其中可以分為 5 位元組的「標頭」與 48 位元組的「資料承載」兩部分。ATM 資料包格式如下圖所示：

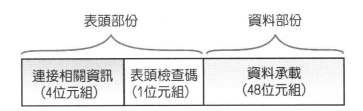

標頭部分前面的 4 個位元組主要作為 ATM 交換連線與控制相關資訊使用，第 5 個位元組則是用來檢查資料包的正確性，至於後面的資料承載欄位則用來放置要傳輸的資料內容，此部分固定為 48 位元組。

5-4-3 ATM 的特色與優點

從上面 ATM 的運作原理來看，我們可以瞭解 ATM 網路是屬於目前最新一代的高速網路，同時它還具有下面幾個主要的特色：

1. ATM 網路上傳輸的資料封包是採取「固定長度」方式，每一個資料封包皆被包裝成 53 位元組的固定長度，因此我們可以很準確的計算出每個封包所需要的頻寬及使用的時間，而且 ATM 採用快速分封(Fast Packet)技術，可以同時傳送聲音、影像及資料，以提供多媒體服務，包括遠距教學、遠程醫療、視訊會議等相關內容的即時傳輸。

2. 在 ATM 網路上，不同的節點不僅可以任意連結其他節點，而且還能同時傳送資料，這些不同節點所發送的資料會被 ATM 多工器彙整為一條資料流，以傳送到目的節點中。因為 ATM 網路是採用多條鏈路同時進行傳送，當然會有更好的傳輸效率。

3. ATM 的優點是可以讓網路用戶獨立享有全部的頻寬，如果在同一個 ATM 網路下增加網路用戶的話，也不會減少網路頻寬。在 ATM 網路中並未特別定義傳輸媒介的種類，因此它可以支援我們常用的同軸電纜、雙絞線、光纖等傳輸媒介。ATM 也提供多樣化的傳輸速率，包括 25 Mbps、51 Mbps、100 Mbps、155 Mbps、622 Mbps、2.4 Gbps 等。

5-5 | 電話撥接式上網

　　傳統的撥接方式適用於上網時間短的使用者,只要有一條電話線、一部電腦及數據機,再向 ISP 申請一個撥接帳號,就可以準備上網。當我們向 ISP 申請撥接帳號時,會取得一張用戶碼通知單,電話撥接到 ISP 時,輸入通知單上的 username(用戶識別碼)及 password(用戶密碼),經系統確認無誤後,就可以連上網路了。撥接上網的優點是費率低,但連接速率最高只有 56 Kbps/sec,如果想要瀏覽影音聲光俱佳的多媒體網頁,就有頻寬不足的困擾了。

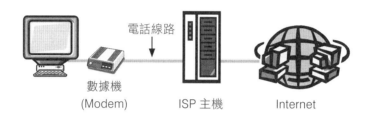

　　至於撥接上網前準備的工作包括:

❶ 已安裝數據機的電腦設備。

❷ 向 ISP 申請好帳號、密碼。

5-6 | 數位用戶線路(xDSL)

　　由於使用傳統撥接式電話網路的使用者對於用 56 kbps 所提供速度根本無法滿足對頻寬的需求,因此發展出 DSL(Digital Subscriber Line,數位用戶線路)技術,就是透過一般銅質的公眾電話線路,並由數據機來連接電腦與數位迴路,透過調變技術的改變,進而發展出帶給一般家庭與中小企業用戶的高頻寬持續性數位迴路。DSL 系統成員有許多種,例如目前一般人上網最普遍的是 ADSL(Asymmetric Digital Subscriber Line, ADSL),一般通常被稱為 xDSL,都是使用電話網路的雙絞線。而 ADSL 僅是 xDSL 家族中的一個成員,其他還有像是 HDSL(High data rate DSL,高速數位用戶線路)、VDSL(Very high data rate DSL,超高速數位用戶線路)及 SDSL(Symmetric line DSL,對稱式數位用戶迴路)等。

5-6-1 ADSL

ADSL 中文翻譯為「非對稱性數位用戶專線」。基本上還是利用電話線來傳遞資料，但是資料的接收、傳送頻道與語音頻道是分開的，所以只要在電話線上利用濾波器分出一條電話線給電話機，就可以同時上網與打電話。ADSL 的下載速度與上傳速度並不相同，所以才稱之為「非對稱性」，下載速度為 1.5 MB 到 9 MB，上傳速度為 64 KB 到 640 KB。

ADSL 原來設計的理念是各位一打開電腦就可以連接上網路，這是屬於「固接式」的連線方式，不過 ISP 所提供給一般使用者的是「計時制」的 ADSL，必須透過撥接的方式才能使用 ADSL。使用 ADSL 上網，電腦必須裝有「網路卡」，並以網路線連接至中華電信安裝的 ADSL 數據機（ATU-R）以及 ADSL 分頻器（Splitter），如果要多台電腦連線時，只要自備集線器（Hub）及 UTP 網路線，將多台電腦與 ATU-R 連接就可以了。

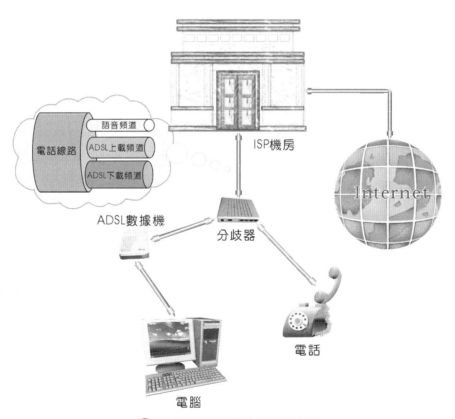

⬆ ADSL 數據機傳輸路線示意圖

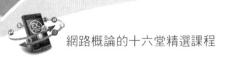

5-6-2　VDSL

　　VDSL（Very high data rate DSL，超高速數位用戶線路）是 xDSL 家族之中傳輸速度最快的一種，它僅利用一條雙絞銅線就可以達到速度 12.9 到 52.8 Mbps 間的速度，又稱超高速數位用戶迴路，是一種非對稱 DSL，可以經一對傳統用戶雙絞線在一定服務範圍內有效傳送下行達 12.9 Mb／s 至 52.8 Mb／s，上行達 1.6 Mb／s 至 2.3 Mb／s 的資料資訊。

　　VDSL 的速度雖然快，但是機房到用戶的有效距離短，也就是傳輸距離非常短，比起 ADSL 離固網機房約 4 公里的距離限制，VDSL 有效傳輸距離只有 600 公尺。VDSL 允許用戶端利用現有銅線獲得高頻寬服務而不必採用光纖，是光纖到府時代前最後一哩的寬頻上網解決方案，可用作光纖節點到附近用戶的最後引線，缺點是傳輸速度與傳輸距離成反比，配線品質必需相當好。

5-6-3　HDSL

　　HDSL（High data rate DSL，高速數位用戶線路）是一種需要使用二對雙絞銅線來提供全雙工的數位資料的傳輸，上、下傳的速度相等，可達 1.544 Mbps，傳輸距離約為 3.8 公里。除了具有高速的特性外，HDSL 之傳輸速率，也十分接近於 T1 的速率，適合應用於 T1 的服務上。

5-6-4　SDSL

　　SDSL（Symmetric line DSL，對稱式數位用戶迴路）是 HDSL 單線傳送的版本，SDSL 技術特性與 HDSL（高速數位用戶迴路）相同，不同的地方在於它只利用一對雙絞線傳送 T1 或 E1 的訊號，也是採取雙向對稱傳輸方式，有效傳輸距離為三公里。SDSL 傳輸優於 ADSL 的流量，因為 SDSL 是使用專用網路，防火牆也較 ADSL 可以保證資料和通訊的機密，免於駭客入侵。

5-7 | 有線電視寬頻上網

　　纜線數據機（Cable Modem）的連線方式與 ADSL 數據機類似，不過是以有線電視線路（CATV）來取代電話線路。使用纜線數據機來連接網際網路可獲得較高的傳輸頻寬，傳輸速率甚至可高達 36 MBPS，通常有線電視同軸電纜的頻寬高達 750 MHz，電視頻道每個需要 6 MHz 的頻寬，所以頻道數可高達 121 個，大多數有線電視頻道未達 100 個，因此多餘的頻道就可以拿來當作資料傳輸用，由於數據資料傳輸所用的頻道與電視的頻道不同，不會互相干擾，因此一條同軸電纜線，可同時作為資料傳輸和收看電視之用。

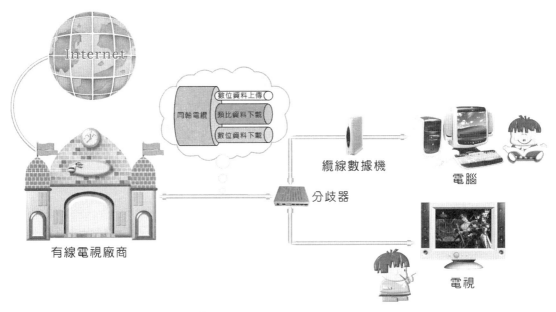

⬆ 纜線數據機傳輸路線示意圖

　　Cable Modem 上網因有線電視傳輸技術的不同，可分為單向與雙向二種傳輸方式。單向是指上傳時電腦將資料透過電話線傳到有線電視系統再連上 Internet，而資料下載則經由有線電視線及 Cable Modem 傳回到電腦，因為此種方式還要透過電話撥接上傳資料，所以仍須負擔電話費。雙向是指資料的上傳及下載，都是透過 Cable Modem 經由有線電視纜線來完成。

ADSL 與 CABLE 的功能比較如下表：

項目	ADSL	CABLE Modem
相關設備	電話線路 ATU-R（由業者提供，退租時收回） Splitter（由業者提供，退租時收回） 乙太網路卡（RJ-45 埠） RJ-45 網路線	有線電視業者鋪設的有線電視纜線 Cable 數據機（由業者提供，需押金，退租時收回） 乙太網路卡（RJ-45 埠） RJ-45 網路線 電話線路（單向時需要）
最高可達傳輸速率	下行 256 K～12 M 上行 64 K～1 M 雙向 512 K/512 K	上行 768 Kbps～10 Mbps 下行 36 Mbps
頻寬管理	在獨立的電話線上提供服務，頻寬獨享	多人共享頻寬，當同一時間上網的用戶越多，每個人所分享到的頻寬就少
IP 位址	固定制：固定 IP 位址 非固定制：浮動 IP 位址	浮動 IP 位址

5-8 | 虛擬私有網路（VPN）

　　網路的建構及擴展已漸漸地改變企業經營模式，傳統的工作環境及上下游廠商的關係，將隨著網際網路的普及而有所更動，由於採用傳統撥接回公司的連線方式不僅費用高，而且使用網際網路傳輸資料，也無法確保通訊安全。為了避免以上的問題，在網際網路上使用通道及加密建立一個私有的安全網路連接方式，稱為「虛擬私有網路」（Virtual Private Network, VPN），就是一種在公共網路架構上所建立的企業網路。基本原理是利用一種通道協定（Tunneling Protocol），並為網路傳輸提供「安全認證」，它就像在公眾網路上架起一條有雙重閘道的私人網路，且此網路擁有與私有網路相同的安全、管理及效能等條件，只有相關人員才可以從遠端連結到企業內部存取資料，讓網路傳輸不用再受資安的威脅。

　　VPN 技術是一種延伸網路使用範圍的解決方案，一般而言，將區域網路中的設備或資料庫等網路資源設定分享，因為一些網路通訊協定必須在區域網路中運作，所以只有在區域網路內有授權的使用者才可以存取這些分享的資源，如果是要從區域網路外部存取這些設定分享的資源，則必須藉助遠端存取服務（Remote Access Service, RAS）。

遠端存取服務的概念是將區域網路中提供遠端存取服務的電腦稱為 RAS 伺服器，區域網路外部的使用者要從遠端使用區域網路內部分享出來的資源，必須先從外部網路以撥接、寬頻或無線上網的方式，連線到區域網路內部的 RAS 伺服器，並輸入 RAS 伺服器所要求的使用者名稱及密碼，以達到內部資訊安全的保護。接著就可以利用 RAS 伺服器存取內部分享出來的網路資源，各位不必擔心，從外部存取到的資料，經由 RAS 伺服器傳送資料到您的外部的電腦時，中間資料的傳輸過程是經過加密保護的，以提高資訊安全。

最簡單的例子是保險從業人員可以透過手提電腦連結公司資料庫，快速查詢保費及保戶相關資料，而且因為是建立在公用網路上，只需公用網路的價格，不用專線的費用，大幅節省人力及交通成本。在此同時也帶動了所謂「虛擬私有網路」的崛起。

5-9 | 光纖上網（FTTx）

近幾年在通訊量的快速增加及網際網路的爆炸性成長下，光纖網路的應用已從過去長途運輸（Long Haul Transport）的骨幹網路，擴展到大城市運輸（Metro Transport）的區幹線路。隨著通訊技術的進步，上網的民眾對於頻寬的要求越來越高，與 ADSL 相較，光纖上網可提供更高速的頻寬，最高速度可達 1 Gbps，隨著光纖成本日益降低，更提供了穩定的連線品質，光纖將逐漸成為國內寬頻上網的首選。FTTx 是「Fiber To

The x」的縮寫,意謂光纖到 x,是指各種光纖網路的總稱,其中 x 代表光纖線路的目的地,也就是目前光世代網路各種「最後一哩(last mile)」的解決方案,透過接一個稱為 ONU(Optical Network Unit)的設備,將光訊號轉為電訊號的設備。因應 FTTx 網路建置各種不同存取服務的需求,根據光纖到用戶延伸的距離不同,區分成數種服務模式,包括「光纖到街角」(Fiber To The Curb, FTTC)、「光纖到樓」(Fiber To The Building, FTTB)、「光纖到家」(Fiber To The Home, FTTH)、「光纖到交換箱」(Fiber To The Cabinet, FTTCab),請看以下說明:

🌐 FTTC(Fiber To The Curb,光纖到街角)

可能是幾條巷子有一個光纖點,而到用戶端則是直接以網路線連接到用戶家附近的介接口,這是一般使用者申請光纖服務最常見的架構。再透過其他的通訊技術(如 VDSL)來提供網路通訊。簡單來說,從中央機房到用戶端附近的交換箱或稱中繼站是使用光纖纜線,之後只能透過網路線或稱雙絞線到你家中。

🌐 FTTB(Fiber To The Building,光纖到樓)

光纖只拉到建築大樓的電信室或機房裡,再從大樓的電信室,以電話線或網路線等其他通訊技術到用戶家。

🌐 FTTH(Fiber To The Home,光纖到家)

直接把光纖接到用戶的家中,範圍從區域電信機房局端設備到用戶終端設備。光纖到家的大頻寬,除了可以傳輸圖文、影像、音樂檔案外,可應用在頻寬需求大的 VoIP、寬頻上網、CATV、HDTV on Demand、Broadband TV 等。不過缺點就是佈線相當昂貴。

🌐 FTTCab(Fiber To The Cabinet,光纖到交換箱)

這比 FTTC 又離用戶家更遠一點,只到類似社區的一個光纖交換點,再一樣以不同的網路通訊技術(同樣,如 VDSL),提供網路服務。

5-10 | ISDN

「整合式服務數位網路」（Integrated Services Digital Network, ISDN）是可以讓用戶端透過一條電話線路，在現有的線路上傳遞數位訊號，即可整合與享用許多不同傳輸類型的服務，像語音、影像與多媒體，達到比數據機較高的傳輸速率，但是卻比專線較低的使用花費。ISDN 是以撥接式的方式連接，當使用者需要使用網路時，經由 ISDN 線路與終端設備之連接，透過稱為終端配接器（Terminal Adapter, TA），讓現有的客戶終端設備具有 ISDN 的服務功能，也就是 TA 扮演轉接器的功能，即可以數位通訊的方式，同時傳送語音、數據、文字、影像、多媒體等資訊，享受 ISDN 之便利。

ISDN 藉著分時多工（Time Division Multiplexer, TMD）技術提供了 6 個用來傳輸資料的通道（Channel）路線，其中兩種常見的通道（channel）介紹如下：

- B（Bearer）通道可以傳送數位化的語音與資料，傳輸速率都可以達 64 Kbps。
- D（Delta）通道則可以傳遞控制訊號與資料，傳輸速率都可以達 64 Kbps。

ISDN 和傳統電話雖然屬於完全不同的系統，卻使用相同的雙絞線，所以電信公司提供 ISDN 服務時僅需更新交換機設備，不需要重新架設線路。ISDN 提供了兩種介面，分別是基礎速率（Basic-Rate ISDN, BRI）與主要速率（Primary-Rate ISDN, PRI）兩種：

- 基礎速率（Basic Rate Interface, BRI）：在國內 ISDN 線路以 BRI 為主，提供兩個 B Channels 與一個 D Channel，可以達到 128 Kbps（兩個 B channels）的純資料傳輸速率，或是同時傳送語音與資料（各佔用 64 Kbps 的 B channel，這表示一邊講電話一邊傳送資料），一般稱為 2B＋D（為中華電信所提供），適合一般客戶通訊及上網使用。

- 主要速率（Primary Rate Interface, PRI）：在美國系統提供 23 個 B Channels 與一個 D Channel，歐洲系統則提供 30 個 B Channels 與一個 D Channel，適用於大量資訊提供者使用。

MEMO

06
CHAPTER

認識 IP 位址、
封包與路由

網際網路是一個許多網路相互連結的系統，電腦裝置除了在自身所在的區域網路之內進行資料存取之外，也經常有跨越網路進行資料傳送的需求。我們知道「網路層」與「連結層」最大不同的地方是「連結層」只能對位於同一條線路的兩個節點之間進行傳輸，而「網路層」卻能對位於不同線路的兩個節點之間進行傳輸。

網路層是 OSI 模型的第三層，負責將訊息定址並將邏輯位址與名稱轉換成實體位址。主要工作包括 IP 定址與路徑選擇、網路管理、資料分割重組等。「網際網路協定」（Internet Protocol），簡稱「IP」，主要就是存在於網路層，IP 協定是 TCP／IP 協定中的運作核心，負責主機間網路封包的定址與路由，能將封包（packet）從來源處送到目的地。

6-1 ｜IP 定址

在 TCP／IP 協定體系中，每台連接至網際網路的電腦裝置，都一定要有一個獨一無二的 IP 邏輯位址，不能有兩台裝置同時擁有同一個位址。在網際網路上存取資料時，就必須靠著這個位址來辨識資料與傳送方向，而這個網路位址就稱為「網際網路通訊協定位址」，簡稱為「IP 位址」。

IP 位址並不像實體的 MAC 位址是直接燒錄在網路卡上，它是一種邏輯位址，除了對應實體位址之外，並不是一個可移動的位址。當電腦裝置從某個網路移至另一個網路時，就需要重新指定 IP 位址。我們常說的「定址」就是將網路上所有的主機裝置編上一個位址，以便能加以辨識各個主機裝置在網路上的位址，而這種位址是獨一無二的，換句說話，每一個位址都只能配給一個主機裝置而已。

6-1-1　IP 位址結構

我們知道要連接上網路的任何一台電腦，都必須要有一個 IP 位址，IP 位址是由 32 個位元所組成的二進位碼，每八個位元為一個單位，為了方便表示，會以十進位來計算，所以每個單位可以用 0 ～ 255 的數值來表示，每個單位之間以句點加以區隔，例如以下的 IP Address：

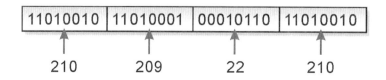

請注意！IP 位址具有不可移動性，也就是說您無法將 IP 位址移到其他區域的網路中繼續使用。IP 位址的通用模式如下：

$$0\sim255.0\sim255.0\sim255.0\sim255$$

例如以下都是合法的 IP 位址：

140.112.2.33
198.177.240.10

IP 的這四個位元組，可以分為兩個部分—「網路識別碼」（Network ID 或簡寫成 Net ID）與「主機識別碼」（Host ID）：

網路識別碼 (Net ID)	主機識別碼 (Host ID)

⬆ IP 位址是由網路識別碼與主機識別碼所組成

6-1-2 IP 位址的等級

前面提到 IP 位址是由「網路識別碼」（Network ID）與「主機識別碼」（Host ID）組成，網路識別碼與主機識別碼的長度並不固定，而是依等級的不同而有所區別。請看以下說明：

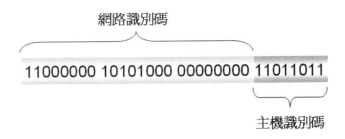

網路識別碼

11000000 10101000 00000000 11011011

主機識別碼

⬆ IP 位址可以區分為「網路識別碼」與「主機識別碼」

IP 位址組成元件	說 明 與 介 紹
網路識別碼	主要目的是要讓 IP 路由器知道它要轉送封包所屬的網路位址。在「多重網路」（Multinetting）中，它是由許多網路相連後，形成另一個大型的網路，而每一組網路都有它獨特的網路位址。例如要從 A 端主機送一段 IP 封包到 B 端主機去，而中間必須要通過 A 段及 B 段的 IP 路由器，而在中間的 A 段 IP 路由器就必須靠 IP 位址內的「Network ID」來判斷 IP 封包應該要送往 B 組網路去。在同一個區域網路中的電腦所分配到的 IP 位址，都會有相同的網路識別碼，以代表其所屬的網路，例如 202.145.52.115 就屬於 202.145.52.0 這個網路，而 140.112.18.32 就屬於 140.112.0.0 這個網路，前面是個 C 級網路，而後者是個 B 級網路。在 IP 位址的分配中，主機識別碼部分如果全部為 0，則用來表示網路本身，例如 140.112.0.0。
主機識別碼	主機識別碼則用來識別該位址是屬於網路中的第幾個位址，也就是識別網路上的個別裝置。在 A 段 IP 路由器知道要把 IP 封包送往 B 組網路去時，中間又會經過 B 段 IP 路由器，而 B 段路由器就必須要靠 IP 位址內的「Host ID」，再將 IP 封包送往 B 端主機去。例如 202.145.52.115 即為 202.145.52.0 這個網路下的第 115 個位址，而在這個網路下，原則上會有 2^8＝256 個位址可以使用。但是位元全部為 1 用來當作廣播位址，而位元全部為 0 用來識別網路本身，所以實際上會有 254 個 IP 位址可以使用，同樣的道理，140.112.0.0 這個網路下會有 2^{16}-2＝65534 個位址可以使用。

⬆ 等級不同的網路識別碼與主機識別碼有不一樣劃分方式

為了管理上的方便，IP 位址當初在設計時區分為五個等級（Class），分別以 ABCDE 來加以標示，目前最常接觸的是 Class A、Class B 與 Class C，而 Class D 是用來作為「多點廣播」（Multicast）之用，Class E 則是用於實驗之用，以下分別對這五個等級的 IP 位址以圖表來說明：

等級	前導位元	判斷規則	IP 範例與說明	圖示說明
A	0	第一個數字為 0 ～ 127	12.18.22.11。其網路識別碼部分佔了八個位元，而主機識別碼部分佔了 24 個位元，因此每一個 A 級網路系統下轄 2^{24}＝16,777,216 個 IP 位址。因此通常是國家級網路系統，才會申請到 A 級位址的網路。	前導位元 | 0 | 前8位元，網路識別碼 | 後24位元，主機識別碼
B	10	第一個數字為 128 ～ 191	129.153.22.22。其網路識別碼部分佔了 16 個位元，而主機識別碼部分佔了 16 個位元，因此每一個 B 級網路系統下轄 2^{16}＝65,536 個主機位址。因此 B 級位址網路系統的對象多半是 ISP 或跨國的大型國際企業。	前導位元 | 1 0 | 前16位元，網路識別碼 | 後16位元，主機識別碼
C	110	第一個數字為 192 ～ 223	194.233.2.12。其網路識別碼部分佔了 24 個位元，而主機識別碼部分佔了八個位元，因此每一個 C 級網路系統僅能擁有 2^{8}＝256 個 IP 位址。適合一般的公司或企業申請使用。	前導位元 | 1 1 0 | 前24位元，網路識別碼 | 後8位元，主機識別碼

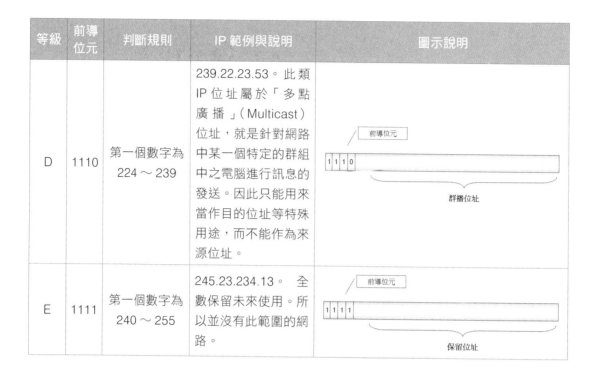

等級	前導位元	判斷規則	IP 範例與說明	圖示說明
D	1110	第一個數字為 224 ～ 239	239.22.23.53。此類 IP 位址屬於「多點廣播」（Multicast）位址，就是針對網路中某一個特定的群組中之電腦進行訊息的發送。因此只能用來當作目的位址等特殊用途，而不能作為來源位址。	前導位元 1110 群播位址
E	1111	第一個數字為 240 ～ 255	245.23.234.13。全數保留未來使用。所以並沒有此範圍的網路。	前導位元 1111 保留位址

我們可以看出這五類分配位址的比較，如下表所示：

類別	Network ID 所佔的位元數	前導位元	最小的 Network ID	最大的 Network ID	範圍
A	8	0	0	127	0.x.y.z ～ 127.x.y.z
B	16	10	128	191	128.x.y.z ～ 191.x.y.z
C	24	110	192	223	192.x.y.z ～ 223.x.y.z
D	X	1110	224	239	224.x.y.z ～ 239.x.y.z
E	X	1111	240	255	240.x.y.z ～ 255.x.y.z

6-1-3 特殊用途的 IP 位址

除了 D 級與 E 級位址之外，A、B、C 各級位址中有一些位址是保留為特定用途使用，這些特殊的 IP 位址都代表著不同的意思，所以我們在編列 IP 位址時就要避開這些特殊的 IP 位址，請看以下說明：

迴路位址

127.0.0.1 是用來作為迴路（Loopback）位址之用，因為 127.0.0.0 這整個 A 級網路完全不能使用，以作為本機迴路測試之用。其中 127.0.0.1 是最常被用來測試軟體時使用，例如在架設網頁伺服器時，可以在網址列上鍵入這個位址，以測試伺服器軟體運作是否正常：

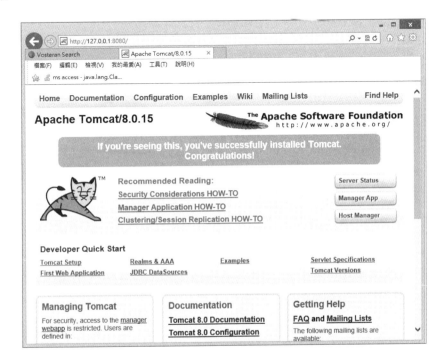

主機識別碼部分或全部為 0

網路識別碼不為 0，但主機識別碼部分全部為 0，例如 122.0.0.0，它代表網路本身，也就是說可以將網路視作一個實體，例如 204.145.52.0 表示 204.145.52. 這個 Class C 級網路，該網路的主機位址是 204.145.52.1~204.145.52.254，如下圖 3 個 A、B、C 級網路，分別是 125.0.0.0、181.12.0.0 與 204.145.52.0：

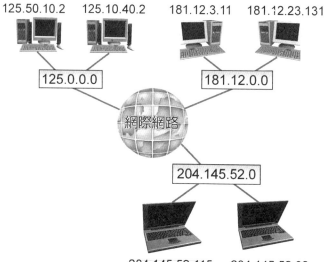

主機識別碼全部為 1

主機識別碼全部的位元都設為 1 時，但網路識別碼不是全部為 1，則是作為廣播使用的位址，可以廣播至該網路所有主機，例如 201.73.202.255，這是用來當作「直接廣播位址」，使用這個位址的封包可以跨越路由器，將資訊傳遞至同一網路識別碼（201.73.202.0）這個 C 網路中進行廣播。

網路與主機識別碼全為 1 的位址

網路識別碼與主機識別碼皆全部為 1 的位址，也就是 255.255.255.255，這稱之為「有限廣播位址」或「區域廣播位址」，只能運作於區域網路之內，也就是只有同網路位址上的主機可以收到此種廣播。

網路與主機識別碼全部為 0 的位址

0.0.0.0 是一個 A 級位址，它保留用來表示目前主機尚不知道自己在網路上的 IP 位址，它只能當作來源位址，當一部電腦開機時如果還沒有 IP 位址，就會先指定此一位址先作為來源位址。

網路識別碼全部為 0，主機識別碼不全部為 0

網路識別碼全部為 0，但主機識別碼不全部為 0，例如 0.0.0.255，這個位址是用來當作目的位址，表示要傳送封包給指定的主機，它所指定的是封包所屬的主機本身。

🌐 10 或 192 開頭的位址

10 或 192 開頭的位址並不會分配出去，它是保留給公司企業團體內部所使用的 IP 位址，稱為私有 IP，這些位址也不可以使用在網際網路上。

6-2 | 子網路（Subnet）

在各位瞭解 IP 位址的分類後，可能會發現一個很奇怪的問題，那就是如果對於 IP 位址的需求量介於兩種類別之間，又不想太浪費多餘的 IP 位址，那要怎麼辦呢？我們就以「127.0.0.0」這個測試用的 A 級網路來說，它就足足浪費了 1,600 多萬個位址，但是很少有任何企業或組織可以使用到這麼多的位址，而那些沒有使用到的位址不就白白浪費掉。像是諸如此類的問題，就可以利用稱為「子網路」（Subnet）技術，來切割有較大 IP 位址量的類別，求得與實際 IP 位址需求量差別不大的網路 IP 位址分類。

6-2-1 子網路切割

如同上述所提到的一樣，如果分配到的類別 IP 位址與實際 IP 位址的需求量差別太多的話，勢必要浪費掉許多 IP 位址資源，而且它們是會被分配到同一網域上的，小型的類別還好，如果遇到大型的類別，那會造成網路效能的低落，這樣絕對是不符合實際網路需求。假如一個企業需要 1,000 個 IP 位址，但是 C 級位址只能提供 256 個 IP 位址，並不能滿足這個企業的需求，此時就必須申請 B 級位址，但是 B 級位址卻有 65,534（在實際應用上主機位址不能全為 0 或全為 1，所以 B 級網路的實際可用位址為 65,536-2=65,534）個 IP 位址可供使用，多出來的 IP 位址也因為沒有使用而造成不必要的浪費。

例如榮欽科技是一家中小企業，這一家中小企業它所分配到的 IP 位址是 B 類別，而 B 類別可以實際可分配到 65534 組的 IP 位址，可是榮欽科技實際的 IP 位址需求量是 8000 組 IP 位址，如果不加以切割的話，勢必會浪費掉許多沒有使用到的 IP 位址，而 C 類別 IP 位址的基本量為 254（在實際應用上主機位址不能全為 0 或全為 1，所以 C 級網路的實際可用位址為 256-2=254）組對於榮欽科技來說卻是不夠的，如上述範例，在這個時候就必須要用到子網路技術來解決，它能夠做到儘量避免浪費沒有用到的 IP 位址資源。

我們以下來看一個實際範例，就以榮欽科技來說，對於 IP 位址需求量是 8000 組的情況下，且被分配到的是 B 類別等級的 IP 位址，我們準備將分配到的 B 類型等級的 IP 位址做子網路切割。之前有談到 IP 位址可區分為「網路識別碼」與「主機識別碼」，而 B 類別的這兩種 ID 它們分別佔 2 個 Bytes（各 16 個 Bits），如下圖：

以一個 B 級位址 149.83.0.0 來說，它可以有 65,534 個可用的 IP 位址，但是「149.83」這個網路識別碼部分是由上一級機構所分配，絕對不能改變，這時只能考慮將主機識別碼部分加以切割。如果想要將這個 B 級網路切割為八個子網路，就必須向主機識別碼「借」三個位元來當作是子網路 ID，如下圖所示：

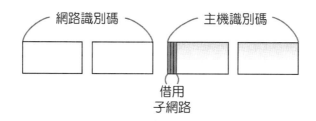

因為這 3 個 Bits 可產生 8 種變化（000~111），可分出 8 個網路出來。如下圖：

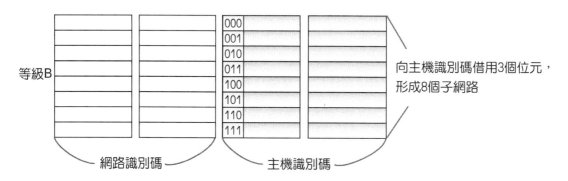

在當「主機識別碼」被借走了 3 個 Bits 後，「主機識別碼」就只剩下 16-3＝13 個 Bits，所以能用的「主機識別碼」也剩下 2^{13}＝8192 組，再扣除掉全為 0 與全為 1 的 ID，所得到的值就有 8190 組了。換句話說，經過這樣切割的子網路，可切割出 8 種可用的子網路，而每一個子網路都可擁有 8190 組實際可用的 IP 位址。

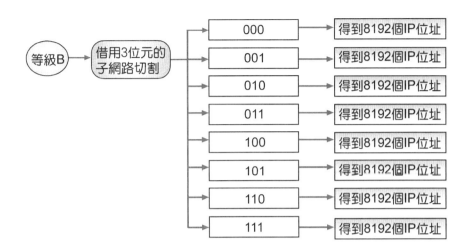

雖然每一個子網路可以切割成 8192 個位址，但實際可用只有 8190 個。由上面網路規劃可以得知當所借的位元數越多時，則所形成的子網路也會越多，但每個子網路下所擁有的可用位址就會越少。而且由於是從主機識別碼部分的首位開始借位，所以切割網路時所形成的子網路必定是 2 的次方。下表為 B 級網路可被切割的子網路數：

向「主機識別碼」借的位數	可分割出的子網路數	每個子網路可用的主機識別碼
1	2	32768
2	4	16384
3	8	8192
4	16	4096
5	32	2048
6	64	1024
7	128	512
8	256	256
9	512	128
10	1024	64
11	2048	32
12	4096	16
13	8192	8
14	16384	4

⬆ B 級網路的子網路形成切割表

請注意！子網路在借位時會因為路由器的不同而有所限制。在早期 RFC 950 中規定子網路在切割時有一個限制：不可以將子網路 ID 只以一個位元來表示，因為它只能建立兩個子網路位址，考慮到扣除掉全為 0 與全為 1 的情況下，如果只用一個位元（只能分為 0 與 1）來表示的話，那就是沒有可用的子網路。

不過在 RFC 1812 中則允許子網路在切割時，子網路位址可以使用全部為 0 或全部為 1 的位元，但前提是一定要主機與路由器皆有支援才可。但是目前大部分的軟硬體沒有這項限制，也就是說，即使用子網路位址全部為 0 或全部為 1 也可以被接受。

另外，還要特別向讀者說明，上面的表格只是列出，當向「主機識別碼」借多少位數時，可以分割出多少個子網路數，及每個子網路可分配到的主機位址個數。但在實際的應用上，「主機識別碼」不得全部為 0 或全部為 1，因此每個子網路可用的主機位址的數量必須減 2。舉例來說，當向「主機識別碼」借 3 個位元時，可以分割出 8 個子網路，每個子網路可用的主機識別碼數量應該是上述表格中的 8192 再減 2，即每個子網路可用的主機位址的數量為 8190 個。

也就是說，上表中借位至 15 及 16 個位數是不可行的。當借位至 15 位時，子網路中只會有兩個主機數量，也就是 0 與 1。扣除廣播封包位址與網路本身位址，就沒有可以使用的主機位址了。至於借位到 16 位時，根本就沒有主機識別碼可以產生網路位址，因此也是不合法的。這就是為什麼我們在上述 B 級網路的子網路形成切割表中，沒有列出向主機識別碼借位 15 及 16 位元的重要原因。

同理，底下為 C 級網路可被切割的子網路數：

向「主機識別碼」借的位數	可分割出的子網路數	每個子網路可用的主機識別碼
1	2	128
2	4	64
3	8	32
4	16	16
5	32	8
6	64	4

⬆ C 級網路的子網路形成切割表

上表中借位至 7 及 8 個位數是不可行的。當借位至 7 位時，子網路中只會有兩個主機數量，也就是 0 與 1。扣除廣播封包位址與網路本身位址，就沒有可以使用的主機位

址了。至於借位到 8 位時，根本就沒有主機識別碼可以產生網路位址，因此也是不合法的。這就是為什麼我們在上述 C 級網路的子網路形成切割表中，沒有列出向主機識別碼借位 7 及 8 位元的重要原因。

6-2-2　子網路遮罩（Subnet Mask）

　　雖然可以將有較大 IP 位址量的分類等級做切割，但是在 IP 路由器轉送 IP 封包時，被切割的「子網路」也必須讓 IP 路由器辨識，因為 IP 路由器只可以利用「網路識別碼」及「主機識別碼」來做資料封包的轉送，而且「網路識別碼」及「主機識別碼」在 IP 位址分類等級中所佔的位元數也是固定的，如 A 類型 IP 位址的「網路識別碼」它佔了 8 個 Bits，「主機識別碼」則佔了 24 個 Bits，如果有做子網路切割的話，勢必要告訴 IP 路由器，子網路的「網路識別碼」與「主機識別碼」所佔的長度，因此我們可以利用一個與 IP 位址相同長度（32 Bit）的「子網路遮罩」（Subnet Mask）來輔助辨識網路識別碼與主機識別碼。

　　「子網路遮罩」又稱為「位元遮罩」，它是由一連串的 1 與一連串的 0 所構成的，全部長度為 32 Bits（4 Bytes），其表示方法與 IP 位址表示法相同，如下圖所示：

子網路遮罩表示法

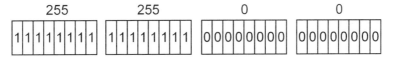

255.255.0.0

　　各位值得注意的是，「子網路遮罩」必須是由「連續」的 1，再加上「連續」的 0 所構成的。因為在子網路 IP 位址裡，所有的 1 指的是「網路識別碼」所佔的位元數；所有的 0 指的是「主機識別碼」所佔的位元數，所以它不能在連續的 1 內插入一個 0；亦不能在連續的 0 內插入一個 1。所以不可以是以下數字：（1 不連續出現）：

11111111 00111111 11110000 00000000

或

11111111 11101111 00000000 00000000

　　例如一個 B 級位址，如果向主機識別碼借了三個位元來做子網路切割，這時的子網路遮罩所使用「1」的總數就等於「網路識別碼」與「子網路識別碼」的位元數總和。所

以在 IP 路由器收到 IP 封包時候，IP 路由器會依照「子網路遮罩」來計算子網路的「網路識別碼」及「主機識別碼」所佔的位元數。如下圖例：

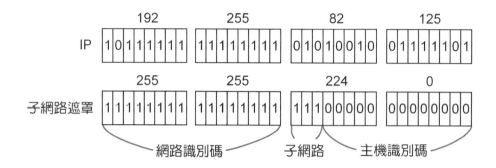

在本例中子網路遮罩共有 19 個「1」，扣除 B 級位址本身網路遮罩的 16 個「1」，所以我們可以得知其中有 3 個「1」是向主機識別碼「借位」來的。同樣道理，也可以將 IP 位址與子遮罩寫成：192.255.82.125 / 19。在這裡的「/」是用來做區隔的，在「/」之前的 192.255.82.125 是表示位址，而「/」之後的 19，則代表的是「網路識別碼」所佔的位元數。

如果未進行子網路切割，則 A 級位址子網路遮罩應設定為「255.0.0.0」，B 級位址子網路遮罩應設定為「255.255.0.0」，而 C 級位址子網路遮罩則設定為「255.255.255.0」，這也就等於網路識別碼的位元數目。

子網路遮罩必須與 IP 位址配對使用，因為路由器會將子網路遮罩與 IP 位址的每個位元做 AND 運算，以判斷該 IP 位址是屬於哪一個子網路。例如在 B 級位址中，如果向主機識別碼借了三個位元來作子網路切割，則子網路遮罩必須設定為「255.255.224.0」。如果有個目的 IP 位址為「149.83.34.14」的封包資料送至路由器，則路由器會將它們一起進行 AND 運算，如下圖說明：

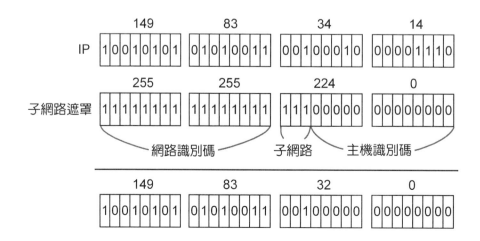

路由器經過運算後可以得知，149.83.34.14 是屬於子網路 149.83.32.0 中的 IP 位址，如果這個位址不在本身的子網路中，路由器就會根據本身的路由表將它轉送出去。

6-2-3 無等級化 IP 位址（CIDR）

B 級位址的浪費是造成 IP 位址急速用盡的原因之一，在前面小節範例中，用到了「Subnet」的技術將原來的類別 IP 位址分割成其他小塊的網路 IP 位址。雖然解決了網路效能的問題，可是被分配到有較多 IP 位址數量的類別時，如果還是沒有完全去使用到所有的 IP 位址，那麼還是有不少 IP 位址被浪費掉了。由於 C 級網路的 IP 位址相當充裕，於是有人想到了，既然網路可以切割，那相反地為何不將幾個 C 級位址加以合併，以更接近所需求的 IP 數量？

為瞭解決上述的問題，IETF（Internet Engineering Task Force，網際網路工程工作小組）提出了「CIDR」（Classless Inter-Domain Routing）標準，其中「Classless」稱釋為「無等級」，也就是無等級化 IP 位址的架構。「CIDR」是一種用來合併數個 C 級位址的規劃方式，合併後的網路又稱之為「超網路」（Supernet）。

子網路切割是向主機識別碼借位，而超網路合併（CIDR）則是「主機識別碼」必須向「網路識別碼」借位元，結合幾個連續的 C 級位址以成為一個超網路。如下圖所示：

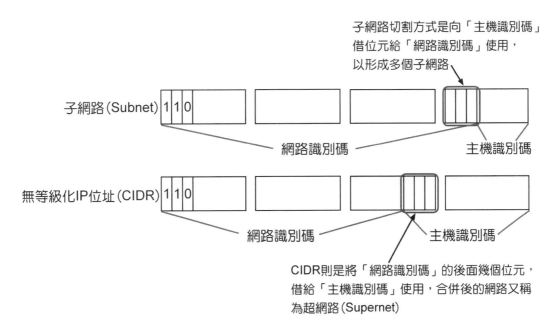

例如在一家小規模的企業榮欽科技裡，對於 IP 位址的需求量不少之情況下，它不一定可以分配到有較多 IP 位址數量的類別（如 B 類別），它可能只能被分配到較少 IP 位址數量的類別（如 C 類別）。由於 C 類別所能分配到的 IP 位址數量最多也只有 254 個，對於榮欽科技這家小公司來說，它的 IP 位址需求量是 1500 個，那也是嚴重不足。以一個 C 級類別 IP 位址來說，根本就不能滿足榮欽科技對 IP 位址數量的需求。

以「CDIR」技術來說，雖然它還是會有多餘的 IP 位址（因為切割法必須要遵從 2 冪方數的規則，例如 2、4、8……個 C 級位址，而且所分配到的 C 級類別「網路識別碼」必須是連續，如此才能進行合併。因此也沒辦法剛好切割到各個用戶所要的需求量，不過至少還是能避免浪費太多 IP 位址的問題。

就如上述的範例，榮欽科技對於 IP 位址的需求量是 1500 個，勢必要分配到 2048（2^{11}）個（2048 是最接近 1500 的 2 冪方數），依照這樣的說法，用 C 類別（254 組 IP 位址）來說，可以分配 8 個 C 級類別（8X254＝2032）給榮欽科技。

首先將 C 類別的「主機識別碼」定義成 11 個位元（Bits），其他的 32-11＝21 位元則代表「網路識別碼」。換句話說，C 級類別的「網路識別碼」最後 3 個 Bits 借給「主機識別碼」使用，那麼「主機識別碼」就有 11 個 Bits，再將這種分割類型給榮欽科技使用，如下圖所示：

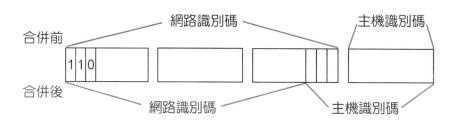

依照此種方式，可以將 8 個 C 類別位址合併成一個單一網路，那麼榮欽科技就可以一次分配到 2048 組的 IP 位址，這樣的方式相當符合榮欽科技對於 IP 位址的需求。

以這個例子來說，榮欽科技需要 1500 個 IP 位址，因此會需要用到八個連續的 C 級位址（254*8＝2,032）來進行合併。假設這個企業被分配到的網路是 192.168.240.0 到 192.168.247.0 共八個連續的 C 級位址，我們使用二進位的表示法來表示這些網路，就可以得知為何需要使用這八個連續的 C 級位址。如下圖所示：

192	168	240~247	0~255
11000000	10101000	11110000	00000000~11111111
11000000	10101000	11110001	00000000~11111111
11000000	10101000	11110010	00000000~11111111
11000000	10101000	11110011	00000000~11111111
11000000	10101000	11110100	00000000~11111111
11000000	10101000	11110101	00000000~11111111
11000000	10101000	11110110	00000000~11111111
11000000	10101000	11110111	00000000~11111111

　　合併上面連續的 8 個 C 級位址後，接下來就可以得知合併後的子網路遮罩。C 級位址的子網路遮罩原本是 255.255.255.0，如果要用來合併這 8 個 C 級位址，就必須將子網路遮罩改為 255.255.248.0。在「CIDR」的技術裡，是以「主機識別碼」向「網路識別碼」借位元的，因此「子網罩」相對也被縮短，而不是增長。如下圖所示：

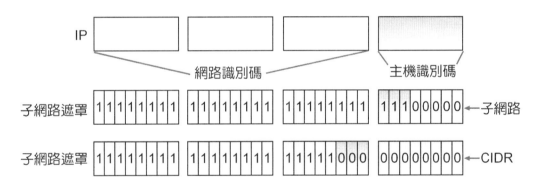

　　請注意！在進行子網路切割時，由於是把從主機識別碼借位部分的子網路遮罩位元由 0 改為 1；在合併網路時，卻相反地將幾個連續的位元由 1 改為 0。而合併後的這八個網路，可以用「192.168.240.0 / 21」來表示，是代表連續的 192.168.240.0 到 192.168.247.0 網路，一共有 8 個 C 類別做出來的合併。

6-2-4　網路位址轉譯（NAT）

　　隨著數以億萬計的電腦設備加入網際網路，網際網路位址不足的問題將愈形嚴重，尤其在一般中小型企業體中，不見得會有專職的網管人員來維護及分配 IP 位址，大部分企業都從 ISP 申請，而其所核發的 IP 位址通常也都不敷使用。因此目前中小企業中普遍應用「網路位址轉譯」（Network Address Translation, NAT）機制，來解決 IP 位址不足的問題。

　　NAT 可以讓私人網路上的電腦存取網際網路上的資源，而不直接和網際網路連線。簡單來說，有一台具有 NAT 功能的網路裝置，可以將私有 IP（Private IP）和公共 IP（Public IP）做轉換，對外傳輸時將封包表頭來源位址的私有IP，也就是大家常見的192.168.xxx.xxx 這個位址，替換成公共 IP 位址再傳送到網際網路。NAT 技術可讓任何網路上的電腦利用可重複使用的私人 IP 位址，連接至網際網路上具有全域唯一公用 IP 位址的電腦。事實上，使用 NAT 可以大幅減少 IP 位址的需求，因為基本上整個內部網路都可憑藉 NAT 上的一個公用 IP 來連接 Internet，這也可以暫時解決了 IPv4 位址消耗的問題。

　　前面我們曾經提過有些特殊的 IP 位址被特意保留下來，通常稱為私有 IP 位址，這些IP 位址的封包並不會經過路由器而連接到網際網路上，因此可以在企業內的區域網路中重複使用。這些私有 IP 的範圍如下表所示：

等級	私有 IP 位址範圍
A 級位址	10.0.0.0 ～ 10.255.255.255
B 級位址	172.16.0.0 ～ 172.31.255.255
C 級位址	192.168.0.0 ～ 192.168.255.255

　　透過 NAT 機制，我們可以讓區域網路中多部電腦的私有 IP 轉換為一個公共 IP 位址，然後再來進行資料交換。下圖為一個區域網路使用私有 IP 位址（例如 192.168.x.x或 10.x.x.x）和與這個網路相連的一個路由器，這個路由器有支援 NAT。NAT 主機上有兩張網路卡，其中網路卡 1 使用的是私有 IP 與其他區域網路中的電腦連接，而網路卡 2 則附有公有的 IP，它可以透過路由器對外部的網際網路進行存取。我們利用下圖來為各位說明 NAT 的運作：

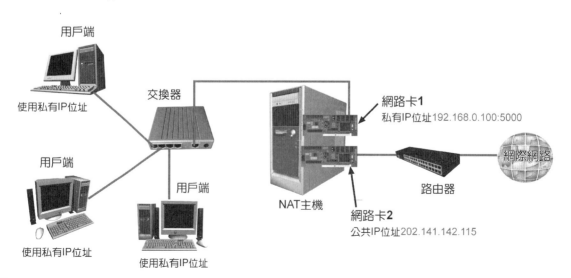

從上面的架構圖中可以看到當使用私有 IP 的用戶端需要對外（網際網路）傳送封包時，封包會先行送到具有 NAT 功能的主機上，也會在來源 IP 位址後面加入由用戶端程式所產生的連接埠號，通訊連接埠號為 5000，當資料傳送出去時，也必須指定由對方的哪一個應用程式來接收，這也是 NAT 機制能判斷要轉送到哪一台主機的原因，這時電腦中的應用程式使用 TCP／IP 存取資料時，便會產生一個具有連接埠編號的資料封包「192.168.0.100:5000」。

因為對網際網路上的主機來說，只能看到公共 IP 位址（202.141.142.115），這時必須將封包上「來源位址」的私有 IP 轉換公共 IP 位址（202.141.142.115），如此才能夠透過路由器將此資料封包傳送到網際網路上。

當封包從網際網路外部傳入時，NAT 主機接收此封包後，同樣會先行判斷其目的位址，然後將「目的位址」從公共 IP（202.141.142.115）轉換為該用戶端的私有 IP 後再進行傳送，並根據目的位址上的連接埠編號來找出對應的用戶端電腦。

6-3 | IP 封包

IP 協定是屬於 DOD 模型中網路層運作的協定，對上可以承載來自傳輸層中不同協定的資料，例如 TCP、UDP 等等，而這些相關資料皆會記錄在 IP 封包中。一般來說，不同網路類型對每一個 IP 封包的大小限制都不相同。如果有數個區域網路彼此相互連結，要將資料從某個網路傳送至另一個網路，這份資料就要進行適當地「封裝」（Encapsulation）。封裝的內容中除了目的端的資訊外，還必須包括傳送過程中的路徑選擇。

6-3-1 封包傳送方法

資料封包在網路上進行傳送時，若以連線與否來區分，通常會有「連線導向式」（Connection-Oriented）及「非連線式」（Connectionless）兩種方式，我們說明如下：

連線導向方式

所謂的連線導向式，是指雙方在進行資料傳送前，必須先建立連線與進行溝通，例如 TCP（Transfer Control Protocol）協定就是如此。

⊕ 非連線式傳送方式

非連線式的資料傳送方式是指發送端只管將資料發送出去，其他的事就不管了，例如 UDP（User Datagram Protocol）協定就是屬於這種方式。為什麼要用「非連線式」的傳輸方法呢？原因是要讓資料能以高速的通訊傳輸媒介下進行傳輸，排除不必要的判斷。IP 協定在進行資料傳送時，也是一種非連線式的傳送方式，它只負責將必要的資訊進行封裝及送上網路。接下來資料的送達與否跟它並無關係，而這個工作就要靠上層的協定來進行確認。

6-3-2 IP 封包的切割與重組

IP 封包傳送的目的是將發送端所產生的 IP 封包傳送到目的端電腦上，由於不同網路類型對每一個 IP 封包的大小限制都不相同，有的網路通道較大，而有的網路通道較小，資料在傳送的過程中，會經過不同「最大傳輸單位」（Maximum Transmission Unit, MTU）大小的網路，也就是它所允許的資料封包大小會有所差異，例如封包試圖從較小 MTU 的乙太網路要通過較大 MTU 的 ATM 網路情況下，是沒有問題的；反之，如果要從較大 MTU 的 ATM 網路要通過小 MTU 的乙太網路之情況下，那不就沒辦法通過了嗎？

 TIPS MTU 是 Maximum Transmission Unit 的縮寫，代表一個網路所能傳送最大的封包尺寸，大於這個尺寸的訊息資料會被切割成好幾個封包來傳遞。

因此要傳送的封包可能要進行適時的切割（fragmentation），才能在各種網路中流通。而且當這些封包陸續抵達目的端後，也必須將它重組（reassembly）還原成原來的封包內容。也就是把資料封包給切割成較小的單位，即可從較小 MTU 通過較大 MTU。而在這些較小的封包單位送達目的端時，目的端則會依照一定的規則將這些一小段、一小段的封包給組合起來，再送給上一層做處理。下表列出各類型網路的 MTU 值：

網路類型	MTU（單位：位元組）
乙太網路	1,500
4 Mbps 符記環網路	4,464
16 Mbps 符記環網路	17,914
FDDI	4,352
ATM	9,180
X.25	576
802.11	2272

6-3-3　IP 封包的架構

　　「IP 封包」是 IP 在傳送資料的基本單位，在瞭解到 IP 協定的運作方式後，必須學習的是 IP 封包要如何做到封包傳送、分割、重組等方式。在 IP 的封包中，包含了「表頭」（Header）及「承載資料」（Payload）兩項。「表頭」的大小可以儲存 20 到 60 個位元組（Bytes）不等的單位，每一次都是以 4 的倍數遞增，IP 表頭中記錄著 IP 封包傳送的相關資訊，例如版本、封包長度、存活時間（TTL）、目的端位址、路由資訊等。IP 承載資料的內容主要來自上層的封裝資料，至於在傳送過程中資料封包如何抵達目的地，主要則是靠 IP 表頭中所記錄的相關資訊。例如 TCP 或 UDP 的資料封包，最短長度為 8 個位元組，最長為 65,515 個位元組。

IP表頭	IP承載資料

　　IP 表頭中有許多分類位元及位元組，它們都有固定意義及功能，這裡將一一介紹，請看以下圖示：

Version 4位元	IHL 4位元	Type of Service 8位元	Total Length 16位元		
Identification 16位元			Flags 3位元	Fragment Offset 13位元	
Time to Live 8位元		Protocol 8位元	Header Checksum 16位元		
Source Address 32位元					
Destination Address 32位元					
Options 長度不定					
Padding 長度不定					

以下則是各個欄位的中文說明：

版本	標頭長度	服務類別	總長度	識別項	旗標	片段位移	存活時間	協定
4位元	4位元	8位元	16位元	16位元	3位元	13位元	8位元	8位元

加總檢查碼	來源位址	目的位址	選項填充
16位元	32位元	32位元	不固定

版本（Version）

「版本」在 IP 表頭中佔了 4 個位元（Bits），主要的目的是用來宣告 IP 封包格式的版本。此例使用的 IP 版本為第四版（IPv4），所以此欄位值為 4（0100），不過 IP 的版本已經到第六版了。

表頭長度（IHL）

「表頭長度」欄位也是以 4 個位元（Bits）來表示，其目的是用來表示在「IP 封包」內「IP 表頭」長度之大小。因為「IHL」的基本單位為 4 個位元組（Bytes），所以要計算「IHL」時，就必須將「IHL」欄位上的值乘以 4，例如 IHL 的欄位值為 1010，換算成十進位得到一個 10（0*A）值，而正確的 IHL 值為 10*4=40，這就表示整個「IP 表頭」的長度是 40 個位元組（Bytes）。因為 IHL 是以 4 個位元表示的，而且它的最大值為 15（1111），所以可以知道「IHL」最大值 60 Bytes（15*4=60）。

服務類型（Type Of Service, TOS）

「服務類型」欄位共佔 8 個位元（Bits），而這 8 個位元又分成 6 個單位，分別為「優先權」（Precedence）佔 3 個位元、「延遲」（Delay）佔 1 個位元、「輸送量」（Throughout）佔 1 個位元、「可靠度」（Reliability）佔 1 個位元、「成本」（Cost）佔 1 個位元、最後 1 個位元做「保留」值（Reserved）。

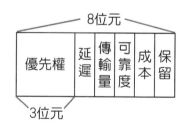

1. 優先權（Precedence）：此欄位佔 3 個位元，用於設定 IP 封包的優先權，所設定的值越大，表示優先權越高。當初「優先權」欄位的定義是因為美國國防部對於 IP 協定上的需求，但延用至今，「優先權」這個欄位都幾乎不採用了。在平時則以「0」（優先權最低一級，例行程序）來當作預設值。

2. 延遲（Delay）：「延遲」欄位只佔了 1 個位元（Bit），它能表示的也只有 0 與 1 而已，而在「延遲」欄位裡，「0」代表一般延遲、「1」代表最短的延遲。

3. 傳輸量（Throughput）：「傳輸量」欄位只佔 1 Bit（0 與 1），0 代表的是一般傳輸量、1 代表的是高速傳輸量。

4. 可靠度（Reliability）：「可靠度」欄位佔 1 Bit，0 表示一般可靠度、1 表示高度可靠度。當希望封包在傳送過程中儘量減少被丟棄或遺失時，「可靠度」欄位則設定為「1」。

5. 成本（Cost）：「成本」欄位也只佔 1 Bit，0 表示一般成本、1 表示較低成本。如果將「成本」欄位設定成 1 時，則 IP 封包會循著較低成本的路徑來進行傳輸。

6. 保留（Reserved）： 此欄位佔一個位元組，保留未來使用。

🌐 總長度（Total Length）

此一欄位佔了 2 個位元組（16 個位元），它是用來記錄「IP 封包」的總長度。在 IP 封包裡，「總長度」欄位就是「IP 表頭」與「承載資料」的總和。

🌐 識別（Identification）

此欄位佔了 2 個位元組（16 個 Bits），主要的目的是用來辨識分散封包的順序。「識別」欄位是由發送端（來源裝置）所定義的，而順序是以遞增 1 的方式來進行。等封包送達目的端後，再根據這些識別欄位的順序加以重組。

🌐 旗標（Flags）

又稱為「封包切割標示」，此欄位佔了 3 個位元（Bits），這 3 個位元分別代表不同的功能，主要的目的是在判斷封包是否被切割、被切割的封包是否為最後一個。

🌐 來源位址（Source Address）

來源位址欄共佔 4 個位元組（32 Bits），此欄位是用來記錄來源裝置的 IP 位址。

🌐 目的位址（Destination Address）

與來源位址欄位一樣，它一共佔了 4 個位元組（32 Bits），此欄位是用來記錄目的裝置的 IP 位址。

⊕ 表頭加總檢查碼（Header Checksum）

「表頭加總檢查碼」欄位佔有 2 個位元組（16 Bits），它只有針對「IP 表頭」做檢查而已，目的是確保表頭的完整性。

⊕ 協定（Protocol）

佔 1 個位元組（8 Bits），「協定」欄位主要是在記載上一層（傳輸層）的通訊協定，例如 TCP、UDP、ICMP、IGMP 等資料。在上一層裡，兩端電腦裝置已經達成了一樣通訊協定，然而達成的通訊協定會以代碼的方式，包裝在網路層 IP 封包內的「協定」欄位上。下表列出幾個常見的設定值及其對應的通訊協定：

設定值	通訊協定
1	ICMP
2	IGMP
6	TCP
17	UDP
41	IPv6

⊕ 存活時間（Time to Live, TTL）

此欄位佔 1 位元組（8 Bits），簡稱「TTL」，是設定 IP 封包在路由器過程中能存活的時間。在廣大的網際網路中，資料必須經過許多「路由器」的轉送才能到達目的端，由於 IP 是個非連線式的通訊協定，所以發送端並無法得知目的端的狀況，而在這些路由器的轉送過程中，不能確保資料封包不會一直在網際網路中迴盪，造成「無限循環」的情形發生。為了避免這一類情況發生，必須限制 IP 封包在網際網路存活的時間，如果它的預設 IP 封包「存活時間」為 128，而每經過一個路由器，就會將這值減去 1，如果封包的 TTL 值為 1，在抵達路由器時，TTL 值將被減為 0，此時路由器就會丟棄此封包。

⊕ 分段位移（Fragment Offset）

又可稱為「切割重組點」。「分段位移」欄位共佔了 13 個位元（Bits），在這裡所指的是封包的偏移量。當 IP 封包被切割之後，會產生許多的分段，而這些分段的位移量則會被記錄在「分段位移」欄位裡，簡單的說，就是記錄這些分段在原始資料中的分段開始位元。分段位移是以 8 位元組（Bytes）為單位的。

6-4 IP 路由

　　「路由」一詞來自於原文的「route」，也有人譯之為「繞送」，它是 IP 封包用來決定傳送路徑的方法，為作用在主機或路由器上的一種協定。簡單來說，它是一個讓資料可以從來源 IP 通訊設備轉送到目的 IP 通訊設備的程序，為了促進轉送（forward）的程序，每一個 IP 路由與主機之間的傳送，都必須經由主機的 IP 路由表來執行轉送程序。

6-4-1　路由器的特性

　　IP 路由就是封包傳送的路徑選擇方式，是一個相當複雜的過程，封包傳送路徑的選擇是由路由器決定，所以網路效率的好壞，也就取決於路由器是否能為封包選擇一個最有效率的傳送路徑。在廣大的網際網路中，封包是否能快速正確地抵達目的端，IP 路由器的選擇方式擁有決定性的影響。

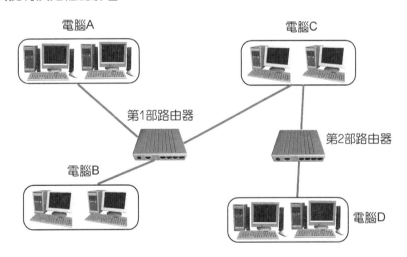

⬆ IP 封包的路徑決定

　　路由器主要用來連接各種不同的網路，並負責接收網路上的封包。路由器接收封包後會檢查封包的目的位址，依據其大小、緩急來選擇最佳的傳送路徑，以使封包能夠順利抵達目的端。一個路由器基本上也用來將網路區隔開來，路由器是連接網路的重要裝置，一個路由器扮演了轉送封包的重要角色，它可能連接兩個以上的網路，所以一個路由器必須具備有以下幾個基本功用：

- 路由器必須有解讀 IP 封包的能力，也就是它必須可以運作於 DoD 模型的網路層以上。
- 路由器通常具有兩個以上的網路介面，以便連接多個網路或其他路由器，這個網路介面通常指的是網路卡，並各分配有一個 IP 位址。

- 路由器中具備路由表，可以推算出最佳路徑，讓 IP 封包使用最少的成本來抵達目的端。

6-4-2　IP 封包傳送方式

IP 轉換的程序與 IP 路由表被廣泛的使用在「點對點」（Point-to-point）、「廣播式」（Broadcast）與「非廣播式多重存取」（Non-broadcast multiple access）的 IP 網路連結類型上。首先來看 IP 轉換和 IP 路由表是如何被使用在這三種 IP 網路連結類型：

🌐 單點式傳播（Unicast）

單點傳播就好像在一個充滿人群的房間中打算與某個特定的人進行對話時，屬於一對一的傳送模式。以實際情況來說，它僅能針對兩個節點上做 IP 封包的傳輸，就是要送出資料的電腦必須先對網路發出詢問。如果是使用 TCP / IP 協定的話，那就是先以 IP 位址來取得 MAC 實體位址，然後再根據這個實體位址來進行資料傳送。

🌐 廣播式傳播（Broadcast）

在 IP 位址中，主機 ID（Host ID）全部為 1（指二進位值全為 1，相當於十進位的 255）時，就是用來當作廣播位址。當用此位址來作為發送訊息的目的位址時，區域網路上的所有電腦都會接收到此訊息，屬於一對多的傳送模式。例如當要詢問某個網路裝置的 MAC 位址時，就是採用廣播方式來進行詢問。

🌐 多點傳播（非廣播式多重存取）

多點傳播方式可以同時將資料發送給指定的群組，雖然也是一對多的傳播模式，不過不像廣播方式會傳送給網路內的每一台電腦，除了使用上較有效率，同時也節省了連線建立時所耗費的頻寬，通常是使用在視訊會議或即時廣播時。

此外，我們也可以從發送端與目的端是否位於同一網路來區分為「直接傳送」（Direct Delivery）與「非直接傳送」（Indirect Delivery）兩種方式，說明如下：

🌐 直接傳送

所謂的直接傳送，指的是發送端與目的端位於同一個實體網路之內，發送端只要知道對方的實體位址就可以將資料送達。在乙太網路中，通常是利用廣播的方式來得知目的端的 MAC 位址，再將資料傳送給指定位址上的裝置接收。

🌐 非直接傳送

非直接傳送指的是發送端與目的端並不位於同一個實體網路內，所以資料傳送時就必須透過路由器將資料傳送至網路外部。在資料尚未抵達目的端前，資料的傳輸過程都稱為非直接傳送。直到當最後一個路由器傳送至目的端位址時，這時才稱為直接傳送。

6-4-3　IP 封包與路由流程

IP 封包於網路中傳送時，從內部至外部，將會經過數個路由器的轉送，我們知道封包在決定路徑時所根據的就是儲存於路由器中的路由表（routing table），這個路由表可以是靜態且需手動更新的紀錄表，也可以是動態且由程式自行維護更新的紀錄。路由表中記錄路由器中不同的網路介面各連接了哪個網路，或可藉由哪個網路當作橋樑以抵達另一個網路，路由器必須從路由表中推算出 IP 封包的最佳傳送路徑。

不同的路由器，有關連接方式與路由表的設定都不相同。路由表會隨著廠牌的不同而有差異，通常會具備五個欄位，以下先針對這五個欄位內容進行瞭解：

🌐 網路位址（Network Destination）

此欄位用來設定目的網路位址或單一個目的主機位址，通常為了節省路由表所佔據的空間，並不會為個別主機設定專用的路由資訊。

🌐 網路遮罩（Netmask）

此欄位用來設定目的網路或目的主機的子網路遮罩，如果是代表單一主機，則網路遮罩為 255.255.255.255。

🌐 介面（Interface）

此欄位記錄路由器上的網路介面，也就是封包轉送出去時所要使用介面的 IP 位址。

🌐 閘道（Gateway）

如果封包的目的網路不在路由器的連接上，則此欄位記錄封包要轉送給哪一個路由器介面。因為一個網路可能具備兩台以上的路由器，所以必須加以指定；如果目的網路已經在路由器的連接上，則填上路由器與目的網路的介面位址。

🌐 成本（Metric）

用來表示封包傳送所需的成本，通常是指封包所要經過的路由器數量（Hop），如果有兩條以上的可用路徑，則挑選路徑成本較小的路徑。

為了說明路由表的內容，我們以下圖中的路由器與網路連結情況來說明：

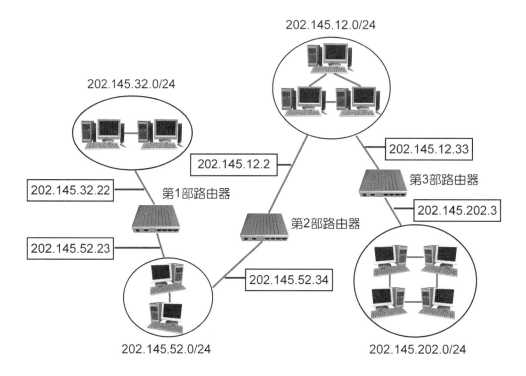

以 R1 路由器而言，它的路由表內容可能如下表所示：

第一部路由器的路由表內容：

Network Destination	Netmask	Interface	Gateway	Metric
202.145.32.0	255.255.255.0	202.145.32.22	202.145.32.22	1
202.145.52.0	255.255.255.0	202.145.52.23	202.145.52.23	1
202.145.12.0	255.255.255.0	202.145.52.23	202.145.52.34	2
202.145.202.0	255.255.255.0	202.145.52.23	202.145.12.33	3

在 第 一 個 路 由 表 紀 錄 中，目 的 網 路 為 202.145.32.0 / 24，所 以 子 網 路 遮 罩 為 255.255.255.0，與第 1 部路由器的介面 202.145.32.22 連接。由於目的網路與路由器相連接，所以 Gateway 設定與 Interface 相同，而且因只經過一個路由器，所以 Metric 設定為

1。第二筆紀錄目的網路 202.145.52.0 / 24，所以子網路遮罩也為 255.255.255.0，與第 1 部路由器的介面為 202.145.32.23 連接，由於目的網路與路由器相連接，所以 Gateway 設定也與 Interface 相同，而且只經過一個路由器，因此 Metric 設定為 1。

接下來看第三筆紀錄，目的網路為 202.145.12.0 / 24，所以子網路遮罩為 255.255.255.0，不過因為目的網路 202.145.12.0 不在第 1 部路由器的連接上，所以必須先透過第 1 部路由器的介面 202.145.52.23 轉送出去，目的地為第 2 部路由器的介面 202.145.52.34，所以可以依此位址來設定 Gateway 欄位，因為必須透過兩個路由器，所以 Metric 設定為 2。

第四筆紀錄的目的網路為 202.145.202.0 / 24，所以子網路遮罩為 255.255.255.0，不過因為目的網路 202.145.202.0 不在第 1 部路由器的連接上，所以必須先透過第 1 部路由器的介面 202.145.52.23 轉送出去，目的地為第 3 部路由器的介面 202.145.12.33，所以可以依此位址來設定 Gateway 欄位，因為必須透過三個路由器，所以 Metric 設定為 3。

沿用本範例，我們再來列出第二個路由器的路由表內容。同樣的網路遮罩都為 255.255.255.0，目的網路 202.145.32.0 / 24 與第 2 部路由器不連接，所以必須先透過第 2 部路由器的介面 202.145.52.34 轉送出去，目的地為第 1 部路由器的介面 202.145.52.23，所以可以依此位址來設定 Gateway 欄位，因為必須透過兩個路由器，所以 Metric 設定為 2。

目的網路 202.145.52.0 / 24 與第二部路由器的介面 202.145.52.34 連接，由於目的網路與第二部路由器相連接，所以 Gateway 設定與 Interface 相同，而且因只經過一個路由器，所以 Metric 設定為 1。第三筆紀錄，目的網路 202.145.12.0 / 24 與第二部路由器介面 202.145.12.2 相連接，所以 Gateway 設定與 Interface 相同，而且只經過一個路由器，因此 Metric 設定為 1。第四筆紀錄的目的網路為 202.145.202.0 / 24，所以子網路遮罩為 255.255.255.0，不過因為目的網路 202.145.202.0 不在第 2 部路由器的連接上，所以必須先透過第 2 部路由器的介面 202.145.12.2 轉送出去，目的地為第 3 部路由器的介面 202.145.12.33，所以可以依此位址來設定 Gateway 欄位，因為必須透過兩個路由器，所以 Metric 設定為 2。

底下為第二個路由器的路由表內容：

Network Destination	Netmask	Interface	Gateway	Metric
202.145.32.0	255.255.255.0	202.145.52.34	202.145.52.23	2
202.145.52.0	255.255.255.0	202.145.52.34	202.145.52.34	1
202.145.12.0	255.255.255.0	202.145.12.2	202.145.12.2	1
202.145.202.0	255.255.255.0	202.145.12.2	202.145.12.33	2

沿用本範例,我們再來列出第三個路由器的路由表內容:

Network Destination	Netmask	Interface	Gateway	Metric
202.145.32.0	255.255.255.0	202.145.12.33	202.145.52.23	3
202.145.52.0	255.255.255.0	202.145.12.33	202.145.12.2	2
202.145.12.0	255.255.255.0	202.145.12.33	202.145.12.33	1
202.145.202.0	255.255.255.0	202.145.202.3	202.145.202.3	1

6-4-4 路由表類型

路由器是根據路由表進行封包的轉送,路由依維護的方式與作用可以區分為「靜態路由」(static routes)、「動態路由」(dynamic routes)兩種:

🌐 靜態路由

靜態路由是由網路管理者手動建立的路由表檔案,網路管理者事先根據網路的實體連接狀況,逐筆將路由資訊加入至路由表中,由於路由資訊已經建立,所以不用再浪費頻寬於路由資訊的交換,而路由器也不用再額外處理路由資訊的更新。在一個小型網路中,使用靜態路由是個很不錯的方式,但是如果網路規模增大,即使線路不出問題,光是建立路由表就夠累人的。例如網路的連接狀況有所變動,靜態路由表的內容就必須更新,或是某個線路突然斷線,路由表也不會主動更新路由表的內容。

🌐 動態路由

建立靜態路由的過程中,應該可以體會到靜態路由建立的麻煩,如果網路規模持續擴大,路由表的資訊將暴增且難以維護,如果是大型網路,通常採取動態路由的方式來維護路由表。所以當網路規模擴大至某個程度時,就需考慮使用動態路由設定。動態路由是使用程式與演算法來估算與動態維護路由表內容,所使用的方法就是與鄰近的路由器交換路由表的資訊,每個路由器會根據所得到的路由資訊進行判斷,以決定是否更新本身現有的路由表內容,這樣可以實際反映網路連結的狀況,不用手動建立路由表。

🌐 動態路由協定

如果路由器採用動態方式建立尋徑表，有關路由紀錄的建立、維護、路徑計算與最佳路徑選擇，則是透過「動態路由協定」（Dynamic Routing Protocol）的機制來完成。動態路由協定之所以可以計算出封包傳送的最佳路徑，主要是藉由協定本身的「演算法」（Algorithm）來計算。路由器的動態路由協定很多，依照功能、階層、負責的範圍而有所不同。以下是幾種常見的尋徑協定：

- **RIP（Routing Information Protocol）**：RIP 主要用於小型網路，是一種開放式的協定，於西元 1988 年 6 月收納於 RFC 1058 文件中。所謂的「距離」，指的並不是路由器與網路間實際的連接線路長度，而是指傳輸封包時所要花費的「成本」，例如所經過的路由器數量等等。

- **IGRP（Interior Gateway Routing Protocol）**：於 1980 年代中期由 Cisco 發展的尋徑協定，同樣採用距離向量演算法。它是 Cisco 的專屬協定，主要用於中、大型的網路，並且解決距離向量演算法上的一些問題。在 1990 年代時，還提出了後續版本 EIGRP（Enhanced IGRP）。

- **OSPF（Open Shortest Path First）**：OSPF 是使用於大型網路中的標準協定，也是一個開放式的標準協定，收納於 RFC 1247 文件中。與前兩個協定不同的是，它所採用的並非距離向量演算法，而是採取「線路狀態」（Link State）的方式來反應網路的真實狀況。

6-5 | 查詢 IP 及路由的實用指令

最後將為各位補充介紹幾個 IP 位址、封包及路由資訊的查詢工具，借以更加瞭解本章所談的相關內容。這些實用的指令包括：ping、ipconfig、netstat、tracert……等，筆者將分述如下。

6-5-1 ping 指令

ping 指令用來檢查網路連線狀態與查看連線品質的實用指令，在 Windows Vista 或 Windows 7 作業系統裡，必須先進入「命令提示字元」功能，接著輸入 ping 指令，可以偵側遠端特定的 IP 位址主機是否運作正常，如果網路連線沒問題，遠端電腦也運作正常，將會接收到完好的回應封包。如下圖所示：

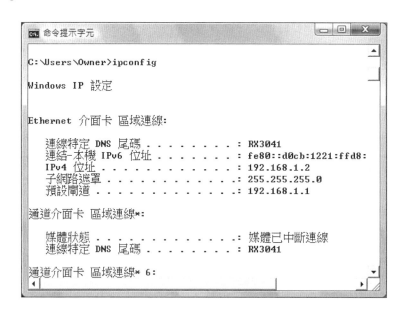

6-5-2　ipconfig

如果想要自己電腦的 IP 資訊或更新電腦的 IP 時，可以透過 ipconfig 指令，例如：輸入 ipconfig 指令可以檢查您的 IP 位址、子網路遮罩、預設通訊閘之設定：

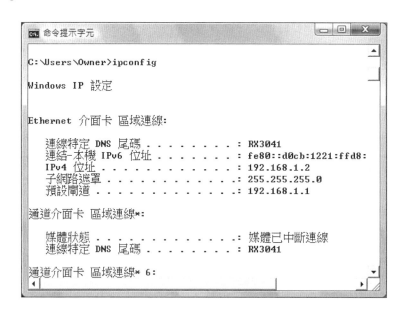

若需要察看詳細的網路設定參數，可以在原指令後加入參數 /all，請輸入 ipconfig / all 如下圖所示：

而 ipconfig/release 可用來釋放 IP；ipconfig/renew 可以用來更新自己的 IP 位址。

6-5-3　netstat

在 Windows vista 或是 Windows 7 的環境下，如果懷疑網路連線變慢或是網路設備有當機的可能時，建議使用 netstat 指令來檢測及排除網路連線是否異常的狀況。如果想要查詢路由表資訊，則可以在指令後加上 -r 選項。

相關參數說明解釋，可鍵入 netstat？來查詢。

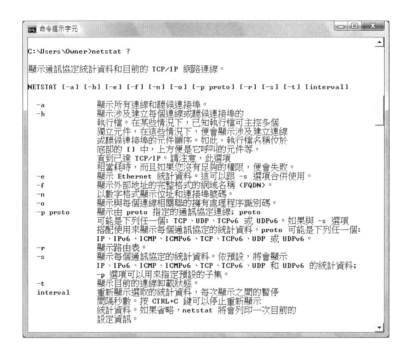

6-5-4　tracert

tracert 可用來追蹤 IP 封包傳到目的地所經的路徑，通常被用來追蹤對方的連線路徑。例如輸入下圖的指令，會得到如下的追蹤路徑：

```
C:\Users\Owner>tracert www.ntu.edu.tw

在上限 30 個躍點上
追蹤 www.ntu.edu.tw [140.112.8.116] 的路由:

  1    <1 ms     1 ms    <1 ms  192.168.1.1
  2    79 ms    26 ms    24 ms  211-78-222-118.static.tfn.net.tw [211.78.222.118
]
  3    17 ms    17 ms    17 ms  10.100.22.17
  4    26 ms    20 ms    36 ms  60-199-7-141.static.tfn.net.tw [60.199.7.141]
  5    21 ms    21 ms    22 ms  60-199-3-1.static.tfn.net.tw [60.199.3.1]
  6    24 ms    22 ms    22 ms  60-199-16-98.static.tfn.net.tw [60.199.16.98]
  7    23 ms    23 ms    23 ms  211-78-221-26.static.tfn.net.tw [211.78.221.26]

  8    24 ms    23 ms    23 ms  140.112.0.69
  9    24 ms    24 ms    24 ms  140.112.0.193
 10    25 ms    25 ms    25 ms  140.112.0.185
 11    53 ms    25 ms    27 ms  140.112.0.209
 12    39 ms    44 ms    24 ms  www.ntu.edu.tw [140.112.8.116]

追蹤完成。

C:\Users\Owner>
```

07

CHAPTER

IPv6 的發展與
未來

網際網路後來會如此的蓬勃發展是當初始料未及的，面對現在與未來，或許我們可以這樣形容：「Internet」不是萬能，但在現代生活中，少了 Internet，那可就萬萬不能！」時至今日，無論家用與商用電腦甚至於一般 3C 設備都使用網際網路的情況來看，網際網路節點位址明顯不夠，不但 IP 位址目前面臨不足的危機，而 IP 協定本身缺乏加密認證的機制，使得未來網路的發展也受到了些限制。

目前所使用的 IP 協定是第四版，從 1970 年代發表以來，已經是個很成熟的技術，IPv4 採用 32 個位元來表示所有的 IP 位址，所以最多只能有 42 億個 IP 位址，其中有些還保留作其他用途，或是因不適當的分配而浪費掉，所以舊有的 IPv4 面臨了 IP 位址不足的困境。其實無論政府或民間也早已體認到 IP 不足的現實問題，因此根本的解決之道，就是發展全新的 IP 位址架構，以容納未來對 IP 位址更大的需求。為了要克服這些問題，新的 IP 通訊協定第六版 IPv6（又稱 IPng，IP Next Generation）被網際網路工程任務小組（Internet Engineering Task Force, IETF）提了出來。

7-1 | IPv6 簡介

IPv6 是第六版網際網路協定（Internet Protocol version 6），是網際網路協定的最新版本，IPv6 誕生是為暸解決目前第四版（IPv4）的位址即將耗盡問題。IPv6 則使用 128 Bits 來表示 IP 位址，也就是 2^{128} 個 IP 位址，相當於目前 IPv4 位址的 2^{96} 倍，這是個近乎無法想像的天文數字。

由於從 IPv4 轉移到 IPv6 並非一蹴可幾，必須建立許多相關的轉移機制與軟體設施，因此各國多半早已投入相關轉移機制。國際上推展 IPv6 最積極的國家有韓國、日本及歐洲等國家，其中日本早在西元 2001 年時，已經有三家 ISP 提供 IPv6 的商業應用。

7-1-1 IPv6 的優點

我國政府早自 2002 年開始即推動屬於下一代網路技術的 IPv6，並於 2003 年啟動「我國 IPv6 建置發展計畫」；之後於 2009 年推動「新一代網際網路協定互通與認證計畫」。行政院國家資訊通訊發展（NICI）推動小組於 2011 年 12 月開會通過「網際網路通訊協定升級推動方案」，正式宣示「2011 年啟動網路升級」。自 2012 年起 6 年內投入 22 億元，引導資通產業掌握以 IPv6 為基礎的發展先機。在 IPv6 發展的過程中，涉及的

產業包括網路資通設備、軟體系統研發、資訊服務產業等,對台灣來說將是一個絕佳的機會,也是台灣下一波重要的產業發展契機。詳細情況可參考 IPv6 Forum Taiwan 網站: http://www.ipv6.org.tw/

如果要以一個實際的比喻來表達 IPv6 所能提供的數字,相當於地球上每平方公尺有一千四百多個 IP 位址,定址空間高達 2 的 128 次方(32 bits 擴充為 128 bits),預估地球上的每個人可分到一百萬個 IP 位址,除瞭解決 IP 位址不足的問題之外,未來電腦、手機、平板及所有穿戴裝置都將可擁有一個 IP 位址,可以透過網路取得更新資訊或進行遠端遙控等。具體而言,IPv6 還具備有以下的優點:

提升路由效率

IPv6 封包表頭(Header)經過改良後,使得其表頭大小固定且欄位數目相對減少,因此路由器可節省封包檢查與切割的動作,相對提升了路由(Routing)的效率,也使得交換的路由資訊可以經由彙整變得非常精簡。

行動 IP 與自動設定機制（Auto Configuration）

早期電腦都是以區域網域為管理單位，一旦電腦移動到其他網域，代表 IP 及相關網路參數必須重新設定，而這些設定必須由網管人員來進行，表面上是增加了安全性，但也同時失去便利性。IPv6 通訊協定支援自動組態設定（Auto-configuration），IPv6 主機接上網路後可自動取得位址。透過 IPv6 的設計，網路上的電腦裝置可以非常方便的自動取得 IP，這種「隨插即用」（Plug and Play）的特色可以減輕網路管理者及使用者設定及管理 IP 位址的負擔。另外，IPv6 也在設計上加入支援行動 IP（Mobile IP）的機制，藉由網路芳鄰找尋（Neighbor Discovery）與自動組態設定來簡化使用者 IP 位址的設定，解決以往跨網段漫遊所發生的連線效能問題。

更好的安全與保密性

IPv4 在設計之初，認為安全性是由應用層處理，因而未考慮安全性問題，資料在網路上並未使用安全機制傳送，造成企業或機構網路遭到攻擊、機密資料被竊取等網路安全事件層出不窮，因此現今的電腦機房都配置大量高規格的網路安全設備，以監控並防堵資訊安全問題。由於安全性成為任何一種網路技術都必須面對的問題，IPv6 整合了網路安全協定（IP Security, IPSec）利用上層協定類型（Next Header）中的認證表頭（Authentication Header, AH）及安全負載封裝（Encrypted Security Payload, ESP）表頭，透過封包延伸表頭可設定封裝加密或認證簽署，提供了資料安全性的功能，未來使用者將不需透過額外的設備或軟體就可以達到網路安全的功效。

解決 IP 不足與擴充性

IPv6 定址方式最多可提供 3.4E+38 個 IP 位址，能夠根本解決目前 IP 位址不足的問題，並且可以使 IP 位址延伸到行動通訊系統或智慧家電上的領域，IPv6 的設計允許未來新功能的擴充，例如在表頭上增加「流量等級」（Traffic Class）與「流量標示」（Flow Label）等欄位，同時也提供更好的網路層服務品質（Quality of Service, QoS）機制。

減少廣播流量

IPv4 必須透過網路介面卡的 MAC「位址解析通訊協定」（Address Resolution Protocol, ARP）進行廣播，增加網路流量且沒有效率；IPv6 則是使用網路芳鄰找尋（Neighbor Discovery），可以透過 ICMP 第六版 ICMPv6 來進行更有效率的多點傳送與單點廣播訊息。

基本上，IPv6 的出現不僅解除 IPv4 位址數量之缺點，更加入許多 IPv4 不易達成之技術，兩者的差異可以整理如下表：

特性	IPv4	IPv6
發展時間	1981 年	1999 年
位址數量	$2^{32} = 4.3 \times 10^9$	$2^{128} = 3.4 \times 10^{38}$
行動能力	不易支援跨網段；需手動配置或需設置系統來協助	具備跨網段之設定；支援自動組態，位址自動配置並可隨插隨用
網路服務品質	QoS 支援度低	表頭設計支援 QoS 機制
網路安全	安全性需另外設定	內建加密機制

7-1-2 IPv6 位址表示法

IPv6 將 128 位元拆成 8 段 16 位元，每段以十六進位數字（就是 0 ～ F）做計算，每段以冒號（：）隔開。IPv6 的表示方法整理如下：

- 以 128 Bits 來表示每個 IP 位址
- 每 16 Bits 為一組，共分為 8 組數字
- 書寫時每組數字以十六進位的方法表示
- 書寫時各組數字之間以冒號「：」隔開

例如：

⬆ IPv6 的 IP 位址表示法

因此 IPv6 的位址表示範例如下：

2001：5E0D：309A：FFC6：24A0：0000：0ACD：729D

3FFE：0501：FFFF：0100：0205：5DFF：FE12：36FB

21DA：00D3：0000：2F3B：02AA：00FF：FE28：9C5A

相對於 IPv4 表示法（192.168.XXX.XXX）複雜許多，為方便而制訂的簡寫規則如下：

- 每段若全為 0，即可簡寫為 0，例如：0000 簡化為 0
- 每段若開頭為 0，即可省略，例如：000D 簡化為 D
- 若連續好幾段皆為 0000，則省略為雙冒號：：，但此簡寫方式只能出現一次

例如：

AFDC：0000：0001：008C：0000：0000：0000：053D

簡化為：

AFDC：0：0001：008C：：0000：053D

在 IPv6 位址 128 個位元的前面 N 個位元稱為類型首碼（Type Prefix），用來定義 IPv6 位址的類型，至於類型首碼佔用多少位元則視 IPv6 位址的類型而定，我們可以在 IPv6 位址後面以斜線方式加上類型首碼長度的位元數，也可以和之前所介紹的 IPv6 縮寫方式一併使用，例如底下的 IPv6 位址的類型首碼長度為 5 位元：

CD12：BA88：：1212/5

而這種 IPv6 位址表示格式則稱為首碼表示法：「IPv6 位址 / 首碼長度」，即在 IPv6 位址後面以斜線方式加上類型首碼長度的位元數。

7-2│IPv6 位址的分類

在之前的章節中，我們可以得知由於 IPv4 的 IP 位址採取 A、B、C 的類別階層來區分 IP 位址，結果反而造成相當多的 IP 位址浪費，而不得不採取位元借位的方式來改善 IP 位址不足的發生。不過在 IPv6 中則改進這項問題，RFC 2373 中定義 IP 定址的方法，在 IPv6 中定義三種位址：單一播送（Unicast）、群體播送（Multicast）、任一播送（Anycast）；特別注意的是，因為資安問題考量，IPv6 不再使用 IPv4 的廣播（Broadcast）方式來通訊，而是使用群體播送或者任一播送的方式取代廣播，以下我們畫出四種傳播方式的示意圖：

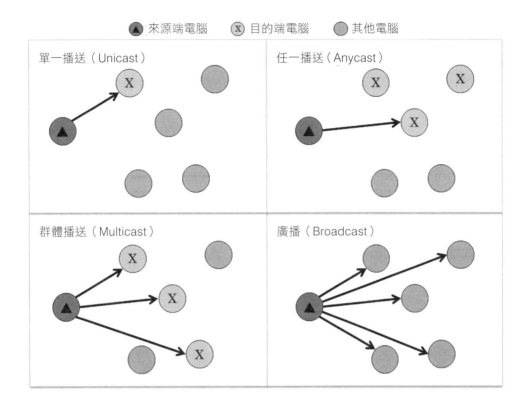

7-2-1 單一播送（Unicast）位址

單一播送位址標示一個網路介面，一個單點位址也只定義一台主機的位址，IPv6 的單一播送比照 IPv4 的單一播送傳送模式，用在單一節點對單一節點的資料傳送。可再區分成以下型態。

全域單播（Global Unicast）位址

由 IANA 統一分配，是用來連上 Internet 的位址，最前面的 3 個 bits 固定是 001 不變，子網路位址（Subnet ID）為 16 位元，介面位址（Interface ID）為 64 位元，如同 IPv4 的主機位址（Host Address），在全世界具有唯一性，位址是 2 或 3 開頭，其他節點不會有相同的位址。

001(prefix）		Subnet ID (16 bits)	Interface ID (64 bit)

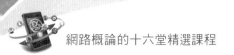

連結區域單點位址（Link-Local）

使用於一個不對外連結的區域網路，格式前置碼為 10 位元的 1111111010，所以是以 FE80 開頭，中間至 54 個位元全部為 0，剩下的 64 位元用作介面位址（Interface ID），相當於 IPv4 的主機位址。Link-Local 位址僅在一個特定的網路區段使用（同一個子網路中），不可被繞送到其他連結或網際網路上，功用如同 IPv4 的 APIPA 位址（169.254.X.X），可用「FE80::/10」泛指這部分的位址。如下圖所示：

1111111010	0 (54 bits)	Interface ID (64 bit)

站台區域單點（Site-Local）位址

相當於 IPv4 協定的私有網路，數個網路相互連結，但不與 Internet 連結，格式前十位元為 1111111011，接下來 38 位元全部為 0，接著 16 位元為子網路位址，64 位元為介面位址，所以位址是以 FEC0 開頭，可用「FEC0::/10」泛指這部分的位址，如下圖所示：

1111111011	0 (38 bits)	Subnet (16 bits)	Interface ID (64 bit)

內含 IPv4 的 IPv6 位址（IPv4-Compatible）

為了顧及現有的 IPv4 架構，新的 IPv6 定址中定義了內含 IPv4 位址的 IP 位址，沒有前置碼與介面位址，尾端用來填入 32 位元的 IPv4 位址，其他前面的 96 位元全部為 0，例如 192.168.0.219，在 IPv6 的定址中轉換方式，如下圖所示：

```
192        168        0          219                      十進位表示法
11000000  10101000  00000000  11011011                   二進位表示法
C0A8                 00DB                                 轉換
0000：0000：0000：0000：0000：0000：C0A8：00DB      IPv6 十六進位表示法
0：：C0A8：00DB                                       IPv6 縮寫表示法
```

當兩台使用 IPv6 的電腦要進行資料傳送，但是中間可能經過數個使用 IPv4 的網路，就會採取以上的定址方式。

保留位址

在 IPv6 中定義了兩個保留的位址，第一個是 0：0：0：0：0：0：0：0：0，這是一個未指明的位址（unspecified address），不能指定給任何主機當作來源位址來使用，也不能當作目的位址來使用；另一個保留的位址是 0：0：0：0：0：0：0：1，這是一個 loopback 位址，相當於 IPv4 中的 127.0.0.1。

7-2-2　群體播送位址（Multicast）

一個群體播送位址定義出一群主機，可以是同一個網路或是不同的網路，群體播送會標識一組接收位址，指定為群體播送的封包會傳送到群體播送指定接收的所有位址。Multicast 前 8 bits 為首碼，內容為「11111111」，最後 112 bits 為「群組位址」（group ID），通常以 FF 開頭之位址即是。

11111111	Flag (4 bits)	Scope ID (4 bits)	群組位址 (112 bits)

7-2-3　任一播送位址

任一播送位址（Anycast）是 IPv6 新增的資料傳送方式，可說是 IPv4 的單一播送與多點群播的綜合。任意點位址只能當作目的位址使用，而且只能使用於路由器，一個任意點位址定義出一群主機，其位址有相同的格式前置碼，一個任意點位址的封包可以在任意兩台主機之間進行傳送，並會根據路由表之判斷，傳送給距離最近或傳送成本最低的接收位址。這種方式的前置碼長度不固定，但前置碼以外都是 0，可以指派給多個網路卡，不過每個網路卡傳送 Anycast 時，只傳給距離最近的一個節點。任一播送位址的首碼位址長度不固定，且首碼之外的位元為 0。

Prefix (N bits)	0 (128-N) bits

7-3 | IPv6 封包結構

沿襲了 IPv4 封包，IPv6 封包也是由表頭（Header）和承載資料（Payload）所組成。封包表頭記錄版本、位址、優先權、路由和資料長度資訊，長度固定為 40 位元組（Byte）；承載資料則負責載送上層協定（TCP 或 UDP）的封包，最長可達 65535 個位元組。

IPv6 在表頭上有特別的設計，以往 IPv4 表頭包括所有選項，因此在傳送過程中，路由器必須不斷檢查表頭中的所有選項是否存在，若存在則進行處理。這樣重複檢查就降低了 IPv4 封包傳送的效能。而 IPv6 表頭設計，傳輸和轉寄等選項皆定義在擴充標頭（Extension Header）中，改善了封包傳送的表頭處理速度。

Header	Extension Header	Payload

我們先來看看基本表頭的部分，在封包傳送的過程中，表頭決定了路由所需的相關設定；相較於 IPv4 表頭，IPv6 表頭簡化或取消以下幾個在 IPv4 的 Header Length、Service Type、Identification、Flags、Fragment Offset、Header Checksum 欄位，IPv6 表頭結構如下：

IP Version Number (4 Bits)	Traffic Class (8 Bits)	Flow Label (20 Bits)
Payload Length (16 Bits)	Next Header (8 Bits)	Hop Limit (8 Bits)
Source Address (128 Bits)		
Destination Address (128 Bits)		

中文圖示說明如下：

版本	載運類別	流量標籤
承載資料長度	下一個表頭	跳越點限制
來源位址		
目的位址		

- 版本（**Version**）：長度為 4 Bits，定義 IP 協定版本，對 IPv6 而言此欄位值為 6。

- 載運類別（**Traffic Class**）：資料流優先權，長度 8 位元；表示封包的類別或優先權，如同 IPv4 的 TOS（服務類型）的功能。

- 流量標籤（**Flow Label**）：長度 20 位元；用來識別資料封包是否屬於同一個資料流，並讓路由器辨識該以什麼方式傳遞封包。

- 承載資料長度（**Payload Length**）：承載資料的長度，長度 16 位元。數值為無號整數，紀錄 Payload 資料段位元組數量（不含主表頭所佔的 40 bytes）。

- 下一個表頭（**Next Header**）：上層協定類型宣告，長度 8 位元，定義 IP 封包接下來的表頭，可能是上一層通訊協定表頭或延伸表頭。常見的是 TCP（代碼 6）或 UDP（代碼 17），此欄位使用跟 IPV4 標頭中的 Protocol 欄位相同的代碼。

- 跳躍點限制（**Hop Limit**）：長度為 8 Bits，設定封包存活時間（所經過的路由器），相當於 IPv4 中的 TTL 欄位，以避免封包永遠存活，封包每經過一台路由器，數字就減 1，一旦減到了 0，路由器便不再傳送該封包。

- 來源位址（**Source Address**）：長度為 128 Bits，記錄封包來源位址。

- 目的位址（**Destination Address**）：長度為 128 Bits，記錄封包目的位址。需要注意的是，只有封包型態為單一播送（Unicast）時才能作為來源位址，群體播送（Multicast）與任一播送（Anycast）則不適用。

綜合以上幾點，我們將 IPv6 與 IPv4 拿來做個比較，可以得知有三個欄位重新命名，但意義相同：

- 長度（**Length**）：以承載資料長度（Payload Length）取代。

- 協定種類（**Protocol Type**）：重新命名成「下一個表頭」（Next Header）。

- 存活時間（**Time to live**）：以跳躍點限制（Hop limit）取代。

IPv6 取消了以下幾個欄位的使用：

- IP 表頭長度（Header Length）
- 服務型式（Service Type）
- 識別（Identification）
- 旗標（Flags）
- 區段移補（Fragment offset）
- 表頭加總檢查碼（Header Checksum）

此外，IPv6 增加兩個欄位，以支援資料流量控制要求：

- 優先權（Priority）
- 流量標籤（Flow Label）

7-4 | 自動設定（Auto Configuration）功能

針對本章節先前提到有關 Ipv6 的自動配置（Auto Configuration）再做說明；自動設定機制可以簡化主機 IP 位址的設定，包括了全狀態自動配置（Stateful）及無狀態自動配置（Stateless）兩種。

7-4-1 全狀態自動配置

IPv6 延續了 IPv4，利用 DHCP 技術來達到電腦的 IP 與相關組態設定之全狀態自動配置（Stateful Auto Configuration），也就是由 DHCP 伺服器進行位址核發，DHCP v6 伺服器會自動指派 128 位元的 IP 及相關組態給每一部電腦，此種自動化配置服務稱為全狀態自動配置。

7-4-2 無狀態自動配置

無狀態自動配置機制（Stateless Address Auto Configuration, SLAAC）是 IPv6 通訊協定才有的功能，不需利用 DHCP 伺服器，只要把裝置接上網路，網段的路由器就會自動配發 IP 給這部裝置，立即就可上網。以下將說明無狀態自動配置機制（SLAAC）取得 IPv6 位址之流程如下：

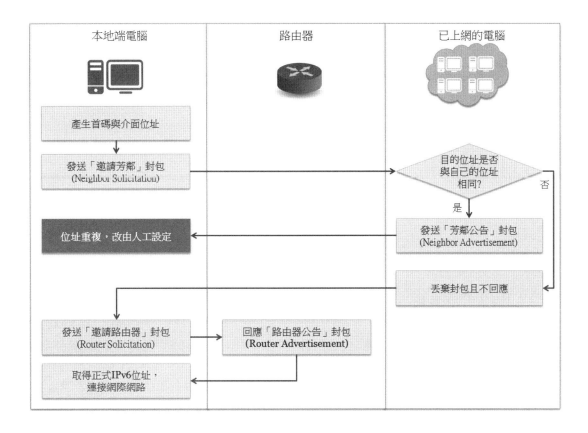

1. **產生首碼與介面位址**：本地端電腦會先產生首碼與介面位址作為 IPv6 位址，首碼是以 FE80 開頭的 Link-Local IPv6 位址，此為自動配置過程中暫時使用的首碼。到了後續步驟，電腦會從路由器或得正式首碼並取代 FE80。另外，介面位址 EUI-64（Extended Unique Identifier）是 IEEE 制訂的新 MAC 位址格式，在自動配置的過程中，會根據 48 位元的 MAC 位址產生 EUI-64 位址（將主機採用的 48 bits MAC 位址中間加入 0xFFFE 成為 64 bits），再將 EUI-64 位址轉換為 IPv6 的介面位址。完成後，代表本地端電腦已擁有暫時 IPv6 位址。

2. **確認網路上是否有重複的位址**：本地端電腦隨即發送出邀請芳鄰（Neighbor Solicitation）封包，透過路由器給已經上網的電腦，在 IPv6 環境下收到邀請芳鄰（Neighbor Solicitation）封包的電腦，根據該封包的目的位址可得知自己是否為被邀請的對象。若是則回應芳鄰公告（Neighbor Advertisement）封包給對方；若自己不是被邀請的對象則丟棄該封包。這種偵測 IPv6 位址是否被重複使用的動作稱為 DAD（Duplicate Address Detection，重複位址偵測）。

3. 請求正式位址：本地端電腦發送邀請路由器（Router Solicitation）封包給同網段的路由器，路由器收到後回應路由器公告（Router Advertisement）封包，在路由器公告封包裡即包含首碼和預設閘道（Default Gateway）資訊；其中首碼用來取代原本暫時的 FE80，便產生了正式的 IPv6 位址，用來連接網際網路。

7-5 | IPv4 轉換為 IPv6

　　IPv6 雖擁有多項優勢，但目前 IPv4 若要轉換至 IPv6 網路環境，則因彼此間封包設計的差異性，須導入移轉機制以進行互通作業，目前主流的轉換技術有雙堆疊（Dual Stack）、通道（Tunneling）、轉換（Translation）等，以確保轉移過程能持續提供 IPv4 與 IPv6 間之網路互通服務，降低移轉期間對網路環境運作之衝擊。IPv4 和 IPv6 的轉換並非一蹴可及，就如同之前電腦 32 位元和 64 位元轉換的陣痛期一樣，也可能因為某些因素，目前 IPv4 的設備並無法完全汰換掉，就必須和 IPv6 之間相互轉換，以達到 IPv4 和 IPv6 的相容。

7-5-1　雙堆疊（Dual Stack）

　　是在同一網域內同時具備 IPv4 及 IPv6 通訊協定，讓原本使用 IPv4 位址的電腦直接使用 IPv6 位址；只要電腦或是網路上的路由器同時支援 IPv4 和 IPv6 即可，每個裝置會同時擁有 IPv4 和 IPv6 位址，兩種網路同時並存卻又不相互干擾。但也因為如此，路由器必須同時處理 IPv4 及 IPv6 封包，效能也就下降了。

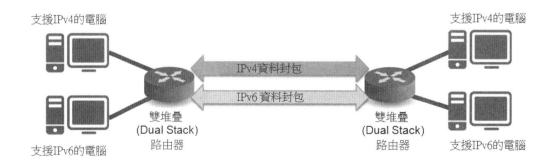

7-5-2 通道（Tunneling）

此作法是把 IPv6 的封包再加上一層 IPv4 的表頭即可，也就是可以將 IPv6 的封包裝在 IPv4 的表頭（Header）內，使這些封包能夠經由 IPv4 的路由架構傳送。讓兩端的電腦能以 IPv6 協定互通；適用於兩端支援 IPv6，中間網路節點只支援 IPv4 的情況。在純 IPv4 環境下使用者，便需透過此法與某個提供此服務的伺服器建立 IPv6 通道，之後便可連上 IPv6 網路。我們可以在 IPv4 表頭的網路協定部分，寫入 41 這個數值，只要路由器看到網路協定欄位為 41，就知道這個 IPv4 封包裡裝著 IPv6 的東西，才把 IPv4 表頭拆掉，這就好像通過遂道的方式，不過在封裝和解封裝的步驟進行時，會對網路裝置增加額外的運算負擔。

7-5-3 轉換（Translation）

由於 IPv6 的封包格式與 IPv4 不同，因此為了使 IPv6 可以繼續使用 IPv4 網路的各種服務，IPv4 與 IPv6 的封包必須互相轉換才能達成。這種作法稱為 NAT-PT，與 IPv4 的網路位址轉換（NAT）機制類似，將公有 IP 和私有 IP 做轉換，以便內部網路和網際網路的電腦能夠互通有無；不同的是，NAT-PT 是將 IPv4 及 IPv6 的表頭相互轉換，不過在 NAT-PT 的轉移時，須明確告知設備是由 IPv4 轉換 IPv6 亦或 IPv6 轉換為 IPv4。前述的雙堆疊與通道方式，都僅能使 IPv6 封包被正確傳送，但使用這兩種協定的電腦還是無法互相通訊；唯有經過 NAT-PT 轉換後，使用 IPv4 的電腦才能夠和使用 IPv6 的電腦互相通訊。

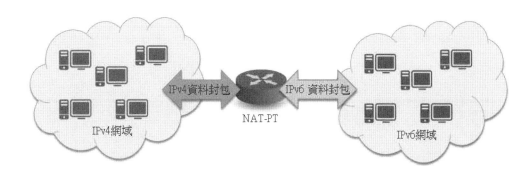

MEMO

08
CHAPTER

認識 DNS

今日的網路世界中，IP 位址提供了網路裝置連接至網路所必須的邏輯位址，由於 IP 位址是由一連串的數字所組成，但是這樣的數字並不適宜人類記憶。為了方便 IP 位址的記憶與使用，於是想出了在連線指定主機位址時，直接以實際的英文縮寫名稱來取代 IP 位址的使用。例如使用類似 www.zct.com.tw 這樣的「網域名稱」（Domain Name），您就可以得知這是用來連接至榮欽科技的網站。

⬆ 榮欽科技官網

8-1 | DNS 簡介

我們來請教各位一個顯而易見的小問題，如果各位讀者想連上台灣大學的全球資訊網服務，請問以下兩種位址指定方式哪種您較容易記憶？

- 140.112.8.130
- www.ntu.edu.tw

後者的網址指定方式就稱為「網域名稱」（Domain Name），它的解讀方式是由後面往前面，皆以英文縮寫來加以代表，「tw」代表台灣地區，「edu」代表教育單位，「ntu」代表台灣大學的英文名稱縮寫，「www」則表示此網站所提供的是全球資訊網服務，這樣的名稱不僅具有實質意義而且容易記憶，不過要將這個名稱轉換為實際的 IP 位址，就必須透過 DNS 伺服器（Domain Name Server, DNS）的轉換，在今日的網際網路上，有相當多提供這種服務的伺服器正在運作。

8-1-1 完整網域名稱（FQDN）介紹

為了表示網際網路上的一個主機位址，我們通常會以所謂的「完整網域名稱」（Fully Qualified Domain Name, FQDN）來表示。它主要由「主機名稱」、「網域名稱」及「.」符號所組成，如果名稱不包括這個「.」，則稱為「部分完整網域名稱」（Partially Qualified Domain Name, PQDN），以下列出 FQDN 與 PQDN 的差別：

www.zct.com.tw.   FQDN（以 . 作為結束）
www.zct.com.tw   PQDN（沒有 . 作為結束）

就拿「www.zct.com.tw.」（榮欽科技）這個完整網域名稱網址來說，「www」表示 web 伺服器的主機名稱；而「zct」、「com」和「tw」都表示 web 伺服器所在的網域名稱（這是因為 DNS 採用階層式結構）。另外，在各個名稱的後面必須加上「.」符號，如此才算是一個完整網域名稱。

各位可能立刻會有一個疑問，最後一個「.」是做什麼用的？這個「.」代表 DNS 架構中未命名的「根網域」（Root Domain），在各個名稱的後面必須加上「.」符號，才算是一個完整網域名稱。我們平時輸入網址名稱並不會輸入「.」，因為網路應用程式通常會適時為我們補上，而成為一個 FQDN；一個 FQDN 包括「.」最長不得超過 255 個字元，而且主機名稱或網域名稱也不得超過 63 個字元。

這樣的作法在早期網際網路上整個連結的電腦數目還相當的少，在 DNS 還沒出現之前就已經在使用，當時是由史丹福研究協會（Stanford Research Institute, SRI）所提出的單層名稱空間，作法就只是在電腦中編輯一個 Host 檔案（Host file），包括了電腦 IP 位址與名稱，每台電腦如果要作 FQDN 名稱與 IP 位址的對照，就必須擁有自己的 Host 檔案。它的格式如下所示：

140.112.8.130 www.ntu.edu.tw.

每台連上網路的電腦如果要將電腦名稱解析為 IP 位址，就必須下載這個檔案，若要新增電腦名稱，必須通知 SRI 更新檔案，再重新下載新版本的檔案並加以更新，這個方法如果放在現有的網路規模來看，會發現以下兩個問題：

1. 名稱重覆與版本問題：非階層式的檔案管理方式，隨著主機數目的增加，名稱重覆的問題將無可避免。而且如果有新增或刪除電腦名稱，所有的電腦都必須更新檔案，容易發生版本不一的問題。

2. 耗費網路資源：每次更新檔案之後，所有的主機都必須下載更新後的檔案，以今日的電腦主機數量之驚人來看，勢必耗費驚人的網路資源。

為瞭解決以上幾個問題，在後來網路的發展過程中提議以階層式的名稱管理方式來管埋電腦名稱，在 RFC 1034 與 RFC 1035 中描述了今日所使用的 DNS 服務，它採取分散式資料庫的方式來儲存電腦名稱與 IP 位址對應，網路上的所有電腦都可以向 DNS 伺服器查詢以獲得 IP 位址對照。

8-1-2 網域名稱

我們知道網路上辨別電腦節點的方式是利用 IP Address，而一個 IP 共有四組數字，很不容易記，因此我們可以使用一個有意義又容易記的名字來命名，這個名字我們就叫它「網域名稱（Domain Name）」。「網域名稱」的命名方式，是以一組英文縮寫來代表以數字為主的 IP 位址。而其中負責 IP 位址與網域名稱轉換工作的電腦，則稱為「網域名稱伺服器」（Domain Name Server, DNS）。這個網域名稱的組成是屬於階層性的樹狀結構。網域名稱共包含有以下四個部分：

主機名稱 . 機構名稱 . 機構類別 . 地區名稱

例如榮欽科技的網域名稱如下：

以下網域名稱中各元件的說明：

元件名稱	特色與說明
主機名稱	指主機在網際網路上所提供的服務種類名稱。例如提供服務的主機，網域名稱中的主機名稱就是「www」，如 www.zct.com.tw，或者提供 bbs 服務的主機，開頭就是 bbs，例如 bbs.ntu.edu.tw。
機構名稱	指這個主機所代表的公司行號、機關的簡稱。例如 zct（榮欽科技）、微軟（microsoft）。
機構類別	指這個主機所代表單位的組織代號。例如 www.zct.com.tw，其中 com 就表示一種商業性組織。
地區名稱	指出這個主機的所在地區簡稱。例如 www.zct.com.tw（榮欽科技的網站），這個 tw 就是代表台灣）。

　　每一個網域名稱都是唯一的，不能夠重覆，因此每一個網域名稱都需要經過申請才能使用，國際上負責審核網域名稱的單位是「網際網路名稱與號碼分配組織（Internet Corporation for Assigned Names and Numbers，簡稱 ICANN）」，在我國負責的單位是「財團法人台灣網路資訊中心（Taiwan Network Information Center，簡稱 TWNIC）」。

https://www.twnic.net.tw/index4.php

TWNIC 提供許多不同網域名稱的申請，包括：「.tw」、「com.tw」、「net.tw」、「org.tw」、「idv.tw」、「game.tw」、「ebiz.tw」、「club.tw」、「中文.台灣網站」，您可以查看底下的網頁內容查查您心中的網域名稱被登記了沒，以進一步選擇申請適合您或貴公司的網域名稱。

https://www.twnic.net.tw/dnservice.php

至於如何快速、正確的申請域名，可以參考台灣網域註冊管理中心的頁面說明：https://www.taiwandns.com/domain/check.php

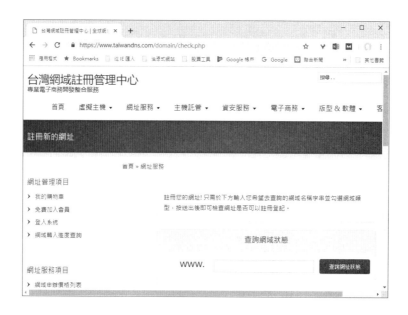

8-2 DNS 架構說明

當主機以 FQDN 對 DNS 伺服器要求對照 IP 位址時，這個動作稱之為「正向名稱查詢」（Forward Name Query），而 DNS 伺服器進行查詢的動作就稱之為「正向名稱解析」（Forward Name Resolution）。今日網路上的主機數量簡直多如過江之鯽，如果將所有的查詢工作交由一台 DNS 伺服器來負責，對伺服器來說，絕對是個很大的負擔，並且用戶端也需要花費很的多時間來等待查詢。萬一這台主機故障，那豈不是要害得所有的電腦都無法連接到各主機。因此 DNS 是由許多的網域所組成，在建構時是採取階層式的管理方式，結構中每一個節點代表一個「標籤」（Label），標籤當中包括了一個「網域名稱」（Domain Name）。

「網域」（Domain）是表示 DNS 樹狀架構中的一顆子樹，每個節點都可以定義一個網域，每個網域下又可以分作數個子網域。目前 DNS 的階層架構基本上分為四個層次：根網域（Root Domain）、頂層網域（Top Level Domain）、第二層網域（Second Level Domain）與主機（Host），說明如下：

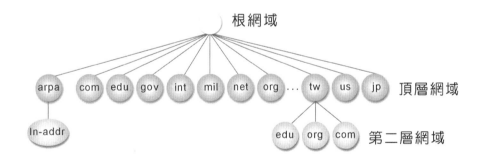

8-2-1 根網域

根網域（Root Domain）為 DNS 最上層未命名的網域，也就是一個空字串，當下層的 DNS 無法對照某個名稱時，可尋求根網域的協助，它會由上往下找尋主機名稱，如果該主機確實有登記，就一定找得到相對應的 IP 位址。網際網路上目前有 13 個根伺服器，根網域伺服器以英文字母 A 到 M 依序命名，根伺服器被廣泛的分散，其名稱為A.ROOT-SERVERS.NET 到 M.ROOT-SERVERS.NET，它儲存了頂層網域的相關資訊。

8-2-2 頂層網域（Top Level Domain）

DNS 是採取樹狀階層式的網域名稱空間（Domain Name Space）來管理所有的電腦名稱，每個分支或節點都代表一個已命名的網域，頂層網域如果從橫的方向來看，可以分為「國家網域」、「一般網域」與「反向網域」如下圖所示：

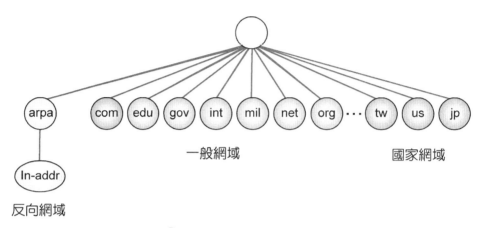

🔼 DNS 的橫向區分圖

兩個字元的網域名稱稱之為「國家網域」，以國家名稱為主，也稱為 ccTLD（country code TLD），主要是根據 ISO 3166 中所制定的「國碼」或「地理網域」來區分，例如美國是「us」，台灣是「tw」，唯一的例外是英國，以「uk」作為頂層網域名稱。常用的國家網域名稱如下：

地區名稱代號	國家或地區名稱
at	奧地利
fr	法國
ca	加拿大
be	比利時
jp	日本

三個字元的網域稱為「一般網域」或「通用網域」，也稱之為 gTLD（Generic Top Level Domain），主要以組織的性質來作為命名的方式，所以又稱為「組織網域」（Organization Domain）。一般網域則是依組織的性質來區分，包括了商業組織（com）、教育單位（edu）、政府機關（gov）、網路機構（net）等等。下圖所顯示的只是最初所訂立的七個領域名稱，這部分的名稱必須經由 ICANN 通過，才能夠合法使用，

而 ICANN 也會視實際需要提出一些新的名稱,隨著時代的演進,還陸續增加許多新的名稱。常用的機構類別與地區名稱簡稱如下:

名稱	說明
com	商業組織,例如 www.amazon.com。
edu	教育單位,例如 www.nyu.edu。
gov	政府機構,例如 www.fbi.gov。
int	國際組織,例如 www.nato.int。
mil	美國軍事組織,例如 stinet.dtic.mil。
net	網路管理、服務機構,例如 www.internic.net。
org	財團法人、基金會等非官方機構,例如 www.wto.org。

反向網域

反向網域主要是用來以 IP 位址反向查詢網域名稱;在有些情況下,主機會需要以 IP 位址來反查詢主機的網域名稱,這個動作稱之為「反向名稱查詢」(Reverse Name Query),而伺服器回應查詢的動作就稱之為「反向名稱解析」(Reverse Name Resolution)。

它可以指定 IP 位址來取得主機所對應的名稱,在查詢時採用與一般查詢相同的訊息格式,所不同的是所查詢的是一個「反向指標詢問」記錄。在主機名稱被建立之後,在「arpa」頂層網域下的「in-addr」網域,會有一份相對應的 IP 位址,也就是它是從 arpa(起源於 ARPANET)這個頂層網域開始,而第二個節點為 in-addr,表示反向位址,接下來的階層是網路識別碼、主機識別碼。以 130.8.112.140 為例,它的對應架構如右圖所示:

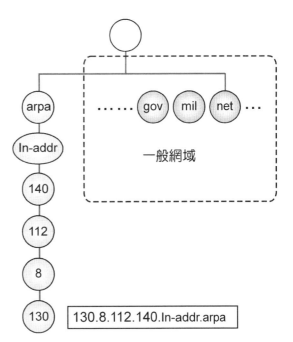

當進行逆向查詢時,名稱由架構中的最底層開始寫起,所以所得到的名稱為 130.8.112.140.in-addrarpa。

8-2-3　第二層網域（Second Level Domain）

第二層網域分別屬於各自的頂層網域管理之下，例如在台灣地區下也會有政府機構、商業組織等主機網站，而以「org.tw」、「com.tw」來加以命名，這一層網域下的名稱開放給所有的使用者申請，但是名稱不得重覆，也是 DNS 系統中最重要的部分，例如「drmaster.com.tw.」或「pchome.com.tw.」。雖然網域名稱可以自行命名，但是限制同一網域內不得有相同的名稱，必須是唯一且不能重複的網域名稱，在台灣是由「台灣資訊網路中心」（http://www.twnic.net.tw/）加以管理。

8-2-4　主機

主機（Host）屬於第二層網域之下的名稱，使用者可以向各個網域的管理者申請所需的主機名稱，或繼續往下區分為更多網域，網路管理人員可以自行規劃與命名，但同一網域內的主機名稱仍不得重覆，網域名稱最多不得超過 255 個字元。例如「www.abc.com.tw.」或「mail.abc.com.tw.」等，只要在同一個網域內的主機名稱不要重複就可以了，如果還有需要的話，還可以自行劃分子網域。例如在「zct.com.tw.」這個網域下，還可以劃分出子網域名稱給各部門使用，就像劃分出子網域「sales.zct.com.tw.」，如果在此子網域下有台主機名稱為 justin，則該主機的 FQDN 就是「jusin.sales.zct.com.tw.」。

8-3 | DNS 區域管理

在 DNS 的樹狀架構中，雖然每一個節點都有 DNS 伺服器來負責該網域的網域名稱對照，但是實際上 DNS 伺服器並不是以網域為單位來進行管理，而是以「區域」（Zone）為實際的管理單位，簡單來說，區域才是 DNS 伺服器的實際廣轄範圍。「區域」（Zone）的觀念與「網域」略有不同，「區域」是每個 DNS 伺服器真正管理的範圍，簡單的說，它可以視為 DNS 伺服器所管理下一層主機範圍，並沒有下一層子網域。當節點以下不再劃分子網域時，區域大小就等於網域大小，換言之，區域可能小於或等於網域，但絕不能大於網域。如下圖所示：

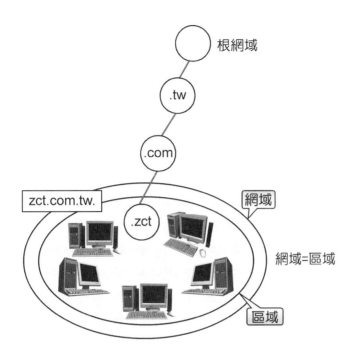

在劃分區域管理的時候，兩個區域間必須是互相「連續」（Contiguous），連接上下層且鄰接的節點，如果沒有連續與上下層隸屬關係的網域，就不能劃分為同一個區域來加以管理。如下圖所示：

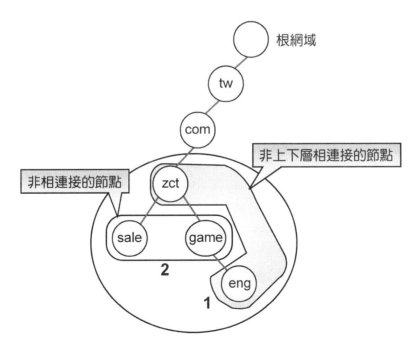

左邊區塊 2 非上下層隸屬關係與右邊區塊 1 沒有連續，所有兩者都不能形成一個區域。

8-3-1 DNS 伺服器種類

一個網域中的資訊被分為多個「區域」（Zone）單元，它是 DNS 的主要複製單位，每個區域必須由一個伺服器加以管理。為了避免 DNS 伺服器故障導致無法進行名稱解析的動作，一個區域的資料可以由多部 DNS 伺服器來維護，這些伺服器按照功能來區分，主要可以分為：「主要名稱伺服器」（Primary Name Server）、「次要名稱伺服器」（Secondary Name Server）與「快取伺服器」（Cache Only Server）。

主要名稱伺服器

主要名稱伺服器（Primary Name Server）是負責管理區域內所有電腦名稱，並且記錄在「區域檔案」（Zone File），它是其他名稱伺服器的資料來源，一個區域內只能有一台唯一的主要名稱伺服器。當以後這個區域內的對照資料有所異動時，也會直接更動此檔案中的內容，以保持最新狀態。另外，在這個檔案中的對照資料內容，也會提供給區域內其他次要名稱伺服器來進行複製。

次要名稱伺服器

通常為了安全性與效能上的考量，每個區域中除了主要伺服器之外，至少會有一個次要伺服器。次要名稱伺服器（Secondary Name Server）主要的工作就是定時向主要名稱伺服器進行區域檔案的複製，並儲存為唯讀檔案，本身並不負責直接修改區域檔案，這個複製區域檔案的動作，稱為「區域傳送」（Zone Transfer）。通常為了避免主要名稱伺服器故障而導致整個網路的 DNS 無法運作，會設定一台或一台以上的次要名稱伺服器，在主要名稱伺服器故障時，網路內的主機還可以向次要名稱伺服器要求查詢，必要時次要名稱伺服器也可以改變地位而成為主要名稱伺服器。

快取伺服器

快取伺服器（Cache Only Server）本身並不管理任何的區域，它的作用有點類似 Proxy 伺服器，當使用者向它提出查詢要求時，它會向指定的 DNS 伺服器進行查詢，除了將查詢結果傳回給使用者之外，會在自己的 Cache 內留有一份備份，下次若有相同的查詢，就可以在「快取」單位中找到，而不用再向其他伺服器尋求支援。

快取伺服器雖然方便，不過因為它本身尚未建立區域檔案來儲存這些對照資料，所以當伺服器關機時，會將快取資料全部清除。在快取伺服器使用的初期，由於每次查詢

都需要指定的 DNS 伺服器支援,所以在查詢效率上較為緩慢。例如兩間公司位於南北兩端,並屬於同一個區域,主要名稱伺服器位於北部,次要名稱伺服器位於南部,則每次進行區域傳輸時勢必耗費不少的頻寬,此時南部公司若能採用快取 DNS 伺服器,就不用耗費頻寬在區域傳輸上。

8-4 | DNS 查詢運作原理

例如當各位在瀏覽器的網址列上輸入網站的 FQDN 時,這時候作業系統會對此 FQDN 進行網域名稱與 IP 位址的解析,或者進而向指定的 DNS 伺服器來查詢。過程如下圖與說明所示:

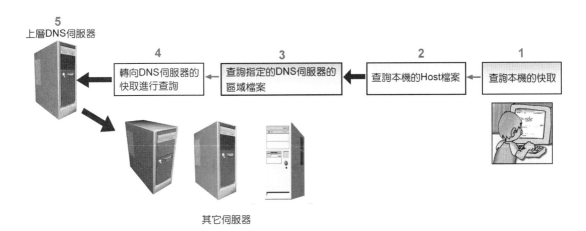

1. 使用者向區域的 DNS 伺服器發出查詢要求,為了避免每次連接上其他主機時,都要向 DNS 伺服器進行查詢,解析程式本身會先進行檢查本機快取的動作,如果有找到對應的 IP 位址就傳給瀏覽器,否則繼續進行下一步的查詢動作。

2. 如果在本機快取中找不到對照資料的話,接著會在本機上的 Host 檔案(Host File)中查詢。如果在本機的 Host 檔案中找到對應的資料,直接將查詢結果傳回給瀏覽器,並在作業系統的快取中留下一份資料。如果還是找不到,則繼續向本機指定的 DNS 伺服器進行查詢。

3. DNS 伺服器會先檢查這個 FQDN 是否為管轄區域內的網域名稱,如果是就查詢區域檔案中的對照資料,並將查詢到的資料傳回用戶端。如果查詢不到,或者根本不是該 DNS 所管轄的區域,則繼續進行下一步驟的查詢。

4. 在區域檔案內找不到對應的資料，則會轉向 DNS 伺服器的快取查詢，看看是否有先前查詢過的紀錄。如果有查詢到對應的 IP 位址，就會在回應的訊息上加註記號，以告知用戶端這個記錄是來於伺服器的快取，而不是區域檔案中的內容。如果還是沒有找到，則會轉向上層伺服器或其他指定的伺服器來查詢。

5. 如果上面的步驟都查詢不到對應的資料，那麼 DNS 伺服器會轉向上層的 DNS 伺服器來查詢，進入伺服器與伺服器間的查詢。因此也有可能會逐層轉送到根網域。不過有些 DNS 伺服器設定有「轉送程式」，不會將查詢轉給上層伺服器處埋，而是轉給其他指定的伺服器。

 TIPS 雖然我們可以往上層的 DNS 伺服器或根伺服器進行查詢，但是為了時間、頻寬等效率上的考量，也可以直接設定「轉送程式」（Forwarder）來提供不同的選擇。當我們在區域中的 DNS 伺服器上查詢不到對照資料時，可以根據「轉送程式」，將查詢請求轉送到指定的 DNS 伺服器進行查詢。而這個伺服器通常具備較豐富的資料。如果還是查詢不到資料，這時候才會向根伺服器進行查詢，或是直接回報用戶端無法查詢的訊息。

8-4-1 遞迴查詢

如果每次要解析主機名稱與 IP 位址都必須向根網域進行查詢，不僅速度慢且耗費網路資源，於是採取分散式的資料庫管理。一般而言，當 DNS 用戶端向 DNS 伺服器提出 DNS 名稱解析時，大多會採用「遞迴查詢」（Recursive Query）的方式，一旦 DNS 用戶端向 DNS 伺服器提出「遞迴查詢」時，它的查詢方式是先判斷 DNS 伺服器本身是否有足夠的資訊能直接回答該查詢，如果有，就直接回應所解析的 IP 位址。萬一該 DNS 伺服器無法應付這項查詢，才會向上層的 DNS 伺服器進行查詢，只要查詢到 IP 位址對照後，再逐層回報每一層 DNS 伺服器，直至訊息回報給用戶端為止。

但是如果最終的結果，是連其他的 DNS 伺服器也無法解析這項查詢時，則會告知用戶端這項查詢失敗，找不到對應的 IP 位址。目前網際網路上有 13 個根伺服器，下層的 DNS 伺服器如果無法將名稱解析為 IP 位址時，就會向根伺服器查詢。

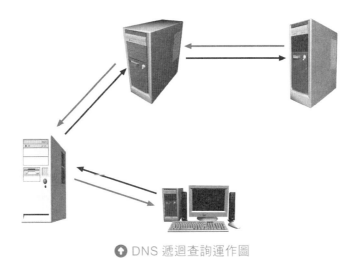

⬆ DNS 遞迴查詢運作圖

8-4-2　反覆查詢

「反覆查詢」（Iterative Query）主要被應用在伺服器與伺服器之間的查詢動作，如果是所查詢的資料不在伺服器本身的紀錄時，伺服器告知用戶端管轄該網域的 DNS 伺服器的 IP 位址，而由用戶端自行向該管轄網域的 DNS 進行查詢，每個 DNS 伺服器在查詢不到時都會告知上層 DNS 的位址，如此反覆查詢直到找到對應的位址為止，這種查詢方式就如果兩個人反覆對話般，一問一答，直到得到最後的 IP 位址或得到無法解析該網域名稱的回覆。如下圖所示：

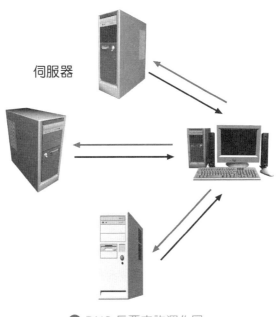

伺服器

⬆ DNS 反覆查詢運作圖

我們舉一個例子來說明，如果 DNS 用戶端向 DNS 伺服器提出 www.drmaster.com. tw. 的名稱解析時，如果指定的 DNS 伺服器並無法解析此網域名稱成 IP 位址，這個時候該指定的 DNS 伺服器就會向根網域 DNS 伺服器詢問是否有能力解析 www.drmaster. com.tw. 成 IP 位址？根網域 DNS 伺服器就會回答：這台主機在 .tw. 底下的網域，請向管轄 .tw. 網域的 DNS 伺服器查詢，並同時告知該指定的 DNS 伺服器管轄 .tw. 網域的 DNS 伺服器 IP 位址。

當指定的 DNS 伺服器收到這項回應訊息後，接著就會向管轄 .tw. 網域的 DNS 伺服器詢問是否有能力解析 www.drmaster.com.tw. 成 IP 位址，接著管轄 .tw. 網域的 DNS 伺服器就會回答：這台主機在 com.tw. 底下的網域，請向管轄 .com.tw. 網域的 DNS 伺服器查詢，並同時告知該指定的 DNS 伺服器管轄 .com.tw. 網域的 DNS 伺服器 IP 位址。

同樣地，當指定的 DNS 伺服器收到這項回應訊息後，接著就會向 .com.tw. 網域的 DNS 伺服器詢問是否有能力解析 www.drmaster.com.tw. 成 IP 位址，接著管轄 .com. tw. 網域的 DNS 伺服器就會回答：這台主機在 .drmaster.com.tw. 底下的網域，請向管轄 .drmaster.com.tw. 網域的 DNS 伺服器查詢，並同時告知管轄 .drmaster.com.tw. 網域的 DNS 伺服器 IP 位址。

以這樣的反覆查詢方式，指定的 DNS 伺服器繼續向 .drmaster.com.tw. 網域的 DNS 伺服器詢問是否有能力解析 www.drmaster.com.tw. 成 IP 位址，接著管轄 drmaster.com. tw. 網域的 DNS 伺服器就會回答，這台主機在 www.drmaster.com.tw. 底下的網域，請向管轄 www.drmaster.com.tw. 網域的 DNS 伺服器查詢，並同時告知管轄 www.drmaster. com.tw. 網域的 DNS 伺服器 IP 位址，當指定的 DNS 伺服器收到這項回應訊息後，又會向 www.drmaster.com.tw. 網域的 DNS 伺服器詢問是否有能力解析 www.drmaster. com.tw. 成 IP 位址，接著管轄 www.drmaster.com.tw. 網域的 DNS 伺服器就會將 www. drmaster.com.tw. 所對應的 IP 位址回報給該指定的 DNS 伺服器，如果經這樣的反覆查詢還是無法將 www.drmaster.com.tw. 解析成 IP 位址，就會告知該指定的 DNS 伺服器，找不到 www.drmaster.com.tw 的 IP 位址，以完成整個反覆查詢的流程。

8-4-3 資源記錄（Resource Record）

區域內所建立的資料，我們稱為資源記錄（RR, Resource Record），當各位建立一個區域時，DNS 伺服器會自動產生一個區域檔案，它會以所建立的區域名稱作為檔案名

稱，例如區域名稱為 zct.com.tw，則區域檔案名稱是「zct.com.tw.dns」，區域檔案的內容主要在提供以下幾個主要的資訊：

- 擁有者（Owner）
- 時間限定
- 類別（Class）
- 型態（Type）
- 特定記錄資料（Record-specific Data）

在資源記錄型態上可以區分出以下幾種常見的型態：

型態	說明
SOA	（Start of Authority，起始授權記錄）是資源紀錄檔案的第一筆紀錄，用來設定 DNS 名稱、管理者資訊、更新時間、序號等。
NS	此筆記錄用來設定管理此區域的 DNS 伺服器名稱，也就是紀錄伺服器的網域名稱與 IP 位址。「NS」代表 Name Server 的縮寫，如果此區域中有主要 DNS 伺服器與次要 DNS 伺服器，則可以同時設定在記錄中。
MX	郵件交換器（Mail Exchanger），此筆記錄就是用來設定多個郵件伺服器，一個區域中可以設定多部郵件伺服器，不過必須為它們分別加上優先順序的編號。數字代表使用伺服器的優先權順序，數字越小表示優先權越高，按照以上的說明，如果有人寄信給這個區域的使用者「just@zct.com.tw」，則 DNS 伺服器會告訴郵件伺服器將信件優先轉往「mail1.zct.com.tw」，若無法送達，再嘗試轉往「mail2.zct.com.tw」。
A	主要作用為設定主機名稱所對應的 IP 位址：「A」代表「位址」。
CNAME	CNAME（Canonical Name）表示別名設定，此筆記錄就是用來設定某一台主機相對應的別名，一台主機可以設定多個別名。
PTR	（Pointer，反向查詢指標）在 A 型態中可以設定主機名稱所對應的 IP 位址，而 PTR（Point）中正好相反，可以設定 IP 位址所對應的主機名稱，也就是「逆向查詢」。
HINFO	主機資訊（Host Information）用來設定主機軟硬體的相關資訊。

8-5 | DNS 封包內容與格式

　　DNS 封包主要用於用戶端與伺服器、或伺服器與伺服器之間的資料傳送，DNS 服務在 TCP / IP 模型中是屬於「應用層」（Application Layer），往下到達「傳輸層」（Transfer Layer）時是採取 UDP 協定進行封包傳遞，如果查詢的內容過多，可以使用 TCP 協定，不論使用 TCP 或 UDP 協定，通訊連接埠都是「53」。DNS 的封包除了標頭為固定的 12 位元組長度之外，其他的部分都是可變動的，會視實際需要而增減。如果只是向 DNS 進行查詢，就只會出現「查詢部分」（Question Section）的資訊。一個完整的 DNS 封包如下圖所示：

表頭 (Header)	查詢區 (Question Section)	回覆區 (Answer Section)	授權區 (Authority Section)	額外記錄區 (Additional Records Section)

12位元組　　　　　　　　　　　　　　　　長度不定

8-5-1　表頭部分

　　「表頭」（header）的總長度是 12 Bytes，其他就是所查詢或回覆資料的摘要資訊，也就是變動長度的部分的摘要內容，四個變動長度部分並不是每次都會出現，而是視實際需要來決定，如果只是向 DNS 進行查詢，就只會出現「查詢部分」（Question Section）的資訊。以下先看看 DNS 標頭的欄位內容，如下圖所示：

Query Identifier (16位元)	Flags (16位元)
Question Count (16位元)	Answer RR Count (16位元)
Authority RR Count (16位元)	Additional RR Count (16位元)

中文說明如下圖：

查詢編號，16 Bits	旗標，16 Bits	
問題數目，16 Bits	RR 答覆數目，16 Bits	表頭（Header），共 12 Bytes
RR 授權數目，16 Bits	RR 額外數目，16 Bits	

- 查詢編號（**Query Identifier**）：長度為 16 Bits，又稱之為 Query ID 或 Transaction ID，用來記錄 DNS 的封包編號，為用戶端在查詢封包發出前自動產生，DNS 伺服器回覆時會將回應封包加上同樣的編號，用戶端接受到封包後就可以由此判斷是回應哪一個查詢封包。

- 旗標（**Flags**）：長度為 16 Bits，定義不同類型的查詢服務，從此欄位可以判斷是查詢封包或回覆封包、查詢種類、或傳回錯誤訊息等，後面我們還會加以說明。

- 問題數目（**Question Count**）：長度為 16 Bits，記錄了 DNS 封包中「查詢部分」（Question Section）欄位的資料筆數。

- RR 答覆數目（**Answer RR Count**）：長度為 16 Bits，記錄了 DNS 封包中「答覆部分」（Answer Section）欄位的資料筆數。

- RR 授權數目（**Authority RR Count**）：長度為 16 Bits，記錄了 DNS 封包中「授權部分」（Authority Section）欄位的資料筆數。

- RR 額外數目（**Additional RR Count**）：長度為 16 Bits，記錄了 DNS 封包中「額外記錄部分」（Additional Records Section）欄位的資料筆數。

在「旗標」（Flags）的欄位中定義了不同類型的查詢服務，它的內容詳細還可以分為以下八個欄位，如下圖所示：

QR (1位元)	Operation Code (4位元)	AA (1位元)	TC (1位元)	RD (1位元)	RA (1位元)	Reserved (3位元)	Return Code (4位元)

⬆ DNS 封包中 Flags 欄位內容

有些書籍上只將 AA 至 RA 稱之為 Flags，這是定義的問題；我們於下分點說明這些欄位所代表的意義：

- **QR**（**Request/Response**）：長度為 1 Bit，由 0x0 跟 0x1 分別表示發出的封包為「查詢封包」（Request）或「回應封包」（Response）。

- **Operation Code**：長度為 4 Bits，用來識別封包的查詢要求，各個對應的數值如下表所示：

數值	查詢要求
0x0	標準查詢（Standard Query），包括了正向查詢（Forward Query）與逆向查詢（Reverse Query）。
0x1	反向查詢（Inverse Query）
0x2	伺服器狀態查詢（Server Status Request）。
0x3	保留。

「反向查詢」（Inverse Query）也是一種逆向查詢的機制，但是現在已經被「逆向查詢」（Reverse Query）所取代。

- **AA（Authoritative Answer）**：稱之為「授權回應」，長度為 1 Bit，於回應封包中設定，指示詢問封包中的主機是否為該 DNS 伺服器所管轄的範圍，0 為預設值，代表非管轄範圍，設定 1 代表主機位在管轄範圍內。

- **TC（Truncation）**：稱之為「截斷」，長度為 1 Bit，如果封包長度超過最大長度限制（例如超過 512 Bytes），則設定為 1，代表封包內容可能不完整（只有答覆部分的 512 Bytes）。

- **RD（Recursion Desired）**：稱之為「遞迴請求」，長度為 1Bit，當設定為 1 時採用遞迴查詢（Recursion Query），如果設定為 0，則採用反覆查詢（Iterative Query）。

- **RA（Recursive Available）**：長度為 1 Bit，表示 DNS 伺服器是否可處理「遞迴查詢」，設為 1 表示可處理，設為 0 表示無法處理。

- **Reserved**：保留位元，長度為 3 Bits，全部設為 0。

- **Return Code**：回覆代碼，長度為 4 Bits，分別代表 DNS 查詢的各種結果，各個代碼所對應的訊息如下表所示：

數值	說明
0x0	查詢成功。
0x1	封包格式錯誤。
0x2	伺服器錯誤。
0x3	查詢的主機名稱不存在。
0x4	不接受所要求的查詢方式（Operation Code 中所設定的方式）。
0x5	伺服器拒絕處理此封包。

8-5-2　查詢部分（Question Section）

查詢部分是 DNS 封包的查詢部分，它包括了三個部分：

Question Name （長度不固定）	Question Type （16位元）	Question Class （16位元）

● DNS 封包的查詢部分

「查詢名稱」（Question Name）的內容為所要查詢的主機名稱，所使用的長度不定，每個標籤（label）之前會以一個位元組記錄標籤的字元數，由於標籤的長度限制為「63」個字元，所以此位元組最大值限制為「63」，最後並補上一個「0」，代表查詢名稱結尾，如下圖所示：

3	www	3	zct	3	com	3	tw	0

「查詢型態」（Query Type）長度為 16 Bits，表示要查詢資源記錄中的哪一個資料，在 RFC 1035 中有詳細的記錄，以下列出常用的數值與說明：

數值	說明
0x01(1)	查詢 A（IP 位址）名稱。
0x02(2)	查詢 NS（Name Server）名稱。
0x05(5)	查詢 CNAME 名稱（標準名稱）。
0x0C(12)	查詢 PTR（Point）名稱（逆向查詢）。
0x0D(13)	查詢 HINFO（Host Information）。
0x0F(15)	查詢 MX（Mail Exchanger）。
0xFF(255)	查詢所有的 RR（Resource Record）。

查詢類別（Query Class）表示要設定在哪一個類別網路上進行查詢，欄位固定為「0x1」，表示使用 IN（Internet）類別。

8-5-3　答覆部分（Answer Section）

　　答覆部分使用的欄位格式稱之為「資源紀錄」（Resource Record），這個格式也為 Authority Section、Additional Records Section 所共用，資源紀錄的格式如下圖所示：

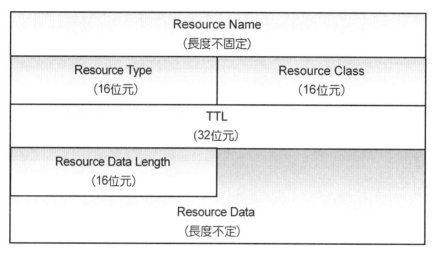

● 資源紀錄格式

- 資源名稱（**Resource Name**）：長度不定，存放查詢的主機名稱（FQDN），相當於「查詢部分」的「查詢名稱」欄位。

- 資源型態（**Resource Type**）：長度為 16 Bits，存放查詢的資源記錄型態，相當於「查詢部分」的「查詢類型」欄位。

- 資源類別（**Resource Class**）：長度為 16 Bits，存放查詢的網路類別，相當於「查詢部分」的「查詢類別」欄位。

- 存活時間（**Time to Live, TTL**）：此欄位佔 32 個位元長度，TTL 為 Time to Live，用來設定此筆資料於 DNS 伺服器快取中存活時間，設定值以秒為單位。

- 資料長度（**Resource Data Length**）：長度為 16 Bits，數值的單位為 Bytes，代表「資料內容」欄位的長度。

- 資料內容（**Resource Data**）：長度不定，為查詢結果的回覆，可能是 IP 位址或主機名稱。

8-5-4 授權部分（Authority Section）

「授權部分」（Authority Section）的欄位格式與「回覆部分」相同，除了「資料內容」欄位是存放主機名稱而不是 IP 位址之外，其他的欄位意義與「回覆部分」的欄位相同。

8-5-5 額外記錄部分（Additional Records Section）

「額外記錄部分」（Additional Records Section）的內容對應於「授權部分」，它的欄位格式也與「回覆部分」相同，但是在「資源名稱」欄位中所存放的是 DNS 伺服器的名稱，而「資料內容」欄位中所存放的是 DNS 伺服器的 IP 位址。

MEMO

09

CHAPTER

DHCP

我們知道一台網際網路上的主機要連接網路的話，必須先擁有一個 IP 位址，如此網路上的其他電腦才能夠彼此辨識。然而在實際運作中，IP 位址的分配過程是相當繁雜的，對於網路管理員來說，絕對是一件吃力不討好的工作。在 IP 位址不足的情況下，對於有些電腦只是暫時性的連上網路，並不需要永久地使用某個 IP 位址時，便可以將 IP 位址以動態方式加以分配使用，這種動態分配 IP 方式比起每次電腦開機或連上網路時，都必須重新手動設定 IP 位址來得簡單多了，而且可以避免重複設定 IP 位址的情形。

9-1 | DHCP 簡介

DHCP（Dynamic Host Configuration Protocol, DHCP）「動態主機組態協定」就是一種用來提供在網路上主機可以自動分配 IP 及所需要的相關設定。DHCP 讓電腦能夠透過廣播的方式，隨時能管理主機中的網際網路協定（Internet Protocol, IP）及子網路遮罩（Subnet Mask），而不影響 TCP／IP 網路的運作，並且用集中管理的方式，管理 TCP／IP 協定其他的相關參數，如預設閘道器、網域名稱系統（Domain Name System, DNS）等等。

簡單來說，DHCP 主要就是能夠管理一組可以用的 IP 位址（合法 IP，非私有 IP），並且動態地分配給有需要的主機來使用。當某一 IP 位址被分配出去後，就會在 DHCP 伺服器上記錄此 IP 位址已經被使用。如果有另一個 DHCP 用戶端也需要 IP 位址，就會另外分配一個未使用的 IP 位址給它，如此就可以避免兩部電腦間 IP 位址衝突的問題。

9-1-1 認識 DHCP 架構

DHCP 採用主從式架構在網路 DoD 模型中是屬於「主機對主機層」的通訊協定，它使用 UDP 協定來進行封包的傳送。DHCP 用戶端所使用的通訊連接埠為 67，但是 DHCP 伺服端卻是使用連接埠 68 來進行通訊，包含兩個主要成員：

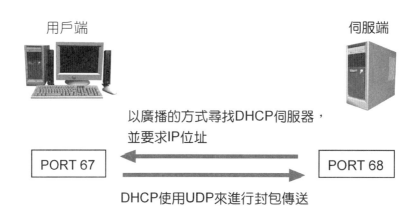

DHCP 用戶端

所有要求使用 DHCP 服務的主機用戶，皆可以稱為 DHCP 用戶端，主要是接受 DHCP 伺服端的參數設定及分配的動態 IP 位址。以下是 DHCP 用戶端所發出的封包：

名稱	說明
DHCPDiscover	DHCP 用戶端所發出的封包，用來尋找網路上的 DHCP 伺服器。
DHCPRequest	DHCP 用戶端所發出的封包，同意伺服器所提供的 IP 位址，如果是用來續約 IP 位址，則是使用單點傳送來發送封包。
DHCPDecline	DHCP 用戶端所發出的封包，拒絕伺服器所提供的 IP 位址。
DHCPRelease	DHCP 用戶端所發出的停止租約封包，伺服端可以將此 IP 租用給其他主機。

DHCP 伺服器

DHCP 伺服器可用最主要的工作是針對 DHCP 用戶端主機管理與發送 IP 位址、子網路遮罩設定、設定閘道器、指派 DNS 或 WINS 伺服器 IP 位址的參數，並且對此位址進行註記。以下是 DHCP 伺服端所發出的封包：

名稱	說明
DHCPOffer	伺服器發出給用戶端的封包，告知可以使用的 IP 位址。
DHCPAck	DHCP 伺服器同意租用 IP 位址，發出封包回應用戶端。
DHCPNack	DHCP 伺服器不同意租用 IP 位址，發出封包告知用戶端。

9-2 | DHCP 優點簡介

DHCP 用戶端向 DHCP 伺服端取得 IP 位址的方式，稱為「租用」。DHCP 伺服端會檢查領域中的靜態資料庫是否有用戶端的實體位址紀錄，如果有就分配靜態資料庫中的 IP 位址給用戶端；如果沒有則從動態資料庫中選擇一個 IP 位址分配給用戶端，並且註記該 IP 位址已被租用。DHCP 對 IP 位址的管理確實相當方便，我們可以整理出使用 DHCP 服務的三個優點。

9-2-1　設定與管理方便

　　與手動分配 IP 位址比較來說，DHCP 不用經過繁雜的設定，DHCP 協定提供了自動分配 IP 位址給用戶端電腦的功能，不須網路管理人員親自動手設定，而且所有的 IP 位址都能集中管理，在網路上的 DHCP 用戶端則可輕易地獲得獨一無二的 IP 位址。因為 DHCP 伺服器每提供一個 IP 租約，同時會在資料庫中建立一筆相對應的租用資料，避免人為設定錯誤，也避免 IP 位址重複租用的狀況。一經發現有重覆 IP 位址出現時，DHCP 也可以立刻處理並解決其問題，以一個有規模的企業組織來說，DHCP 確實可以解決繁雜分配 IP 位址上及管理 IP 位址的問題。

9-2-2　維護簡單與 IP 可重複使用

　　DHCP 協定所提供的資訊不僅有 IP 位址，還有各項網路設定參數，若這些參數需要變更時，僅需要在 DHCP 伺服器上進行修改即可，大量節省維護的時間與成本。DHCP 使用資料庫的方式來管理 IP 位址，每筆租用的 IP 位址都會詳細記錄，不會發生 IP 位址衝突的問題。由於 DHCP 是以「租約」的方式分配 IP 位址的，而這些 IP 位址也是由 DHCP 動態去產生的，只要你的 IP 位址租約未到期，DHCP 是不會去隨意更動 IP 位址資料。DHCP 在租約到期或必要的時候回收 IP 位址，以分配給其他有需求的主機，所以 DHCP 可以靈活使用有限的 IP 位址。

9-2-3　安全性較高

　　如果以靜態 IP 位址來說，只要是不去使用到已經正在使用的 IP 位址時，靜態 IP 是可以隨意改變的，而以 DHCP 的動態 IP 位址分配來說，每一筆更動的 IP 位址會與主機上的電腦名稱與 MAC 位址取得連繫並更新其資料，只要是主機使用不當的運作，在 DHCP 伺服器裡都會留下記錄。此外，由於用戶端每次連接網路都使用不同的 IP 位址，因此可以減少被駭客攻擊的機會，進而提高了用戶端的安全性。

9-3 | DHCP 運作流程簡介

DHCP 運作流程可以從 DHCP 用戶端發出 IP 位址的請求,再到 DHCP 伺服端同意租用指定的 IP 位址,以及 IP 位址的租約更新與租約撤銷等過程談起。如下圖所示:

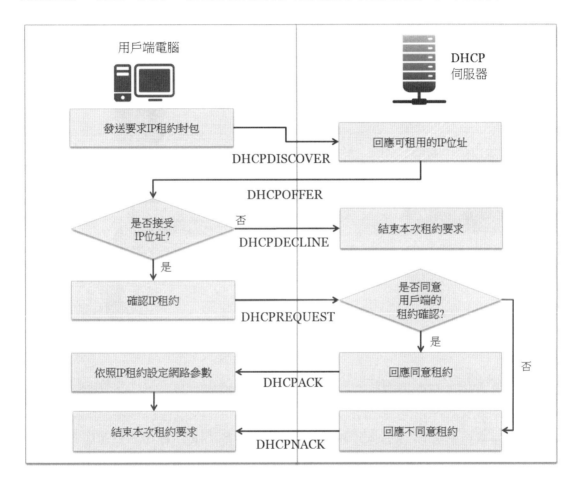

9-3-1 用戶端要求 IP 租約

一旦我們將電腦設定為 DHCP 用戶後,在第一次使用 DHCP 網路的時候,因為 DHCP 用戶端是採用動態 IP 位址,所以這個時候的 DHCP 用戶端會先以廣播的方式發送一個 DHCPDISCOVER 的訊息去尋找可以提供租約服務的 DHCP 伺服器,試圖取得 DHCP 伺服器的連線,並請求網路上的 DHCP 伺服器支援。

在同一個網路中可能會有超過一部以上的 DHCP 伺服器,當這些 DHCP 伺服器收到這個 DHCPDiscover 封包後,都會回應此訊息。此時用戶端電腦還無法得知屬於哪一網段,所以封包來源位址為「0.0.0.0」,目的位址則為「255.255.255.255」。另外,因為此時用戶端電腦尚未取得正式 IP 位址,會先以本身的 MAC 位址產生一組填入 TRANSACTION ID(XID),填入 DHCPDISCOVER 封包中。

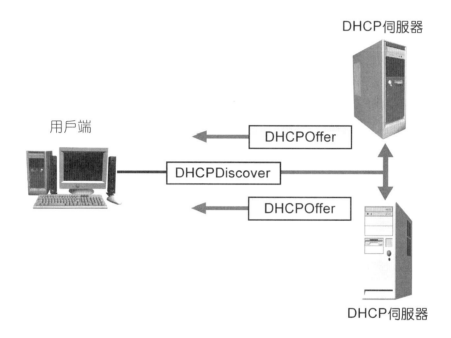

9-3-2 提供可租用的 IP 位址

用戶端電腦廣播 DHCPDISCOVER 封包後,所有的 DHCP 伺服器都會收到此要求 IP 租約的封包,此時 DHCP 伺服器會從還沒有出租的 IP 位址中,挑選並保留最前面的 IP 位址,然後將相關資訊(包含可租用的 IP 位址、XID、子網路遮罩、IP 租約期限、以及 DHCP 伺服器的 IP 位址)設定在 DHCPOFFER 封包後,同樣以廣播方式送出。DHCP 用戶端可能會接到一個或多個 DHCPOFFER 回應訊息,此外,DHCP 伺服器會把當初 DHCPDISCOVER 封包內的 XID 資訊沿用到 DHCPOFFER 中以作為用戶端電腦的識別。

9-3-3 確認 IP 租約

用戶端雖然會收到來自不同伺服器的 DHCPOFFER 封包,但是預設會使用第一個收到的 DHCPOFFER 封包中所提供的 IP 位址,這個用戶端所發送的 DHCPDISCOVER 訊

息會包含用戶端所要的請求，以便尋找最適當的位址，其他後來的封包則不予理會。接下來用戶端會以廣播方式送出一個 DHCPREQUEST 訊息給被選擇到的 DHCP 伺服器，DHCPREQUEST 則是對 DHCP 伺服器作租約的請求，主要目的是向選定的 DHCP 伺服器申請租用 IP 位址，也告知其他 DHCP 伺服器該用戶端電腦已經選定接受哪一台 DHCP 伺服器提供的 IP 位址；而這些沒被選定的 DHCP 伺服器就會將方才保留的要給用戶端電腦的 IP 位址釋放，以供其他用戶端的 IP 租約要求。

在此同時，用戶端電腦也會廣播一個 ARP 封包，用以確認網路上沒有其他電腦裝置利用手動方式使用了該 IP 位址；但如果發現該 IP 位址已被使用，此時用戶端電腦就會發送 DHCPDECLINE 封包，告知 DHCP 伺服器此拒絕訊息，此次 IP 租約的要求就結束；爾後用戶端電腦就會重新發送 DHCPDISCOVER 封包，向所有 DHCP 伺服器要求 IP 租約。

9-3-4 同意 IP 租約

當被選定的 DHCP 伺服器收到 DHCPREQUEST 封包後，如果同意用戶端電腦的 IP 租約要求，便會廣播 DHCPACK 封包給用戶端電腦以確認 IP 租約正式生效，用戶端電腦就會將設定值填入 TCP／IP 的網路配置參數中，並開始計算租用的時間，一個 IP 租約的流程就到此完成。

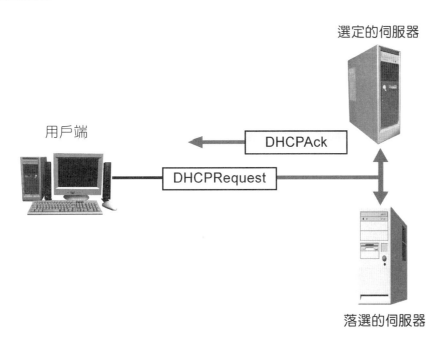

在 Windows 環境下各位可以在「區域連線」狀態中的「詳細資料」（如下圖）看到網路相關設定內容：

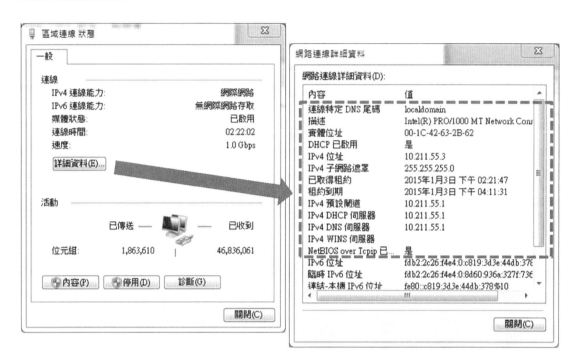

如果伺服器因故而不能給予 IP 租約，則會發出 DHCPNack 封包，例如原來的主機移至另一個子網路，由於請求的 IP 位址無法對應，或是指定的 IP 位址已被佔用或者租約期限不能如用戶端電腦的要求，此時伺服器就會發出 DHCPNack 封包，用戶端電腦就會結束本次 IP 租約要求，重新執行要求 IP 租約流程。

9-3-5　更新 IP 租約

在用戶端取得 IP 位址之後，會有一個「租約期限」（Lease Time），在 Windows Server 系統中這個期限預設為八天。在預設的情況下，如果租用的時間到達期限的 1/2 時（使用了四天），就會嘗試發出 DHCPRequest 封包向 DHCP 伺服器申請續約，然後必須定期更新租約，否則當租約期限一到就無法再使用此 IP 位址。伺服器收到後就會以 DHCPACK 封包回應此更新的租約給用戶端電腦（如下圖所示）；RFC2131 的標準是每當租用時間到達期限的 1/2 或 7/8 時，用戶端電腦就必須發出更新租約的要求，不過不見得每個網路設備製造商都會遵守這個標準。同樣是嘗試三次，如果還是無法取得更新，則會改用廣播方式發出 DHCPRequest 封包，以取得新的 DHCP 服務。如下圖所示：

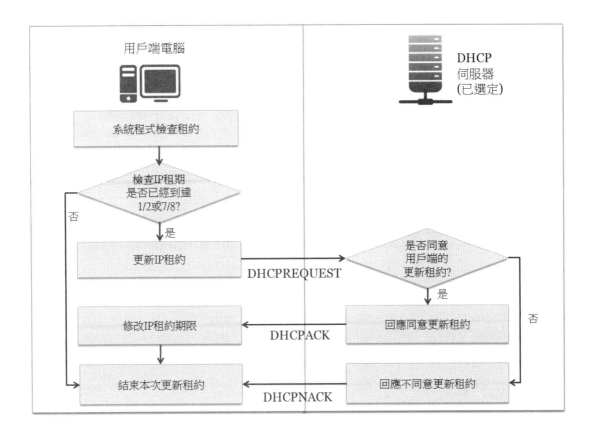

雖然與要求 IP 租約時都是使用 DHCPREQUEST 封包，但此時是用單點傳送（Unicast）方式發送封包，直接與當初提供 IP 位址的 DHCP 伺服器進行更新租約，而不再使用廣播方式傳送 DHCPREQUEST 封包。除了選擇自動更新方式，用戶端電腦也可以利用手動更新 IP 租約。以 Windows 為例，在在命令提示字元模式下執行 ipconfig / renew 命令即可進行租約更新。

9-3-6　撤銷 IP 租約

如果用戶端要撤消租約，則會發出 DHCPRelease 封包，告知給予 IP 位址的伺服器此 IP 位址已不需要再使用，可以分配給其他的主機，以 Windows 環境為例，在命令提示字元模式下執行 ipconfig /release 命令，該電腦就會發送 DHCPRelease 封包，撤銷 IP 租約。

9-4 | DHCP 封包格式

瞭解了 DHCP 的運作方式與封包往來，接下來我們實際看看 DHCP 封包的格式內容，如下圖所示：

op (8 Bits)	htype (8 Bits)	hlen (8 Bits)	hops (8 Bits)
xid (32 Bits)			
secs (32 Bits)		flags (32 Bits)	
ciaddr (32 Bits)			
yiaddr (32 Bits)			
siaddr (32 Bits)			
giaddr (32 Bits)			
chaddr (32 Bits)			
sname (32 Bits)			
file (32 Bits)			
options (312 Bytes , variable)			

9-4-1 封包欄位簡介

DHCP 的封包格式除了變動長度的 Option Field 之外，其餘 40 位元組皆為固定長度，以下針對 DHCP 封包中固定的欄位加以說明其內容：

🌐 Op Code

長度 8 位元，標註這個封包是由用戶端還是伺服端所發出的封包，OP 等於 1 時，表示封包是從用戶端傳送給伺服端；若 OP 等於 2 時，表示封包由伺服端傳送給用戶端。

HTYPE（Hardware Type）

表示網路類型，長度 8 位元，如果是乙太網路的話就設定為 1，符記環為 6，而 ATM 則為 16，詳細網路類型代碼請參考下表：

代碼	名稱
1	Ethernet（10Mb）
2	Experimental Ethernet（3Mb）
3	Amateur Radio AX.25
4	ProteonProNET Token Ring
5	Chaos
6	IEEE 802 Networks
7	ARCNET
8	Hyperchannel
9	Lanstar
10	Autonet Short Address
11	LocalTalk
12	LocalNet（IBM PCNet or SYTEK LocalNET）
13	Ultra link
14	SMDS
15	Frame Relay
16	Asynchronous Transmission Mode（ATM）
17	HDLC
18	Fibre Channel
19	Asynchronous Transmission Mode（ATM）
20	Serial Line

HLEN（Hardware Address Length）

表示 MAC 位址的長度，長度 8 位元。以乙太網路為例，其欄位值為 6，例如乙太網路設定為 6，表示 MAC 位址為 6x8＝48 位元。

Hops

此欄位佔八個位元，當 DHCP 用戶端發出 DHCP 封包時，此欄位預設為 0。如果 DHCP Relay Agent 要轉送此封包給 DHCP 伺服器時，就會將此欄位設定為 1。

> **TIPS** 由於 DHCP 封包大都是以廣播方式在同一網路中傳送,如果 DHCP 用戶端與伺服端分別位於不同的區域網路中,那麼這個封包將無法通過連接這兩個網路的路由器,則這個封包勢必會被路由器給丟棄。此時可以在用戶端的區域網路中指定一台主機當作 DHCP 轉送代理人(DHCP Relay Agent)。當 Relay Agent 發現網路上有 DHCPDiscover 或 DHCPRequest 廣播封包時,它會主動加以擷取廣播封包,並將封包的目的位址更給為 DHCP 伺服器的 IP 位址,使這個封包能夠以單點傳送方式到達另一個區域網路的 DHCP 伺服器,如此封包就不會被路由器阻擋,而 DHCP 伺服器的回應也會先傳送 DHCP Relay Agent,它會將封包修改為廣播封包,然後再發送至用戶端的子網路中。

🌐 xid(Transaction ID)

封包傳送使用的識別碼,長度 32 位元。用戶端電腦送出封包時會隨機產生一組識別碼,待 DHCP 伺服器收到此封包,就以此識別碼進行回覆;用戶端電腦收到 DHCP 伺服器回應時,也藉由此識別碼辨別伺服器回覆哪一個封包。

🌐 secs

用戶端電腦處理封包內容所花費的時間,單位為秒,長度 16 位元。

🌐 flags

封包型態標記,長度 16 位元。第一個位元「B」為 1 時,代表 DHCP 伺服器以廣播方式傳送封包給用戶端電腦,其餘 15 個位元目前尚未使用(設定為 0)。

🌐 ciaddr(Client IP Address)

用戶端電腦的 IP 位址,長度 32 位元,如果還沒有取得 IP 位址,則設定為 0。

🌐 yiaddr(Your IP Address)

DHCP 伺服端回覆用戶端電腦的 IP 請求時(DHCPOFFER 與 DHCPACK 封包),所配置的 IP 位址,長度 32 位元,無需填寫則設定為 0。

🌐 siaddr(Server IP Address)

DHCP 伺服器 IP 位址,長度 32 位元。從 DHCP 伺服器送出之 DHCPOFFER、DHCPACK、DHCPNACK 封包,會將 DHCP 伺服器 IP 位址填入此欄位。

giaddr（Relay IP Address）

DHCP Relay Agent 的 IP 位址，長度 32 位元。如果設為 0，但若用戶端電腦是透過 DHCP Relay Agent 和 DHCP 伺服器進行封包傳送，DHCP Relay Agent 就在此欄位填入 IP 位址，無需填寫則設定為 0。

chaddr（Client Ethernet Address）

此欄位佔 32 個位元，記錄用戶端的 MAC 位址。

sname（Server Host Name）

記錄 DHCP 伺服器的名稱，長度 64 位元組（Bytes）。

file（Boot File Name）

開機程式名稱，長度 128 位元組（Bytes）。此欄位適用於網路開機的情況下，此欄位紀錄開機程式名稱，使用於無磁碟的主機上，藉此欄位下載開機檔案以完成開機動作。

options（Option Field）

DHCP 選項設定，最大值為 312 bytes，Option Field 的長度則不是固定的，因為其包含的欄位並不是每個封包中都會出現，在 Option Field 中的欄位資訊包括了租約期限、封包類型、IP 位址額外資訊（例如子網路遮罩、網域名稱等）。關於 DHCP 的詳細設定，請參閱 RFC2131（https://www.ietf.org/）。以下將針對選項設定（Option Field）中的幾個重要欄位資訊加以說明：

- **Requested IP Address**：用戶端想要取得某個特定的 IP 位址時使用，主要出現在 DHCPRequest 封包中，用來要求伺服端提供 IP 資訊，或是使用於更新租約期限的 DHCPRequest 時，就會在此欄位填入所需求的 IP 位址。

- **IP Address Lease Time**：記錄 IP 位址的租約期限，當用戶端電腦請求 IP 位址時，DHCP 伺服器使用此欄位回覆 IP 租約期限，在 Windows 系統中預設為八天。

- **Renewal Time Value(T1)**：記錄第一次進行租約更新時間，在 Windows 系統中預設為四天。

- **Rebinding Time Value(T2)**：記錄第二次進行租約更新時間，在 Windows 系統中預設為七天。

- **Option Overload**：由於 Option 欄位最大長度為 312 位元組，當資料超過此值時，可以借用「sname」和「file」兩個欄位當做延伸用。

- **DHCP Message Type**：此欄位用來註明封包類型，下表為欄位數值與封包類型的對照：

數值	封包類型
1	DHCPDiscover
2	DHCPOffer
3	DHCPRequest
4	DHCPDecline
5	DHCPAck
6	DHCPNack
7	DHCPRelease
8	DHCPReleaseInform

- **Parameter Request List**：用戶端電腦要求 DHCP 伺服器提供網路組態參數清單與所需參數。DHCP 伺服器未必能完全回應清單中的每一項參數，但只要有符合的參數項目就必須回應。

- **Message**：如果在 DHCP 伺服器與用戶端電腦傳送過程有錯誤發生，DHCP 伺服器會將錯誤訊息填入此選項。透過 DHCPNAK 封包通知用戶端電腦，訊息內容為 ASCII 碼。

- **Client identifier**：記錄用戶端的 MAC 位址。

- **Server identifier**：記錄伺服端的 MAC 位址。

- **Maximum Message Size**：用戶端電腦將可以送出 DHCP 封包的最大長度。用戶端電腦將可以送出 DHCP 封包的最大長度，填入此選項，使用（DHCPDISCOVER 或 DHCPREQUEST）以告知 DHCP 伺服器。

- **Sub Mask**：伺服端告知用戶端的子網路的設定資訊，供用戶端設定使用。

- **Domain Name**：伺服端告知用戶端的網域名稱資訊，供用戶端設定使用。

- **Domain Name Server**：伺服端告知用戶端網路中的 DNS 伺服器 IP 位址，供用戶端設定使用。

- **Router**：伺服端告知用戶端網路中的路由器 IP 位址，供用戶端設定使用。

- **Vendor Class Identifier**：此選項提供用戶端電腦用以識別網路硬體製造商類型與配置，但非必要項目。此識別訊息的內容由製造商自行定義。

10 CHAPTER

UDP 與 TCP 通訊協定

前面章節中我們提過傳輸層的任務主要在於傳送資料的確認、流量控制、錯誤處理等，它負責與上層的程序進行溝通，決定該將所接收的資料交給哪一個程序，將之包裝、分段、加上錯誤處理等訊息，並交由下層繼續進行處理。本章中我們將介紹「傳輸層」（Transport Layer）中的協定，「傳輸通訊協定」（Transmission Control Protocol, TCP）與「使用者資料協定」（User Datagram Protocol, UDP）。

TCP 跟 UDP 都是屬於網路封包傳送的方式，TCP 是使用在需要經過多個網路傳送的情況，為了維持資料抵達的正確性，許多確認與檢查的工作是必須的，屬於一種「連線導向」（Connection-Oriented）資料傳遞方式。UDP 則是一種較簡單的「非連線導向」（Connectionless）通訊協定，運作相當簡單，所需的電腦資源相當少，由於不須事先建立連線的特性，可以作為單純的請求與回應（request and reply）。

10-1 | UDP 協定

UDP 是位於傳輸層中運作的通訊協定，主要目的就在於提供一種陽春簡單的通訊連接方式，通常比較適合應用在小型區域網路上。由於 UDP 在於傳輸資料時，不保證資料傳送的正確性，所以不需要驗證資料，因為使用較少的系統資源，相當適合一些小型但頻率高的資料傳輸。

UDP 也具備多工（Multiplexing）與解多工（Demultiplexing）能力，一個程式可以應付多個程序，並且同時要求 UDP 來傳送資料，如果要對區域網路進行廣播（Broadcast）或群體播送（Multicast）等一對多的資料傳送，就要採用 UDP。

UDP 採用「佇列」的方式來控制資料的輸出入過程，發送端與接收端都依照資料到達的先後順序進行處理。UDP 只能傳送簡短訊息，因為它不能將封包加以分段，也就是不能使用「資料流」（data stream）的方式來傳送封包，對每一個 UDP 封包所攜帶的封包都是一個完整未經切割的資料。

10-1-1 通訊連接埠與 Socket 位址

「通訊連接埠」（port）是指資料傳送與接收的窗口，當接收端接收到從網路上傳送而來的封包資料，必須要知道是哪一個應用程式要使用的，當資料傳送出去時，也必須指定由對方的哪一個應用程式來接收，這就是通訊連接埠的功用。

我們知道 IP 封包可由 IP 位址來得知要將資料傳送給網路上的哪一台主機，而 UDP 更進一步地將資料分配給主機上指定的執行程序，它所依靠的就是「通訊連接埠」（port），也因此一部電腦上可能同時執行多個程式，而伺服器端也可能同時執行多個網站服務。

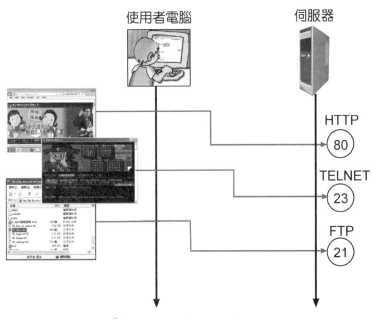

🔼 通訊連接埠工作示意圖

一個 IP 位址結合一個埠號（port number）就稱之為「Socket 位址」（Socket Address），IP 位址是給路由器看的，而埠號則是用來給 UDP 來處理，例如我們送信時需要寫下地址，它的作用好比 IP 位址，如此信件才能送達目的地，而信件上也必須寫下收件人是誰，這就好比指定通訊連接埠，如此才能知道這份信件將由哪個人接收。

10-1-2　連接埠號的分類

每個程序在執行時，系統都會給予一個埠號，代表程序執行的位址，由於傳輸層協定使用 2 bytes 來存放連接埠號，所以埠號的有效範圍可以從 0 ～ 65,535 之間。IANA 機構（Internet Assigned Numbers Authority）規定的埠號可區分為三個範圍：公認埠號（Well-Known）、註冊埠號（Registered）及動態與私有埠號（dynamic and/or private ports）。各位可以至 IANA 的網站上參閱最新的連接埠資訊，網址是：「http://www.iana.org/protocols」。

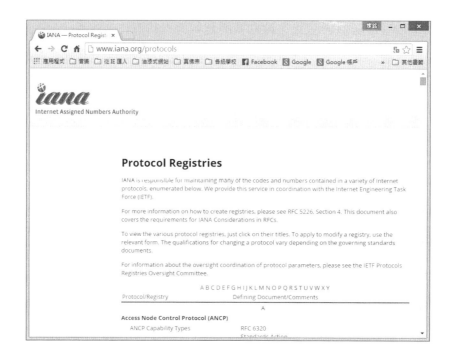

公認埠號（Well-Known）

範圍 0 ～ 1,023 的埠號稱為公認埠號，必須向 IANA 進行申請，通常是伺服器程序使用。例如郵件伺服器會使用埠號 25，當郵件要運送時，會在郵件標頭加入此埠號標記，才能把資料送到這個連接埠，或者 HTTP 伺服器使用 80、Telnet 使用 23、FTP 使用 21 等等。

要規定公認埠號是因為伺服器程序通常是在啟動之後等待用戶端來進行連結，如果伺服器程序的埠號也是隨意指定的話，用戶端並無法得知要指定伺服端的哪一個埠號，所以常用的伺服器程序就必須指定大家所公認的埠號，方便用戶端進行連結。下表列出常見的公認埠號碼：

UDP 連接埠	說明
20	FTP 資料連線
21	FTP 控制連線
23	TELNET 終端機連線
25	SMTP 簡易郵件傳輸服務
53	DNS，網路名稱系統

UDP 連接埠	說明
67	BOOTP 用戶端（DHCP）
68	BOOTP 伺服端（DHCP）
69	TFTP，小型檔案傳輸協定
79	Finger 詢問登入者
80	HTTP 超文件傳輸協定
110	POP3 協定
111	RPC，遠端程序呼叫
137	NetBIOS 名稱服務
161	SNMP，簡單網路管理通訊協定
520	RIP，路由資訊通訊協定

🌐 註冊埠號（registered ports）

範圍從 1024~49151 的連接埠編號則稱為「註冊埠號」，為一般程序所使用，可以提供給民間軟體公司或相關產業業者向 IANA 註冊，以免被重複使用。

🌐 動態與私有埠號（dynamic and/or private ports）

範圍從 49,152 ～ 65,535，不用向 IANA 註冊，可以自由使用，也稱之為「短暫埠號」，是留給用戶端連線至伺服端時，隨機取得的埠號；如用戶端上網或作為個人開發軟體測試用的埠號，通常也會因為不同的軟體或品牌而異。

10-1-3　UDP 封包

UDP 封包分成 UDP 承載資料（payload）與 UDP 表頭兩大部分，承載資料就是來自於上層程序（應用層）的操作資料，其中 UDP 表頭的內容相當簡單，記錄了目的地、資料來源、長度、錯誤檢查碼等資訊，下圖則是 UDP 封包表頭的欄位內容：

Source Port （來源連接埠編號） 16位元	Destination Port （目的連接埠編號） 16位元	Length （封包長度） 16位元	Checksum （錯誤檢查碼） 16位元

⬆ UDP 封包表頭欄位內容

- 來源連接埠編號（**Source Port**）：佔 16 Bits，應用層的程式會被分配一個 UDP 通訊埠，也就相當於記錄資料封包的來源連接埠號碼，如果沒有必要進行資料的回應，這個欄位全設為 0，這時通常是進行廣播之用，並不需要接收端回應。

- 目的連接埠編號（**Destination Port**）：佔 16 Bits，目的端的應用層連接埠可以算是表頭中最重要的資訊，記錄資料封包的目的連接埠號碼，結合 IP 位址之後，就成了主機與應用程式一個有意義且唯一的位址，也就相當於記錄了這份資料要傳送給哪一個程序。

- 封包長度（**Length**）：佔 16 Bits，記錄 UDP 封包的總長度，單位是位元組，欄位最小值為 8，也就是只有表頭的 UDP 封包長度，最大值受限於 UDP 資料長度不能大於 IP 承載資料（payload）的最大值。

- 錯誤檢查碼（**Checksum**）：UDP 的錯誤檢查碼是用來檢查資料的傳送是否正確抵達接收端，此欄位佔 16 個位元，UDP 封包不一定要使用檢查碼，如果要進行檢查和運算，則會先將 Checksum 設定為 0，並在 UDP 封包加上一個「虛擬表頭」（Pseudo Header），在進行檢查和運算時，整個總長度必須為 16 個位元的倍數，如果不是 16 位元的倍數，則加上填充位元（padding）補齊，其內容全部為 0。

↑ 檢查和運算時會先加上虛擬表頭與填充位元

在進行完檢查和運算之後，會將結果填入 Checksum 欄位，並且同時將虛擬表頭與填充位元拿掉。不過當 UDP 封包抵達接收端時，會再加上虛擬表頭與填充位元，並再次進行檢查和運算。虛擬表頭的欄位其實有點像是 IP 表頭的一部分，請看以下欄位說明：

- 來源位址（**Source IP Address**）：此欄位佔 32 個位元，填入資料發送端 IP 位址。

- 目的位址（**Destination IP Address**）：此欄位佔 32 個位元，填入資料接收端 IP 位址。

- 上層協定（**Protocol**）：此欄位佔 8 個位元，為 IP 表頭中的 Protocol 欄位所記錄的值，也就是記錄網路層上層所使用的協定，由於目前使用的是 UDP，所以應填入代表 UDP 的代碼 17，如果是 TCP 則為 6。

- 封包長度（**Length**）：此欄位佔 16 個位元，記錄 UDP 封包總長度。

檢查和中包括了 IP 位址的相關資訊，如果封包不小心送錯了地方，由於這個接收端所加上的虛擬表頭中的 IP 位址為自身的位址，所以計算出來的檢查和就不會全部為 0，因此判定此封包傳送錯誤，可以丟棄此封包。

10-2 | TCP

「傳輸通訊協定」（Transmission Control Protocol, TCP）一種「連線導向」資料傳遞方式，可以掌握封包傳送是否正確抵達接收端，並可以提供流量控制（flow control）的功能。TCP 運作的基本原理是發送端將封包發送出去之後，並無法確認封包是否正確的抵達目的端，必須依賴目的端與來源端「不斷地進行溝通」。TCP 經常被認為是一種可靠的協定，因為當發送端發出封包後，接收端接收到封包時，必須發出一個訊息告訴接收端：「我收到了！」，如果發送端過了一段時間仍沒有接收到確認訊息，表示封包可能已經遺失，必須重新發出封包。

10-2-1　TCP 的特色

TCP 協定是屬於程序與程序間進行資料往來的協定，它的特性主要有三點：連線導向、確認與重送、流量控制。請看以下介紹：

1. 連線導向：TCP 是屬於連線導向式（connection-oriented）的協定，使用 TCP 進行資料傳送之前，必須先建立一個「虛擬線路」（Virtual circuit），就好像建立起專屬的連線。這個動作就好比連接水管，資料就好比流動的水，兩端必須正確的建立連線，才能正確的傳送資料。而要終止連線的話，也必須告知對方連線終止。無論是建立連線或中斷連線，都會有一個特定的步驟來進行，這就是連線導向的特性。

2. 流量控制：TCP 的資料傳送是以「位元組流」（Byte stream）來進行傳送，資料的傳送具有全雙工的雙向性傳輸。建立連線之後，任何一端都可以進行發送與接收資料，而它也具備「流量控制」（Flow Control）的功能，雙方都具有調整流量的機制，可以依據網路的狀況來適時的調整，如果以水的流動來比喻，就好比發送端具有水龍頭來調整流出的水量。

⬆ TCP 的流量控制就像發送端具有水龍頭來調整流出的水量

TCP 特別使用了「滑動窗口」(sliding window)來進行流量控制,滑動窗口就好比一個真正的窗口,如果窗口大的話資料流動量就高,如果窗口小的話,資料流動量就低。

TCP 與 UDP 都屬於傳輸層的協定,同樣也都利用「通訊連接埠」來區別每個資料要傳送給哪一個程式,作為資料傳送與接收的窗口,TCP 的埠號和 UDP 一樣受 IANA 的規範,一個 IP 位址加上 TCP 連接埠也稱為「Socket 位址」(Socket Address)。

3. 確認與重送:使用 TCP 進行資料傳送,發送端每送出一個資料,都會希望接收端收到後回應一個訊息以作為資料送達的確認,如果在預定的時間內沒有收到這個確認,就會認定資料沒有送達接收端,此時就會重送資料封包。這種情況就好像將一般郵件寄送出去之後,並無法確認信件是否正確抵達,若使用掛號郵件,當收件人收到時必須簽收蓋章,表示信件正確地抵達了,不過相對於 UDP,它的傳送時間可能會比較久。

⬆ TCP 的確認與重送機制就像接到掛號郵件必須簽收蓋章

10-2-2　TCP 封包

首先我們來認識 TCP 封包,一個 TCP 封包主要由「表頭」與「承載資料」兩個部分所組成。TCP 承載資料資料的內容是屬於應用層(Application layer)的範圍,例如 DNS、FTP、Telnet 等,與 UDP 封包比較,TCP 封包就顯得較為複雜,去除 TCP 承載資料的部分之後,我們就先來探討 TCP 封包表頭部分:

Source Port (來源連接埠編號) 16位元			Destination Port (目的連接埠編號) 16位元	
Sequence Number (序號) 32位元				
Acknowledgment Number (回應序號) 32位元				
Header Length (表頭長度) 4位元	Reserved (保留欄位) 6位元	Flags (旗標設定) 6位元	Window (窗口) 16位元	
Checksum (錯誤檢查碼) 16位元			Urgent Pointer (緊急資料指標) 16位元	
Options (選項) 長度不定			Padding (填充) 長度不定	

⬆ TCP 封包表頭內容

以下將逐項為各位說明 TCP 封包標頭欄位內容：

- 來源連接埠編號（**Source Port**）：長度為 16 Bits，用來記錄上層發送端的應用程式所使用的連接埠號。

- 目的連接埠編號（**Destination Port**）：長度為 16 Bits，用來記錄上層接收端的應用程式所使用的連接埠號，也就是相當於指定由哪一個程序接收此封包資料。

- 序號（**Sequence Number**）： 長度為 32 Bits，由於 TCP 的資料是分為數段以位元組進行發送，這使得 TCP 在傳送資料時看起來好像是由一個一個的位元組封包所形成的資料流（stream），所以必須為每個分段加上一個編號，以表示這個分段於資料流中的位置。

在連線啟始時，發送端會先隨機（random）產生一個「起始序號」（Initial Sequence Number, ISN），也就是第一個 TCP 封包的序號，接著每個位元組會不斷地加上編號，Sequence Number 會記錄每段資料流的第一個位元組編號。接收端才可以依此順序進行資料的處理。第一個用來建立連線的封包其資料長度為一個位元組，並以第一個封包來通知接收端，所編定的資料封包其 Sequence Number 欄位會設定為 ISN+1（不是 ISN），真正開始傳送的資料封包是從 ISN+1。假設發送的資料封包其長度固定為 200 個位元組，則接下來每一個封包的 Sequence Number 則為 ISN+201、ISN+401、ISN+601 不斷接續下去，就如下圖所示：

🔼 Sequence Number 的設定方式

所以除了第一個用來開啟連線用的封包之外，其餘的封包其 Sequence Number 皆設定為 ISN 加上 TCP 資料長度（不包括 TCP 表頭），而從 Sequence Number 中就可以判斷該分段資料在位元組流中的正確位置。

- 回應序號（**Acknowledgment Number**）：長度為 32 Bits，是用來回應發送端封包之用，其值相當於發送端 Sequence Number 加上資料的位元組長度，所以這個值也相當

於告知發送端，接收端預期將收到的下一個封包的序號（Sequence Number）。在接收端收到封包之後，就將 Sequence Number 欄位的值加上封包長度，以下圖為例，接收端在收到封包之後，所回應的封包其 Acknowledge 如下圖所示：

🔺 Acknowledge Number 的設定方式

- 表頭長度（**Header Length**）：長度為 4 Bits，又稱為「資料偏移」（Data Offset），記錄 TCP 的表頭長度，記錄的單位是「4 Bytes」。在不包括 Options 與 Padding 欄位時，Header Length 欄位值為 5，也就是表頭的長度是 5*4＝20 Bytes，Options 與 Padding 欄位的長度不定，如果包括這兩個欄位，則 Header Length 欄位值將依實際情況而定，最大值為 15，所以 TCP 表頭的最大長度可達 60 個位元組。

- 保留（**Reserved**）：保留欄位，長度為 6 Bits，全部設為 0，以便將來擴充之用。

- 旗標（**Flags**）：特殊位元，又稱之為「Code Bit」，長度為 6 Bits，每個位元各代表一個旗標設定，設定為 1 表示啟用（Enable）該選項，共有 URG、ACK、PSH、RST、SYN、FIN 六個旗標設定。數個選項可以同時被設定，欄位內容如下圖所示：

URG	ACK	PSH	RST	SYN	FIN
1位元	1位元	1位元	1位元	1位元	1位元

🔺 TCP 封包中 Flags 欄位的控制位元

旗標	說明
URG	設定為 1 時表示啟用緊急指標（Urgent Point），由於 TCP 資料在抵達接收端後會先儲存在緩衝區，然後依照位元組流的順序來加以處理。如果發送端有個緊急資料需要接收端優先處理，也就是插隊，就可以設定 URG 為 1，表示這個封包可以不用在緩衝區等待，接收端必須優先處理它。不過必須配合「緊急資料指標」（Urgent Pointer）指定欲處理的資料位元數。

旗標	說明
ACK	表示 Acknowledge 旗標，設定為 1 時表示這是一個回應封包。0 表示不使用 Acknowledgement Number。
PSH	表示 Push 旗標，通常為了執行效率上的考量，TCP 資料並不會馬上發送出去，不過有些應用程式需要即時性的資料傳送。設定為 1 表示立即將所接收到的資料馬上傳送給應用層程式。如果設定為 0，接受端在接收到一段完整的資訊之後，並不會馬上傳送給應用層的程式，而是放在 Buffer 區。
RST	表示 Reset 旗標，設定為 1 表示重置連線，例如通訊不良、連接埠指定錯誤或連線的一方閒置過久等情況下就必須中斷連線。
SYN	表示 Synchronize 旗標，設定為 1 時表示連線時的同步訊號，可藉由此旗標得知 Sequence Number 欄位中記錄的是 ISN。
FIN	表示 Finish 旗標，設定為 1 時表示要中止連線。

- 窗口（**Window**）：長度為 16 Bits，作用為設定「流量控制」，這個值是以 Byte 為單位，起始值為發送端所預設，接下來由接收端回應的資料來加以控制。其最大值為 65,535 個位元組，最小值為 0。

- 錯誤檢查碼（**Checksum**）：長度為 16 Bits，為了確保 TCP 封包的內容在傳送的過程沒有受到損壞（包括表頭和資料），TCP 封包中使用了錯誤檢查碼（Checksum）來檢查資料的傳送是否正確抵達接收端，方法是在 TCP 封包加上一個「虛擬表頭」（Pseudo Header），運作方式與 UDP 相同。

- 緊急資料指標（**Urgent Pointer**）：長度為 16 Bits，必須與 URG 旗標共同使用，當 Flags 中的 URG 設定為 1 時此欄位才有作用，內容為需要緊急處理的位元組個數，欄位記錄會用來標示為緊急資料的最後一個位元組，例如設定此欄位為 5 時，表示 TCP 資料中從第 0 ~ 4 共 5 個位元組需要緊急處理。

- 選項（**Options**）：Options 的長度不固定，一般來說並不常用，主要用來擴充 TCP 的功能，Options 使用與否由用戶端自行決定，但總長度必須為 32 Bits 的倍數，每個選項基本上具備有三個欄位，如下圖所示：

Option Kind (8位元)	Option Length (8位元)	Option Data (長度不定)

1. Option Kind：此欄位佔 8 個位元，又稱為命令碼，記錄 Option 的功能種類或用途，下表將列出常用的 Option 種類說明：

Option Kind	說明
0	End of operation，表示選項結束，沒有 Option Length 與 Option Data 欄位，用來表示選項設定結束，之後不再有其他的選項設定。
1	No operation，無動作，用來使得 Option 的長度為 16 位元的倍數。
2	Maximum Segment Size，最大分段長度，表示 TCP 接收端所能接受的最大 TCP 資料長度，記錄於 Option Data 中，記錄的單位是位元組，Option Data 欄位長度為 16 個位元，所以最大資料長度為 0 ~ 65,535，而預設長度是 536。
3	Window scale factor，窗口大小係數，它用來調整資料傳送時的滑動窗口大小，這個項目在連線建立時決定是否使用。
4	SACK-Permitted，允許選擇性應答，沒有 Option Data 欄位，這個選項用來於連線建立時設定，表示是否允許選擇性應答。考慮下圖的狀況，當發送端送出三個封包，而其中第二個封包中無法抵達接收端，由於 TCP 的特性預設只會針對連續到達的封包進行應答，由於沒有收到封包 2，所以封包 2 與封包 3 的應答都不會傳送給發送端，而發送端在預訂的時間內由於沒有收到封包 2 與封包 3 的應答，於是重送封包 2 與封包 3。 發送端會沒有收到回應的另一種情況，也有可能是封包 2 的回應在返回前就遺失了，無論是哪一種情況，就如上圖所看到的，封包 3 會被重複發送。為了避免這種狀況，在啟始連線時，可以先設定 SACK-Permitted，如此接收端可以回應發送端，告知接收端哪些封包已經接收到了，可以不用重覆發送。

Option Kind	說明
5	SACK（Selective Acknowledge），選擇性應答，這個選項必須在啟始連線時設定 SACK-Permitted 才有作用，Option Data 的長度不定，用來於回應封包中告知發送端哪些封包已經接收到了，Option Data 中會記錄不連續收到的封包之 Sequence Number，每記錄一個封包要用去 32 個位元的長度（也就是 Sequence Number 的長度）。
8	Time Stamp，時間標籤，長度為 8 個位元組，分為「時間標籤」與「時間標籤回應」兩個欄位，若啟用此選項，當 TCP 封包離開發送端時，會將離開的時間記錄於時間標籤欄位，而當接收端回應此封包時，會複製時間標籤欄位的值至時間標籤回應欄位。

2. Option Length：此欄位佔一個位元組，用來記錄 Option 的總長度，所使用的單位為位元組。

3. Option Data：此欄位的長度不固定，用來記錄 Option 所攜帶的資料內容，其長度等於 Option Length 減去 2。

- 填充（**Padding**）：欄位長度不固定，用來填充 TCP 標頭長度為四位元組的倍數。

10-3 | TCP 連線方式

這一個小節我們將開始探討 TCP 的連線方式，整個 TCP 的傳送過程可以說相當複雜，不過簡單來說，TCP 的傳送過程必須在雙方建立起一條「虛擬線路」（virtual circuit），主要目的為進行 Sequence Number 與 Acknowledge Number 的「同步化」（Synchronize），發送端稱之為執行「主動開啟」（active open），而接收端為執行「被動開啟」（passive open），其實就是一種「確認」與「重送」的簡單概念，有一端進行發送，另一端就必須做出回應，不然傳送視同失敗，資料就必須重新發送。

10-3-1 連線開始建立

通常要開始建立一個 TCP 連線，必須經過三個步驟，稱之為「三次交握」（Three-way Handshaking），每個步驟都必須交換一些資訊，一端確認無誤後，再發送資料給另一端。傳送時的主要的目的在於交換 Sequence Number 與 Acknowledgement Number 的資訊，下圖為三次交握（Three-way Handshaking）模式的示意圖：

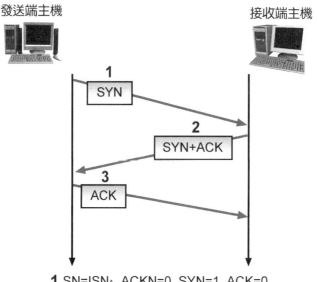

發送端主機　　　　　　　　接收端主機

1 SN=ISN_A, ACKN=0, SYN=1, ACK=0
2 SN=ISN_B, ACKN=ISN_A+1, SYN=1, ACK=1
3 SN=ISN_A+1, ACKN=ISN_B+1, SYN=0, ACK=1

⬆ 三次交握（Three-way Handshaking）

上圖中只列出了幾個重要的 TCP 表頭欄位值，其中 SN 代表 Sequence Number 欄位，ACKN 表示 Acknowledge Number，而 SYN 與 ACK 則表示 Flags 欄位中的兩個控制旗標，以下分別說明三個步驟如何進行：

🌐 步驟一（SYN）

用戶端 A 想要與伺服端 B 建立連線，首先必須將 Flags 中的 SYN 旗標設定為 1，表示這是一個起始連線的同步封包，稱為 SYN 封包（不含承載資料部分），它的序號就是初始序號，此時 A 端發送封包的 SYN 欄位設定為 1，表示連線時的同步訊號。A 首先隨機產生一個 Initial Sequence Number，假設為 ISN_A，目前還不知道 B 端將發送封包的 ISN_B（Sequence number），所以 Acknowledge Number 先預設為 0，而 ACK 設定為 0，表示這不是個回應封包。至於其他的欄位，例如 Window、或窗口大小係數等，則設定為預設值或視情況來加以設定。相關資訊如下：

SN＝ISN_A
ACKN＝0
SYN＝1
ACK＝0

🌐 步驟二（SYN+ACK）

當 SYN 封包抵達伺服端 B 時，此時已經建立起 A 至 B 的連線，接下來要建立起 B 至 A 的連線，所以 B 將封包的 SYN 旗標設定為 1，表示這也是個同步封包，並隨機產生一個 Initial Sequence Number，假設為 ISN_B。B 端接收到 A 端的封包，得知 A 端的 Sequence Number（以 ISN_A 識別）之後，而 B 也必須回應 A 的同步封包，所以將 ACK 設定為 1，表示它也是個回應封包，並將 ACK 旗標設定為 1。所以這個封包具備有同步封包與回應封包的雙重作用。由於 A 至 B 的同步封包佔一個位元，所以將 ISNA 加上 1，並填入 Acknowledge Number 欄位中。作用如步驟一，接著將封包傳送給 A 端。相關資訊如下：

SN= ISN_B
ACKN= ISN_A +1
SYN=1
ACK=1

🌐 步驟三（ACK）

當 A 收到 B 傳送過來的 SYN-ACK 封包，A 由此得知 A 至 B 的連線已建立，由於這不是個同步封包，所以 SYN 旗標設定為 0。而 A 必須要回應這個封包，會發出一個 ACK 封包作為回應，ACK 旗標設定為 1。接著將這個封包的 ISN_B 加 1 並填入 Acknowledge Number 欄位中，表示期望從 B 端收到的下一個封包編號，而這個封包是 A 的第二個封包，所以將 ISN_A 加上 1 並填入 Sequence Number 中，B 接到回應封包後，就得知 B 至 A 的連線建立完成，至此連線的建立已經完成。相關資訊如下：

SN= ISN_A +1
ACKN= ISN_B +1
SYN=0
ACK=1

以上建立連線的方式看似複雜，但只要把握「確認」與「重送」的基本原則，任一方發出資料後，都必須有另一方的確認訊息，第二個步驟屬於 B 端發送給 A 端的確認訊息並要求執行「同步化」，而第三個步驟屬於 A 端發給 B 端的確認訊息。

10-3-2　連線終止運作

　　TCP 在連線建立之後，連線的雙方地位就是相等的，不再分為主動端與被動端，雙方同時可以進行資料的傳送，也可以由任何一方逕行中斷連線的要求，中斷連線時可以單方面進行中斷或同時進行中斷。如果要中止 TCP 的連線，可單獨中斷一方的連線，例如在要求伺服端進行資料傳送時，由於用戶端已經完成指令的要求，此時不用再繼續保持至伺服端的連線，於是主動提出中斷連線要求（用戶端至伺服端），所以又稱為「主動式關閉」，此時伺服端至用戶端的連線仍然存在，繼續資料傳輸的動作，待資料傳送完畢，伺服端再要求中斷至用戶端的連線即可，這個動作又稱之為「被動式關閉」。

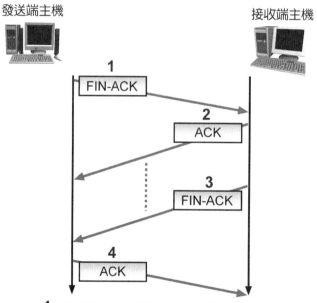

1 $SN=FSN_A$, $ACKN=SN_B$, $ACK=1$, $FIN=1$

2 $SN=SN_B$, $ACKN=FSN_A+1$, $ACK=1$, $FIN=0$

3 $SN=FSN_B$, $ACKN=SN_A$, $ACK=1$, $FIN=1$

4 $SN=SN_A$, $ACKN=FSN_B+1$, $ACK=1$, $FIN=0$

🔵 四次交握（Four-way Handshaking）說明圖

　　如果要中止 TCP 的連線，必須經過四個步驟，這稱之為「四次交握」（Four-way Handshaking）。上圖中完`整說明四次交握的流程，其中 FIN 表示 Flags 欄位中的 Finish 控制旗標，以下說明這四個步驟所進行的動作內容：

🌐 步驟一（FIN-ACK）

假設用戶端 A 已經完成對伺服端 B 的資料傳送，準備要中斷至 B 的連線，首先可將 FIN 旗標設定為 1，B 也必須回應 A 的封包，所以將 ACK 設定為 1。而這個封包將是 A 至 B 的最後一個資料封包，所以設定 Sequence Number 為 FSN_A，表示這是 A 至 B 的 Final Sequence Number，而且 ACK＝1，此時的 Acknowledge Number 則為 SN_B。相關資訊如下：

SN＝FSN_A

ACKN＝SN_B

ACK＝1

FIN＝1

🌐 步驟二（ACK）

伺服端 B 收到 A 的中斷連線封包，將 FSN_A 加 1，並將封包傳送給 A 以回應此次中斷連線要求，FIN 設定為 0，表示中斷 B 至 A 的連線，並設定 Sequence Number 為 SN_B，然後將封包傳送出去，這也是個回應封包，所以 ACK＝1。相關資訊如下：

SN＝SN_B

ACKN＝ FSN_A＋1

ACK＝1

FIN＝0

🌐 步驟三（FIN-ACK）

接下來當伺服端 B 已完成對 A 的資料傳輸之後，於是將 FIN 旗標設定為 1，表示要中斷至 A 的連線，A 也必須回應 B 的封包，所以將 ACK 也設定為 1。而此時的封包是 B 至 A 的最後一個封包，所以設定 Sequence Number 為 FSN_B，表示這是 B 至 A 的 Final Sequence Number。相關資訊如下：

SN＝FSN_B

ACKN＝ SN_A

ACK＝1

FIN＝1

🌐 步驟四（ACK）

用戶端 A 收到伺服端 B 的中斷連線封包，將 FSN_B 加 1，設定為 Sequence Number，並將封包傳送給 B 以回應此次中斷連線要求，所以將 ACK 設定為 1。相關資訊如下：

$SN = SN_A$

$ACKN = FSN_B + 1$

$ACK = 1$

$FIN = 0$

事實上，由於 TCP 是一種雙向傳輸的協定，在網路中任何一個裝置有可能同時扮演用戶端與伺服端的角色。在雙方同時要啟始連線時，雖然機率不大，但仍有可能發生，就是雙方所發出連線要求的封包同時抵達，這種情況稱之為「同步連線起始」（Simultaneous connection initialization）。TCP 被設計為可以處理這個狀況，當這個情況發生時，雙方都會建立連線，這個時候並沒有哪一方是「主動開啟」或「被動開啟」，雙方的地位是對等。下圖中 A 或 B 發起連線的時間並不一定是相同，但由於網路狀況不相同，而使得同步封包抵達的時間相同，此時雙方都會建立起連線，而可以彼此傳送資料：

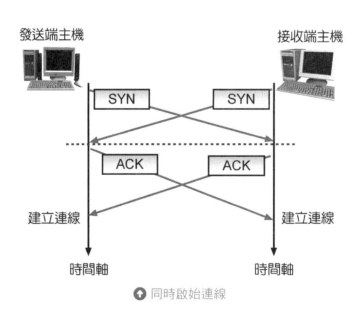

↑ 同時啟始連線

10-4 | 重送機制

我們一再強調 TCP 資料傳送的過程中所交換的訊息相當的多,但可以簡化為「確認」與「重送」兩項目的。簡單地說,只要發送端沒有收到接收端的確認封包,就認定資料沒有送達,此時必須重送封包。在正常的情況下,發送端送出 SYN 封包後,當接收端接收到封包後就會發出 ACK 封包,告訴發送端「我收到了」。就這麼一來一往不斷地進行傳送與確認,如下圖所示:

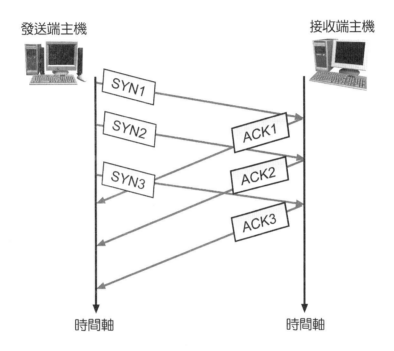

由於資料傳送過程中,中間有可能會經過許多個網路,這中間會使得資料封包發生沒有送達,或是發送端收不到接收端的確認封包,TCP 必須要能應付這些重送狀況,請看如下分析。

10-4-1 資料封包沒有送達接收端

在網路狀況不良的情況下,所丟出去的封包一直擁塞在網路上,由於接收端一直沒有得到回應,就再次丟出封包,結果使得情況更加雪上加霜。當資料封包在傳送的過程中,由於某些因素,導致接收端重新計算錯誤檢查碼時,如果結果不是全部為 0,則認

定此封包損壞而將它丟棄，或者 IP 封包於網路中轉送過多次，最後 TTL 值為 1 而被路由器丟棄，導致接收端沒有收到封包，如此一來，導致接收端沒有收到封包，發送端因此收不到確認封包，而必須要重送封包。

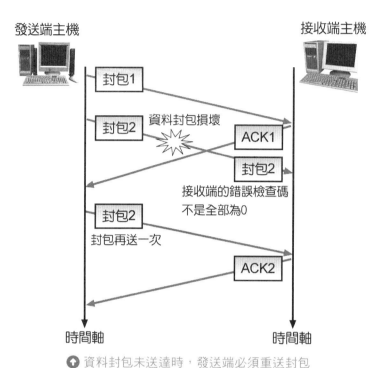

發送端主機　　　　　　　　　　接收端主機

封包1

封包2　資料封包損壞　　　ACK1

封包2

接收端的錯誤檢查碼
不是全部為0

封包2

封包再送一次

ACK2

時間軸　　　　　　　　　　時間軸

⬆ 資料封包未送達時，發送端必須重送封包

10-4-2　確認封包沒有送達發送端

資料封包可能已經抵達接收端，也已經發出確認封包，不過確認封包卻在返回的傳輸過程中遺失，由於封包仍持續於網路上傳遞，而接收端因沒有收到回應封包，認定封包遺失，這時還是必須重送封包。

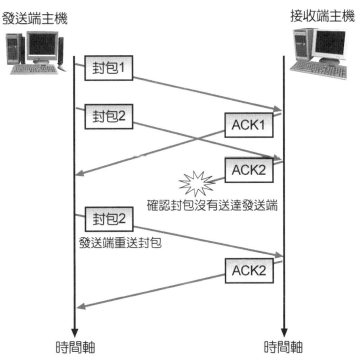

發送端主機　　　　　　　　　　　　接收端主機

確認封包沒有送達發送端

發送端重送封包

時間軸　　　　　　　　　　　　　　時間軸

🔼 確認封包於中途遺失，發送端重送封包

10-4-3　封包沒有連續抵達接收端

　　TCP 只會對連續抵達的封包進行應答，例如有編號 1、2、3 三個封包，其中 1、3 號封包抵達了接收端，而 2 號封包沒有抵達，此時接收端只會針對 1 號封包進行確認，由於收不到 2、3 號的確認封包，於是發送端重送 2、3 號封包。對於接收端而言，雖然封包 3 是重複收到了，如果不連續抵達的情況經常發生，會造成許多封包的重複發送。此時可使用 Option 欄位中的 SACK-Permitted 與 SACK 項目，以選擇性應答方式告知發送端有哪些封包已經送達，就可以不用重複發送。

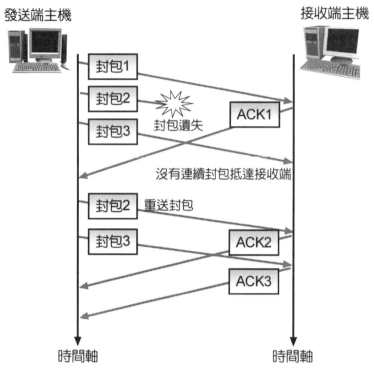

發送端主機

接收端主機

封包1

封包2

封包遺失

ACK1

封包3

沒有連續封包抵達接收端

封包2 重送封包

封包3

ACK2

ACK3

時間軸

時間軸

⬆ TCP 只會對連續抵達的封包進行應答

10-5 | TCP 流量控制

　　TCP 連線時會不斷地進行傳送與確認的動作，但是每發出一個封包後，就必須等待另一端的回應，結果是整個傳輸的過程中，耗費在等待的時間佔了大多數，在傳輸效率並不是很好，因此 TCP 具備的另外一個重要功能就是流量控制，其最大功臣就是「滑動窗口」（sliding window）的大小來控制資料的傳送量。也就是說，TCP 可以根據當時的網路情況或硬體資源，利用滑動窗口的機制，隨時調整資料的傳送速度。

　　滑動窗口可以想像是個實體的窗戶，窗口開啟較大，則資料流量大，窗口開啟較小，則資料流量小。透過滑動窗口的大小來控制資料傳輸的流量，至於滑動窗口的大小可以動態更動，其數值的大小主要是由接收端告知發送端來控制，必要的時候，可以將窗口完全關閉，讓發送端就無法送出資料。要留意的是，當滑動窗口的大小變大時，可以允許連續傳送多個封包，雖然可以獲得資料流量的大幅增加，但同時也會佔用較多的電腦資源。相對地，如果當下的硬體資源或網路忙碌時，不足以負荷過大的資量流量時，就可以改採用較小的滑動窗口。

10-5-1 滑動窗口簡介

在連線啟始時會預設滑動窗口的大小，接著再於接收端的應答封包中的 Window 欄位設定滑動窗口大小，此處假設封包送出後依序抵達，也順利的依序應答。如果使用滑動窗口，只要網路狀況沒有問題，而接收端處理封包的速度夠快，一次就可以送出多個封包或較大的資料量，因此可以加快資料的傳送，以及避免應答時間的等待，但如果接收端來不及處理封包或網路壅塞，也可以設定為較小的窗口，減少資料的送出。底下範例我們以大小固定為 4 的滑動窗口，來說明滑動窗口的設定變化。

1. 假設視窗的大小是 4 個封包，A 端開始分別送出 1~4 個封包，並開始等候 B 端的回應，如下圖所示：

2. 當 A 端收到 B 端的 ACK1 確認封包，由於封包 1 在最左邊，所以就準備移出視窗，然後移進新的封包 5。

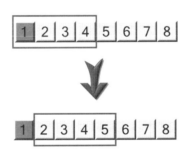

3. 接下來 A 端又連續收到 ACK2 與 ACK3 的確認封包，所以封包 2 與封包 3 移出視窗，但是封包 6 與封包 7 也逐步移進視窗。

4. A 端收到 ACK5 的確認封包，但還未收到 ACK4 的確認封包，所以繼續留在視窗內等待回應。

5. A 端收到 ACK4 的確認封包，由於封包 4 與封包 5 位於視窗最左邊，所以一起被移出視窗外，並將封包 8 與封包 9 移入視窗。

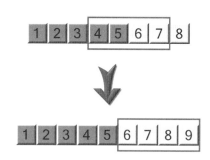

不過滑動窗口的大小實際上並不是以封包個數為單位，而是以位元組為單位，下圖表示了 A 端（發送端）與 B 端（接收端）之間如何進行流量控制，其中 B 端會視當下的硬體資源及網路忙碌情況，適時回應滑動窗口的大小資料給發送端主機：

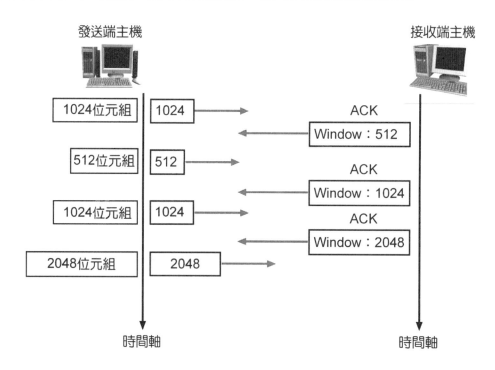

10-5-2 傳送窗口與接收窗口

前面小節所舉的滑動窗口的例子，我們只假設發送端主機加入了滑動窗口的機制，並在簡化滑動窗口機制的前提下，用實例說明滑動窗口的移出及移入的過程。不過，既然滑動窗口的機制有助於加速資料的傳送，所以在實際的應用上，不會只有 TCP 的單一

方的發送端加入滑動窗口的機制，在 TCP 接收端也可以加入滑動窗口，為了區別發送端與接收端的滑動窗口名稱，我們將發送端的滑動窗口稱之為傳送窗口（Send Window），接收端的滑動窗口稱之為接收窗口（Receive Window）。

那到底接收窗口的角色和傳送窗口有何不同，以前面所介紹的例子，當 A 端（發送端）送出的封包抵達 B 端（接收端）時，封包到達 B 端的順序不一定和 A 端送出的封包順序一致，因此就可以利用 B 端的接收窗口來紀錄封包到達的情況，並只針對那些連續到達的封包才發出回應（ACK）封包給 A 端，並將這些已收到的連續封包先放在緩衝區，當到達一定的量，再將這些連續封包轉交給上一層的應用程式，以繼續下一個階段的處理。至於那些收到的非連續封包則會先行標示為已收到的封包，以等待其他陸續到達封包，連貫成一連續封包，才會將其移出接收窗口。

至於哪一種情況才屬於連續收到的封包？又哪一種情況被稱為非連續收到的封包，我們以一個例子來說明，假設封包送出的順序是以 Packet1、Packet2、Packet3⋯⋯，當接收端收到封包後，會先將其標示已收到的封包，以下圖為例，我們以「黃色」來標示那些已收到的封包，則 Packet1～ Packet2 則稱之為連續收到的封包，至於 Packet4～ Packet5 及 Packet7 則為非連續收到的封包，因為這些封包的前面還有封包尚未收到，如圖中的 Packet3 封包還沒到達，我們以「淺藍色」來標示那些還沒有收到的封包。又如 Packet7 前一個封包 Packet6 也還沒有到達，所以 Packet7 也是屬於非連續收到的封包。請注意，只有連續收到的封包才會對發送端送出回應封包，並將這些連續封包先送往緩衝區，以等待轉交給上層的應用程式。

Packet1	Packet2	Packet3	Packet4	Packet5	Packet6	Packet7

我們仍以上例大小固定為 4 的滑動窗口，來說明將 A 端（發送端）與 B 端（接收端）間，傳送窗口（Send Window）與接收窗口（Receive Window）的設定變化。此例我們假設視窗的大小是 4 個封包，A 端開始分別送出 1～4 個封包，B 端接收窗口的狀態如下圖所示：

當 B 端（接收端）收到封包後，會先將該封包標示為「已收到」（我們在下面的圖示以黃色區塊表示為已收到的封包），如果該已收到的封包位於接收窗口的最左側，則會向

A 端（發送端）送出該封包對應的回應封包，並將接收窗口往右滑動一格，如果此時接收窗口最左側封包也被標示為「已收到」，則繼續向右移動一格，直到接收窗口最左邊封包沒有被標示為「已收到」為止。

此例假設 B 端封包到達的順序為封包 4、封包 1、封包 2、封包 3，則底下為 B 端接收窗口的動作變化：

1. B 端先收到封包 4，所以將封包 4 標示為「已收到」（下圖中以黃色標示代表此封包為已收到），由於封包 4 並不是 B 端接收窗口最左邊的封包，所以暫時不會對 A 端送出對應的回應封包，此時也無須移動接收窗口的窗框（Window）。

```
1 2 3 4 5 6 7 8 9 10 …
```

2. 接著 B 端收到封包 1，所以將封包 1 標示為「已收到」，由於封包 1 是 B 端接收窗口最左邊的封包，所以必須對 A 端送出對應的回應封包，並將接收窗口的窗框向右移動一格。如下圖所示：

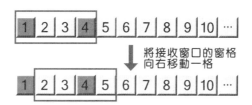

3. 接著 B 端收到封包 2，所以將封包 2 標示為「已收到」，由於封包 2 是 B 端接收窗口最左邊的封包，所以必須對 A 端送出對應的回應封包，並將接收窗口的窗框向右移動一格。如下圖所示：

```
1 2 3 4 5 6 7 8 9 10 …
```

4. 接著 B 端收到封包 3，所以將封包 3 標示為「已收到」，由於封包 3 是 B 端接收窗口最左邊的封包，所以必須對 A 端送出對應的回應封包，並將接收窗口的窗框向右移動一格。然後封包 3 後面的封包 4 也已標示「已收到」，所以必須對 A 端送出對應的回應封包，再繼續將接收窗口的窗框向右移動一格。為如下圖所示：

```
1 2 3 4 5 6 7 8 9 10 …
```

11 ARP 與 ICMP

CHAPTER

IP 通訊協定是網路層最重要的協定，當資料封包在網路「傳送的過程」中可能會發生一些問題，例如網路壅塞、路由器找不到合適的傳送路徑、IP 封包無法順利傳出等，要維持 IP 通訊協定在網路傳送時的順暢，這時就必須依賴一些如 ARP、ICMP 等輔助協定。

我們知道一個主機都必須有一個 IP 位址，而每個網路位置必須有一個專屬於它的 MAC 位址。如果是網路卡的話，就是燒錄在網路卡上的 ROM 或 EEPROM 的網路卡卡號，人的姓名偶有重覆，但是 MAC 位址基本上不會相同，因為製作廠商必須向 IEEE 進行申請，以確保 MAC 位址的「全球唯一性」（Global Uniqueness）。

> **TIPS** MAC 位址（MAC address）是網路卡所使用的 6 個位元組（48 位元）之硬體位址，其中包括了製造商號碼與網路卡的編號。網路卡都具有獨一無二的 MAC 位址，前三組數字為 Manufacture ID，就是廠商 ID；後三組數字為 Card ID，就是網路卡的卡號，透過這兩組 ID，我們可以在實體上區分每一張網路卡。

11-1 | 認識 ARP

ARP 全名為「Address Resolution Protocol」，稱之為「位址解析協定」，於 RFC 826 中有詳細的規定，主要功能是將 IP 位址轉換成 MAC 位址，它是運作於區域網路中，用來取得電腦裝置的 MAC（Media Access Control, MAC）位址。ARP 通訊協定也是屬於網路層運作的協定，所以它並不限制使用於乙太網路上，例如符記環或 ATM 網路等都可以使用。

就以乙太網路為例，同一區域網路中的一台主機要和另一台主機進行直接通訊，必須要知道目標主機的 MAC 位址。ARP 是採取「廣播」（broadcast）的方式來發送封包，一旦送出資料，所有在網路上的電腦裝置都會得知，不過只有指定的電腦裝置會有所反應。當一個封包從網際網路上的伺服器傳到某一台指定的電腦時，伺服器是以 IP 位址來認定目標電腦，以 OSI 模型看封包傳遞的順序，IP 位址定義在第三層網路層，MAC 位址定義在第二層資料鏈結層。所以封包要正確傳遞，就需要透過 ARP 的橋接動作，ARP 就是負責以目標電腦的 IP 位址查詢到對應的 MAC 位址，使雙方得以 MAC 位址直接進行通訊。ARP 主要是應用在 IPv4，是網路層必不可少的協定，但是到新版 IPv6 則不再使用 ARP，因其中的芳鄰找尋（Neighbor Discovery）訊息繼承了 ARP 解析地址的功能。

TIPS ARP 負責以 IP 位址查詢 MAC 位址，RARP 則是以 MAC 位址查詢 IP 位址，RARP 用戶端本身並沒有 IP 位址，它在開機後會以廣播的方式發出 RARP request，雖然所有的電腦都收到這個封包，但只有 RARP 伺服端會回應這個訊息，並分配一個 IP 位址，一般很少會用到 RARP 協定。

11-1-1　ARP 的工作原理

　　ARP 的基本作業流程是兩部電腦位於同網域，因為 ARP 只能解析同一個網路內的 MAC 位址，若兩部電腦位在不同的網域內，則中間必須透過路由器（或交換器）的轉送才可完成。ARP 的工作原理相當簡單，主要是由 ARP Request 與 ARP Replay 兩個封包組成的動作。假設目前區域網路中有 C1、C2 兩台電腦，將執行資料傳輸的兩部電腦，其 IP 與 MAC 如下表：

角色	IP 位址	MAC 位址
電腦 C1	192.168.2.13	00:C4:E2:47:7F:5E
電腦 C2	192.168.2.21	00:AB:6E:C2:D0:07

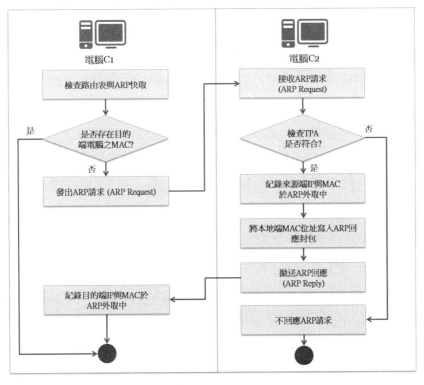

🔵 工作流程圖

1. C1 電腦要傳送資料給 C2 電腦，不過還不知道 C2 電腦的實體位址，於是以廣播的方式發出 ARP request，不過首先電腦 C1 檢查電腦 C2 的 IP 與 MAC 位址是否已經記錄於本地的 ARP 快取中；若有，則立即使用快取中的對應表。

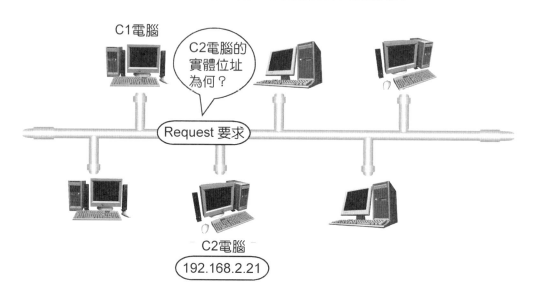

TIPS　ARP 快取（ARP Cache）的設計便是為了節省網路上的傳輸浪費，只要 ARP 完成每次查詢後，就會將 IP 位址與 MAC 位址的記錄存放在快取中。靜態記錄是經由網管人員以手動方式加入或更新，靜態紀錄會維持在 ARP 快取中，不會因為時間逾期而被刪除，會一直保留直到電腦重新開機。動態 ARP Cache 則是超過時效性就會被消除，以微軟 Windows 作業系統為例，ARP Cache 保留時間為 10 分鐘，若超過時效則 ARP 作業流程就必須重新執行。

2. 若 ARP 快取查詢不到電腦 C2，則以廣播方式發出 ARP REQUEST，此時同網域的所有電腦都會收到 ARP REQUEST，隨即檢查目的端通訊協定位址（Target Protocol Address, TPA）資訊是否符合本身的 IP 位址；若不符合，該電腦就不處理收到的 ARP REQUEST。

3. 若 ARP REQUEST 中的 TPA 等於電腦的 IP 位址，就判定該電腦為目的端。此時電腦會先紀錄來源端的 IP 與 MAC 位址，然後拆解 ARP REQUEST 封包內容，加上本身的 MAC 位址，封裝成 ARP REPLY 封包，並拋送回來源端 IP 位址。

4. 電腦 C1 接收到 ARP REPLY 後，即紀錄目的端 IP 與 MAC 位址於 ARP 快取中，此時 ARP 作業完成，雙方開始傳送資料內容。

在此要特別補充一點，當傳送主機和目的主機不在同一個區域網路時，即使知道目的主機的 MAC 位址，兩部主機也不能直接通訊，傳送主機必須透過路由器向外轉送。也就是說，傳送主機透過 ARP 取得的 MAC 位址並不是目的主機的真實 MAC 位址，而是一部可以通往區域網路外的路由器的 MAC 位址，而這種情況則稱為 ARP 代理（ARP Proxy）。

11-1-2 ARP 的封包

ARP 協定是利用 TCP／IP 協定中廣播方式進行傳遞，因此 ARP 封包前會帶有 TCP／IP 表頭，依序為目的位址、來源位址、協定類型，然後是 ARP 封包內容；接在 ARP 封包尾端有 10 個位元組的保留空間以及 CRC 檢查碼。如下圖所示：

Destination Address (6 Bytes)	Source Address (6 Bytes)	Type (2 Bytes)	ARP Packet (28 Bytes)	Padding (10 Bytes)	CRC (4 Bytes)

ARP 發出實體位址查詢需求的動作稱之為 ARP request，回應實體位址的動作稱之為 ARP reply，但其實它們的封包欄位格式相同，主要是記錄 IP 位址與 MAC 位址的相關資訊內容，如下圖所示：

Hardware Type (2 Bytes)		Protocol Type (2 Bytes)	
Hardware Address Length (1 Byte)	Protocol Address Length (1 Byte)	Operation Code (2 Bytes)	
Source Hardware Address (6 Bytes)			
Source Protocol Address (4 Bytes)			
Target Hardware Address (6 Bytes)			
Target Protocol Address (4 Butes)			

⬆ ARP 封包格式

- 硬體類型（**Hardware Type**）：長度 2 個位元組，此欄位內容依據本次實體傳輸的類型填入，如乙太網路或符記環網路等，乙太網路的值為 1，符記環為 6，而 ATM 則為 16，其他代碼請參考 RFC 1700 有關於 ARP 的部分。

- 通訊協定類型（**Protocol Type**）：長度 2 個位元組，此欄位內容為本次通訊協定類型，例如 0x0800（十進位 2048）代表 IP 協定、0x8137（33079）代表 IPX，若為 TCP／IP 則代碼為 0x0800（十六進位）。

- 硬體位址長度（**Hardware Address length**）：長度 1 個位元組，此欄位表示該類型的硬體位址長度，例如乙太網路所使用的 MAC 位址為 6 個位元組，所以此處就設為 6。

- 通訊協定位址長度（**Protocol Address length**）：長度 1 個位元組，指定網路層所使用的協定位址長度，單位為位元組，在 IP 協定中，此欄位值設為 4。

- 操作碼（**Operation Code**）：長度 2 個位元組，此欄表示 ARP 封包使用的型態，共有四種模式：

代碼	功能
1	ARP Request
2	ARP Reply
3	RARP Request
4	RARP Reply

- 來源端硬體位址（**Sender Hardware Address, SHA**）：長度不定，長度取決於 Hardware Address Length 欄位，在 ARP Request 封包中，來源端為本地電腦的 MAC 位址；若在 ARP REPLY 封包中，來源端則為遠端電腦或是遠端路由器。如果是乙太網路的話，即為 6 個位元組的 Mac 位址。

- 來源端通訊協定位址（**Sender Protocol Address, SPA**）：長度不定，記錄發送端所使用的邏輯協定位址，此欄位的長度跟 Protocol Type 長度有關，以 IP 協定為例，就是 4 位元組的 IP 位址。

- 目的端硬體位址（**Target Hardware Address, THA**）：記錄目的端的硬體位址，長度不定，長度取決於 Hardware Address Length 欄位。如果是乙太網路的話，即為 6 個位元組的 Mac 位址。

- 目的端通訊協定位址（**Target Protocol Address, TPA**）：目的端通訊協定位址，長度不定，此欄位的長度跟 Protocol Type 長度有關，記錄目的端所使用的協定位址，以 IP 協定為例，此欄位是 4 位元組的 IP 位址。在 ARP REQUEST 封包中，此欄位值是對方電腦的 IP 位址；而在 ARP REPLY 封包中，此欄位值是當初發送 ARP REQUEST 的電腦 IP 位址。

這個小節針對區域網路中的各種封包格式做了個介紹，並說明 ARP 協定運作原理，以瞭解封包格式的意義與實地的往來作業情況，至於 ARP 封包中使用到的硬體類型、通訊協定類型與操作碼等選項，可參考 RFC826、RFC5342 以及 RFC5494，也可連上 Internet Assigned Numbers Authority（IANA）網站（http://www.iana.org）查詢詳細資料。

11-1-3　ARP 工具程式

在大部分的作業系統都會提供 ARP 工具程式，以微軟 Window 為例，它的 ARP 工具程式名稱為 ARP.EXE。這支程式可以讓使用者檢視與增刪 ARP 快取的內容。例如：要檢視 ARP 快取的內容，可以在命令列提示符號鍵入 arp –a 的指令，如下圖所示：

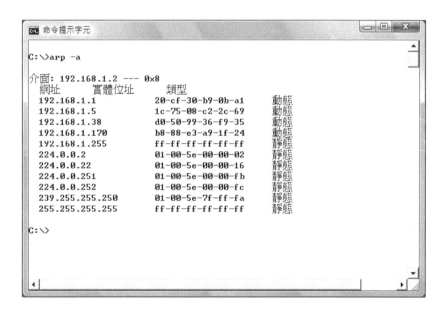

在上圖中的「網址」代表要解析的目標主機之 IP 位址，而「實體位址」則是解析後目標主機的 MAC 位址，至於「類型」欄位則是說明此筆紀錄的產生方式，ARP Cache 分為靜態（Static）與動態（Dynamic）兩種型態。其他指令語法如：

- arp –s　IP 位址　MAC 位址：此指令是用來在 ARP 快取中新增一筆靜態紀錄。
- arp –d　IP 位址：此指令是用來刪除 ARP 快取中的紀錄。

11-2 | ICMP 通訊協定

由於 IP 協定是一種「非連接式」（Connectionless）傳輸通訊協定，主要負責主機間網路封包的定址與路由，並將封包從來源處送到目的地。但由於 IP 協定考慮到傳輸的效能，資料的發送端只需負責將封包送出，並不會去理會封包是否正確到達。因為它缺乏確認與重送機制，也沒有任何的訊息回報及錯誤報告的機制，例如：網路環境常發生的錯誤可能有參數設定錯誤、線路中斷、設備故障或路由器負載過重等狀況。如果要得知資料傳送的過程資訊，就必須依賴 ICMP 協定的幫助。

不過在此各位要先瞭解 ICMP 也是屬於網路層的協定，僅是扮演一個「錯誤偵測與回報機制」的輔助角色，它能夠幫助我們檢測網路的連線狀況，偵測遠端主機是否存在，以確保連線的準確性，當我們要對網路連接狀況進行判斷的時候，ICMP 是個非常有用的協定。ICMP 並不具備「解決問題」的能力，收到 ICMP 封包的主機要如何進行處理，與 ICMP 本身完全沒有關係，通常必須依賴更上層的協定或程序來處理才可。

11-2-1 認識 ICMP

網路控制訊息協定（Internet Control Message Protocol, ICMP），它運作於 DOD 模型的網際網路層，不過它的資料並不直接送往網路存取層，ICMP 封包是封裝在 IP 協定封包中再傳送出去，可說是 IP 協定的輔助協定，提供 IP 協定所沒有的網路狀況或錯誤等報告。

ICMP 封包可能來自於主機或路由器，能夠反應主機或路由器目前的運作情形與資料處理狀況，一個 ICMP 訊息依照作用還可以區分為「詢問訊息」（query message）與「錯誤報告訊息」（error-reporting message）兩種。

- 詢問訊息（**query message**）主要分為下列幾種類型：
  ▶ Echo Reply，回應答覆資料。
  ▶ Echo Request，回覆請求資料。
  ▶ Router Advertisement，路由器通告資料。
  ▶ Router Solicitation，路由器選擇資料。
  ▶ Timestamp Request，時間標籤要求。

▶ Timestamp Reply，時間標籤回覆。

▶ Address Mask Request，位址遮罩要求。

▶ Address Mask Reply，位址遮罩回覆。

• 錯誤報告訊息（**error-reporting message**）主要分為下列幾種類型：

▶ Destination Unreachable，無法抵達目標資料。

▶ Source Quench，來源端放慢資料。

▶ Redirect，重新導向資料。

▶ Time Exceeded，時間逾時。

▶ Parameter Problem，資料參數問題。

11-2-2 ICMP 封包格式

一個 ICMP 封包主要可以分為「表頭」與「資料」兩個部分，表頭欄位長度固定為 32 位元的長度，其中包括三個欄位：Type、Code 與 Checksum。ICMP 資料欄位的內容與長度，視封包作用與類型而有所不同，一個 ICMP 封包內容如下圖所示：

TYPE（種類），8 Bits	CODE（代碼），8 Bits	Checksum（加總檢查碼），16 Bits
資料區（長度不定）		

🌐 種類（Type）

長度為 8 Bits，標示 ICMP 的封包種類，也就是 ICMP 封包的作用，一個 ICMP 封包可以帶有各種不同的資料，而以此欄位作為識別，ICMP 的種類相當多，各位可以連上 https://www.iana.org/assignments/icmp-parameters/icmp-parameters.xhtml 查詢完整的 ICMP 種類內容，以下列出幾個常見的 ICMP 種類值：

種類	說明
0	Echo Reply，回應答覆資料。
3	Destination Unreachable，無法抵達目標資料。
4	Source Quench，來源端放慢資料。
5	Redirect，重新導向資料。
8	Echo Request，回覆請求資料。

種類	說明
9	Router Advertisement，路由器通告資料。
10	Router Solicitation，路由器選擇資料。
11	Time Exceeded，時間逾時。
12	Parameter Problem，資料參數問題。
13	Timestamp Request，時間標籤要求。
14	Timestamp Reply，時間標籤回覆。
15	Information Request，在 RARP 協定應用之前，此訊息是用來在開機時取得網路訊息。
16	Information Reply，用以回應 Information Request 訊息。
17	Address Mask Request，位址遮罩要求。
18	Address Mask Reply，位址遮罩回覆。

🌐 代碼（Code）

長度為 1 bytes，與 ICMP 種類（Type）配合可定義各種 ICMP 訊息的作用，大部分的 ICMP 種類中只定義一種 ICMP 代碼，此時代碼設為 0。例如當目的端無法到達時，可能是目的主機沒有開機或目的主機所在的網路無法到達等原因，Code 欄位會以不同的代碼來定義這些情況，如果沒有多個情況要加以區別，則 Code 欄位設定為 0。

🌐 加總檢查碼（Checksum）

長度為 2 bytes，用來儲存 ICMP 錯誤訊息的加總檢查碼。

🌐 ICMP 資料

這裡的欄位內容與長度隨著 ICMP 種類（Type）不同而有所變化。

11-2-3 Echo Request 與 Echo Reply

ICMP 協定的一種較常見應用是對某個節點發送一個訊息，並請該節點回應一個訊息給發送端，以瞭解連線或網路狀態，通常使用的有兩種類型：回應要求（Echo Request）與回應答覆（Echo Reply）。

　　Echo Request 與 Echo Reply 封包主要運作於主機與主機之間，用來決定目的主機是否可以到達，發送端主機發出 Echo Request 封包，而接收端主機收到封包則回應 Echo Reply 封包，如下圖所示：

🔼 Echo Request 與 Echo Reply

　　雖然封包是運作於兩台主機之間，由於 ICMP 封包是包裝於 IP 封包之中，如果兩台主機間能夠處理 ICMP 封包，也就表示兩台主機之間的 IP 協定運作並沒有問題。Echo Request 封包表頭的 Type 欄位設定為 8，而 Echo Reply 的 Type 欄位設定為 0，而 Code 欄位則固定為 0，至於資料部分則包括 Identifier、Sequence Number 與 Optional Data 三個部分，如下圖所示：

Type (種類) 8位元	Code (代碼) 8位元	Checksum (加總檢查碼) 16位元
Identifier (識別碼) 16位元		Sequence Number (序號) 16位元
Optional Data (選項資料) 此欄位長度並不固定		

🔼 Echo Request and Reply 封包內容

　　Identifier、Sequence Number 在協定中並沒有定義它的作用，不過發送封包的主機可以自由使用，以下說明 Identifier、Sequence Number 與 Optional Data 三個欄位。

Identifier（識別碼）

長度為 2 bytes，由發送 Echo Request 的主機產生，通常用來定義發送訊息的主機之程序識別碼（Process ID），由此可以得知該封包是屬於哪一個程序所發出，至於 Echo Reply 封包的 Identifier 欄位值則必須與 Echo Request 相同，表示為同一組 Echo Reply / Echo Request。

Sequence Number（序號）

長度為 2 bytes，通常用來識別所送出的封包，由 Echo Request 的發送端產生，第一次發出的封包序號為隨機產生，而且每發送一個封包就遞增 1，用來區分所發出的是第幾個 ICMP 封包，而接收端收到封包後，就會將這個欄位的值填入 Echo Reply 封包中的 Sequence Number 欄位，發送端可以依此判斷該封包是在回應哪一個 Echo Request 封包，Echo Reply 與 Echo Request 的序號欄位內容必須相同，表示為同一組 Echo Reply / Echo Request。

Optional Data（選項資料）

此欄位長度並不固定，內容視 Echo Request 的發送端所使用之程序而定，用來記錄選擇性資料，Echo Reply 的 Optional Data 必須重複這個欄位的內容，由此可確認資料在傳送的過程沒有發生錯誤。

11-2-4　Destination Unreachable 資料

如果目的主機無法傳送封包，或是路由器無法繞送封包至目的主機，則該封包會被目的主機或路由器丟棄，這時必須回報一個 ICMP 封包給發送封包來源，告知訊息無法傳送的原因。丟棄封包的目的主機或路由器可以送出一個 Destination Unreachable（無法抵達目標資料）封包給發送封包的主機，Destination Unreachable 封包的格式如下圖所示：

Type（種類） 8位元	Code（代碼） 8位元	Checksum（加總檢查碼） 16位元
不使用，全部為0 32位元		
IP標頭與資料承載 （長度不定）		

⬆ Destination Unreachable 封包欄位格式

Destination Unreachable 封包的 Type 欄位值為 3，由於目的地無法達到會有許多原因，所以 Destination Unreachable 封包的 Code 欄位就用來定義這些可能的原因，它的值由 0 ～ 12，以下說明幾種常見的 Code 欄位值所代表的意義：

- 欄位值 0：Network Unreachable（網路無法到達），此訊息為路由器產生，當路由器硬體有問題，或是找不到適當的傳送路徑時，由路由器發送 network unreachable 訊息給 IP 封包來源端。

- 欄位值 1：Host Unreachable（主機無法到達），此訊息由路由器產生，路由器已發送訊息給目的端，但無法收到目的端的回應，此時由路由器發送 Host unreachable 訊息給 IP 封包來源端。主機與路由器所在的網路直接連接，但主機無法到達，可能是主機已關閉。

- 欄位值 2：Protocol Unreachable（協定無法到達），目的主機上該協定可能沒有運作。由目的主機產生，IP 封包所攜帶的訊息必須往上由更高的協定層進行處理，例如 TCP 協定，但是目的端沒有執行相同的協定（TCP），此時由目的主機發送 Protocol unreachable 訊息給 IP 封包來源端。

- 欄位值 3：Port Unreachable（連接埠無法到達），目的端沒有開放相對應的連接埠（伺服器程式或應用程式沒有執行）。

- 欄位值 4：Fragmentation Needed and DF Set，封包需要分段但設定了 DF 旗標，當路由器需要將封包加以分段才能送到另一個網路，但是 IP 標頭中的 DF 旗標卻被設定，因此無法將此封包加以分段，路由器會丟棄此封包並回報此錯誤訊息。

- 欄位值 5：Source Route Failed（來源路由失敗），來源路徑指定選項無法達到，IP 標頭中的路由資訊無法使用時，由路由器發送訊息給來源端。

- 欄位值 6：Destination Network Unknown（目的網路不明），可能是路由表中並沒有目的網路的相關路由資訊。

- 欄位值 7：Destination Host Unknown（目的主機不明），可能是路由表中找不到目的主機的相關路由資訊。

- 欄位值 8：Source Host Isolated，來源主機被隔離。

至於 ICMP 資料還有以下欄位：

- **Unused**（未使用）：未定義用途的欄位，其值都為 0。

- **IP header and Payload**（IP 表頭與承載資料）：會將無法送達的問題封包的 IP 表頭與承載資料的前 8 bytes 寫入本欄位，因此接收到 Destination Unreachable 封包後，就可以由此得知問題發生的原因，並進一步加以解決。

11-2-5　Redirect（重新導向）

　　當 IP 封包由一個網路到另一個網路時，必須經過路由器的繞送，路由器會為其選擇一個最佳的路徑進行傳送。例如一部主機剛開機時，它本身所擁有的路由資訊有限，由於主機並沒有以動態方式更新路由表內容，有時候主機所選擇的路由器並不一定會是最佳的路徑。如果路由器收到一個 IP 封包，將資料傳送給預設路由器，當資料到達之後，檢查本身的路由表，發現並不是最佳的路徑，它仍然會先轉送 IP 封包給下一個路由器，但也會發送一個 Redirect（重新導向）封包給發送封包的主機，以告知它最佳的路由器 IP 位址。這樣下次再傳送封包時，發送端主機就可以選擇最佳的路徑來傳送。

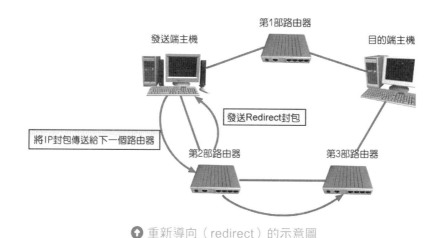

● 重新導向（redirect）的示意圖

　　當發送端主機要傳送封包給目的端主機時，假設最佳路徑是經由第一部路由器。如果以上圖為例，IP 封包卻被傳送至第 2 部路由器，第 2 部路由器檢查本身的路由表後發現主機所選擇的並不是最佳路徑，它仍然將封包轉送給第 3 個路由器，並發送一個 Redirect 封包給 IP 封包的發送主機，該主機可以由此更新本身的路由資訊，如此下次就可以選擇正確的經由第一部路由器路徑來發送封包。至於 Redirect 封包的格式如下所示，其中 Type 欄位設定為 5，而 Code 欄位值為 0 ～ 3：

Type（種類） 8位元	Code（代碼） 8位元	Checksum（加總檢查碼） 16位元
目的路由器的IP位址 32位元		
IP標頭與資料承載 （長度不定）		

● Redirect 封包

IP 表頭與資料承載的部分為所收到的 IP 封包之一部分,長度不固定,以上圖為例,目的路由器的 IP 位址(Router IP Address)部分長度為 32 Bits,就是填入第一部路由器的 IP 位址,至於 Code 欄位值所代表的意義如下所示:

- 欄位值 0:特定網路轉址。
- 欄位值 1:找到通往目的主機更適合的路徑。
- 欄位值 2:找到符合 TOS 與通往目的主機更適合的路徑。
- 欄位值 3:當路由器收到 IP 封包後,在路由表中找到符合 TOS(Type Of Service)與通往目的網路更適合的路徑。

11-2-6 Source Quench(降低來源傳輸速度)

不管是主機或路由器,因為資料接收端使用佇列來儲存等待被傳送或處理的封包,當接收封包的速度大於被傳送或處理封包的速度,由於只使用 IP 協定,本身並不具備流量控制的功能,主機或路由器並無法得知 IP 封包是否送達至目的端?還是由於網路壅塞而被其他路由器丟棄?或目的端由於來不及處理而丟棄封包?

這個時候資料就會壅塞,主機或路由器只有丟棄過多的封包,此時必須丟出一個 Source Quench(降低來源傳輸速度)封包。Source Quench 封包用來協助 IP 協定達到流量管理的功能,告知來源主機封包已被丟棄,並應放慢封包的發送速度,以免造成網路持續壅塞,如果壅塞的情況一直發生,封包被丟棄的情況就會持續,此時來源端會一直被告知放慢速度的要求。不過 ICMP 只負責報告,來源主機收到這個封包後該如何處理?如何放慢速度或進行流量控制?則不是 ICMP 所管轄的範圍。

Source Quench 封包的 Type 欄位設定為 4,Code 欄位設定為 0,再來的 32 個位元不使用,全部設為 0,如下圖所示:

Type(種類) 8位元	Code(代碼) 8位元	Checksum(加總檢查碼) 16位元
不使用 32位元		
IP標頭與資料承載 (長度不定)		

↑ Source Quench 封包

11-2-7 Time Exceeded（時間逾時）

之前我們提過為了避免 IP 封包在網路中無止盡的傳送，我們會設定一個 IP 封包的「存活時間」（Time to Live, TTL）。如果超過這個規定時間還未到達目的端，我們就稱為「逾時」。在兩種情況下路由器或主機會發出 Time Exceeded（時間逾時）的訊息：

🌐 IP 封包 TTL 欄位變為 1

為了防止路由錯誤等因素，避免 IP 封包不斷地於網路中進行轉送，導致 IP 封包在網路上無止盡的傳送，IP 封包中設定了 TTL（Time to live）欄位的值，每經過一個路由器，TTL 的值就減 1，當路由器收到的 IP 封包其 TTL 值為 1 時，就會丟棄此封包，並發出一個 Time Exceeded 訊息的 ICMP 封包給來源端。

🌐 指定時間內無法重組 IP 封包

由於 IP 封包在網路中進行傳送時，會經過不同的網路，其中由於每個網路的 MTU 值不同，而使得封包有可能被切割，這些被切割的封包會經由不同的路徑傳送，主機必須重組這些被切割的封包，如果在規定的時間內，這些封包無法全部到達目的端完成重組，則目的端會丟棄所有已接收到的分段，並發送一個 Time Exceeded 封包給發送端。

Time Exceeded 封包的 Type 欄位值設定為 11 代碼（Code）欄位為 0 時，表示此封包代表 TTL 計數逾時（TTL count Exceeded），1 代表此封包為分割重組逾時（Fragment reassembly Time Exceeded），資料欄位前 32 Bits 沒有使用，IP 表頭與 Payload 欄位則寫入原 IP 封包的表頭資訊與 Payload 前八個 Bytes 的內容。Time Exceeded 封包如下圖所示：

Type（種類）8位元	Code（代碼）8位元	Checksum（加總檢查碼）16位元
不使用 32位元		
IP標頭與資料承載（長度不定）		

⬆ Time Exceeded 封包

11-2-8　Parameter Problem（參數問題）

　　如果 IP 封包的欄位參數值有問題，路由器或目的主機發現後將會丟棄此封包，並發送一個 Parameter Problem 封包，其 Type 欄位設定為 12，而 Code 欄位設定為 0 時，表示 IP 表頭欄位有誤，這個指標會指向有問題的位元組，如果設定為 1，表示選項部分描述不完全，則指標欄位就沒有作用。Parameter Problem 封包格式如下圖所示：

Type（種類） 8位元	Code（代碼） 8位元	Checksum（加總檢查碼） 16位元
指標 8位元	不使用 24位元	
IP標頭與資料承戴 （長度不定）		

⬆ Parameter Problem 封包

11-2-9　ICMP 工具程式

　　在作業系統中大都有內建一些基本的工具程式，可以發出 ICMP 封包，例如 ping、tracert、pathping 等工具程式，在這邊簡介一下 ping 工具程式的原理及使用方式：

🌐 ping 工具程式

　　ping 工具程式是用來測試兩台主機是否能夠順利連線的最簡單的工具。ping 工具程式可以發出 Echo Request 封包，接收到此封包的主機或伺服器必須回應 Echo Reply 封包，在 Windows 下如果鍵入 ping 指令，可以得到 ping 相關的使用說明，以下針對 ping 的使用語法與常見的指令參數加以說明：

ping 參數 IP 位址或主機名稱

　　如果直接鍵入 ping 指令，會出現使用說明，下表針對參數設定加以說明：

參數	說明
-t	持續發出 Echo Request，直到按下 Ctrl+C 鍵停止，則使用者中斷程式。
-a	先進行 DNS 反向位址解析，指定 IP 位址進行主機名稱查詢。

參數	說明
-n	設定發出的 Echo Request 次數，預設為四次。
-l	設定緩衝區大小。
-l	設定傳送的 TTL 值。
-v	設定服務類型。
-w	設定等待時間，單位是毫秒。

舉個例子來說，您可以設定 TTL 值為 15，如果 ICMP 封包在指定的 TTL 時間內無法抵達主機，會傳回 TTL expired 的訊息，否則報告回應時間、TTL 等資訊。

基本上，ping 預設會發出四個 Echo Request 封包，您可以使用以下的指令發出二個 Echo Request 封包：

```
ping -n 2 140.112.2.100

Pinging 140.112.2.100 with 32 bytes of data:

Reply from 140.112.2.100: bytes=32 time=122ms TTL=242
Reply from 140.112.2.100: bytes=32 time=147ms TTL=242

Ping statistics for 140.112.2.100:
    Packets: Sent = 2, Received = 2, Lost = 0(0% loss),
Approximate round trip times in milli-seconds:
    Minimum = 122ms, Maximum = 147ms, Average = 134ms
```

如果要得知 IP 封包抵達目的端前中間經過了幾個路由器，可以用 256 減去回應的 TTL 值，就以上的範例來說，就是經過 256-242=12 個路由器，如果指定的主機沒有回應，則會回應以下的訊息：

```
ping 140.112.18.32

Pinging 140.112.18.32 with 32 bytes of data:

Request timed out.
Request timed out.
Request timed out.
Request timed out.

Ping statistics for 140.112.18.32:
Packets: Sent = 4, Received = 0, Lost = 4(100% loss),
```

12 網際網路原理與應用

CHAPTER

　　網際網路（Internet）原本只是個不存在的虛無物體，它的組成只不過是幾條電纜，由這些電纜架構連結成全世界的網路，而實際運作的則是連結到這個網路上無數的電腦主機。不過到了今天，網際網路已經是描繪未來的一個重要因子，它的存在已經改變很多人的工作、溝通和商業行為。讓使用者可以從個人電腦上存取幾乎每一類資訊，也給了我們一個新的購物、研讀、工作、社交和釋放心情的新天地。網際網路（Internet）最簡單的說法，就是一種連接各種電腦網路的網路，以 TCP／IP 為它的網路標準，也就是說，只要透過 TCP／IP 協定，就能享受 Internet 上所有的服務。

⬆ 網際網路帶來了現代社會的巨大變革

　　網際網路上並沒有中央管理單位的存在，而是數不清的個人網路或組織網路，這網路聚合體中的每一成員自行營運與付擔費用。Internet 的誕生，其實可追溯到 1960 年代，美國軍方為了核戰時仍能維持可靠的通訊網路系統，而將美國國防部內所有軍事研究機構的電腦，以及某些與軍方有合作關係大學中的電腦主機，以某種一致且對等的方式連接起來，這個計劃就稱為 ARPANET 網際網路計劃（Advanced Research Project Agency, ARPA）。由於它的運作成功，加上後來美國軍方為了本身需要及管理方便，則將 ARPANET 分成兩部分：一個是新的 ARPANET 供非軍事之用，另一個則稱為 MILNET。直到 80 年代國家科學基金會（National Science Foundatioin, NSF）以 TCP／IP 為通訊協定標準的 NSFNET，才達到全美各大機構資源共享的目的。

「企業內部網路」（Intranet）是指企業體內的 Internet，將 Internet 的產品與觀念應用到企業組織，透過 TCP / IP 協定來串連企業內外部的網路，以 Web 瀏覽器作為統一的使用者介面，更以 Web 伺服器來提供統一服務窗口。服務對象原則上是企業內部員工，並使企業體內部各層級的距離感消失，達到良好溝通的目的。

「商際網路」（Extranet）是為企業上、下游各相關策略聯盟企業間整合所構成的網路，需要使用防火牆管理，通常 Extranet 是屬於 Intranet 的一個子網路，可將使用者延伸到公司外部，以便客戶、供應商、經銷商以及其他公司，可以存取企業網路的資源。

12-1 全球資訊網（WWW）— Web

由於寬頻網路的盛行，熱衷使用網際網路的人口也大幅增加，而在網際網路所提供的服務中，又以「全球資訊網」（WWW）的發展最為快速與多元化。「全球資訊網」（World Wide Web, WWW），又簡稱為 Web，一般將 WWW 唸成「Triple W」、「W3」或「3W」，它可說是目前 Internet 上最流行的一種新興工具，它讓 Internet 原本生硬的文字介面，取而代之的是聲音、文字、影像、圖片及動畫的多元件交談介面。

⬆ 全球資訊網上充斥著各式各樣的網站

WWW 主要是由全球大大小小網站所組成，其主要是以「主從式架構」（Client / Server）為主，並區分為「用戶端」（Client）與「伺服端」（Server）兩部分。WWW 的運作原理是透過網路用戶端（Client）的程式去讀取指定的文件，並將其顯示於您的電腦螢幕上，而這個用戶端（好比我們的電腦）的程式，就稱為「瀏覽器」（Browser）。目前市面上常見的瀏覽器種類相當多，各有其特色。

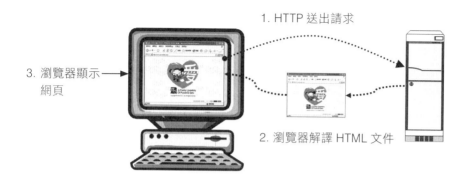

1. HTTP 送出請求

3. 瀏覽器顯示網頁

2. 瀏覽器解譯 HTML 文件

例如我們可以使用家中的電腦（用戶端），並透過瀏覽器與輸入 URL 來開啟某個購物網站的網頁。這時家中的電腦會向購物網站的伺服端提出顯示網頁內容的請求。一旦網站伺服器收到請求時，隨即會將網頁內容傳送給家中的電腦，並且經過瀏覽器的解譯後，再顯示成各位所看到的內容。

12-1-1 全球資源定位器（URL）

當各位打算連結到某一個網站時，首先必須知道此網站的「網址」，網址的正式名稱應為「全球資源定位器」（URL）。簡單的說，URL 就是 WWW 伺服主機的位址，用來指出某一項資訊的所在位置及存取方式。嚴格一點來說，URL 就是在 WWW 上指明通訊協定及以位址來享用網路上各式各樣的服務功能。使用者只要在瀏覽器網址列上輸入正確的 URL，就可以取得需要的資料，例如「http://www.yahoo.com.tw」就是 yahoo! 奇摩網站的 URL，而正式 URL 的標準格式如下：

protocol://host[:Port]/path/filename

其中 protocol 代表通訊協定或是擷取資料的方法，常用的通訊協定如下表：

通訊協定	說明	範例
http	HyperText Transfer Protocol，超文件傳輸協定，用來存取 WWW 上的超文字文件（hypertext document）。	http://www.yam.com.tw（蕃薯藤 URL）
ftp	File Transfer Protocol，是一種檔案傳輸協定，用來存取伺服器的檔案。	ftp://ftp.nsysu.edu.tw/（中山大學 FTP 伺服器）
mailto	寄送 E-Mail 的服務	mailto://eileen@mail.com.tw

通訊協定	說明	範例
telnet	遠端登入服務	telnet://bbs.nsysu.edu.tw （中山大學美麗之島 BBS）
gopher	存取 gopher 伺服器資料	gopher://gopher.edu.tw/ （教育部 gopher 伺服器）

host 可以輸入 Domain Name 或 IP Address，[:port] 是埠號，用來指定用哪個通訊埠溝通，每部主機內所提供之服務都有內定之埠號，在輸入 URL 時，它的埠號與內定埠號不同時，就必須輸入埠號，否則就可以省略，例如 http 的埠號為 80，所以當我們輸入 yahoo! 奇摩的 URL 時，可以如下表示：

http://www.yahoo.com.tw:80/

由於埠號與內定埠號相同，所以可以省略「:80」，寫成下式：

http://www.yahoo.com.tw/

12-1-2　Web 演進史

隨著網際網路的快速興起，從最早期的 Web 1.0 到邁入 Web 3.0 時代，每個階段都有其象徵的意義與功能，對人類生活與網路文明的創新影響也越來越大，尤其目前進入 Web 3.0 世代，帶來了智慧更高的網路服務與無線寬頻的大量普及，更是徹底改變了現代人工作、休閒、學習、行銷與獲取訊息方式。

Web 1.0 時代受限於網路頻寬及電腦配備，對於 Web 上網站內容，主要是由網路內容提供者所提供，使用者只能單純下載、瀏覽與查詢，例如我們連上某個政府網站去看公告與查資料，只能乖乖被動接受，不能輸入或修改網站上的任何資料，單向傳遞訊息給閱聽大眾。

Web 2.0 時期寬頻及上網人口的普及，其主要精神在於鼓勵使用者的參與，讓網民可以參與網站這個平台上內容的產生，如部落格、網頁相簿的編寫等，這個時期帶給傳統媒體的最大衝擊是：打破長久以來由媒體主導資訊傳播的藩籬。PChome Online 網路家庭董事長詹宏志就曾對 Web 2.0 作了個論述：「如果說 Web 1.0 時代，網路的使用是下載與閱讀，那麼 Web 2.0 時代，則是上傳與分享」。

🔴 部落格是 Web 2.0 時相當熱門的新媒體創作平台

　　在網路及通訊科技迅速進展的情勢下，我們即將進入全新的 Web 3.0 時代，Web 3.0 跟 Web 2.0 的核心精神一樣，仍然不是技術的創新，而是思想的創新，強調的是任何人在任何地點都可以創新，而這樣的創新改變，也使得各種網路相關產業開始轉變出不同的樣貌。Web 3.0 能自動傳遞比單純瀏覽網頁更多的訊息，還能提供具有人工智慧功能的網路系統，隨著網路資訊的爆炸與泛濫，整理、分析、過濾、歸納資料更顯得重要，網路也能越來越瞭解你的偏好，而且根據不同需求來篩選，同時還能夠幫助使用者輕鬆獲取感興趣的資訊。

🔴 Web 3.0 時代，許多電商網站還能根據網路社群來提出產品建議

TIPS 人工智慧（Artificial Intelligence, AI）的概念最早是由美國科學家 John McCarthy 於 1955 年提出，目標為使電腦具有類似人類學習解決複雜問題與展現思考等能力，例如推理、規劃、問題解決及學習等能力。

12-2 | 電子郵件

電子郵件（Electronic Mail, e-mail），就是一種可利用文書編輯器所產生的檔案，透過網際網路連線，將信件在數秒內寄至世界各地。電子郵件的使用在今日已十分的普及，在過去要讀取電子郵件還得透過工作站來讀取，且必須執行某些特定指令，今日則有各種「使用者代理程式」（User Agent）及「郵件傳輸代理程式」（Mail Transfer Agent, MTA）代為處理發送，甚至 Web 介面的郵件信箱也逐漸成為一種主流。電子郵件的傳送必須透過通訊協定，才能在網際網路上進行傳輸，常見的通訊協定整理如下：

用途	通訊協定	說　明
收信	POP3	POP3 的全名是 Post Office Protocol Version 3，負責提供信件下載服務。一般電子郵件多採用此通訊協定，收信時會將伺服器上的郵件下載至使用者的電腦，一般 POP3 和各位電子郵件後的 DNS 位址相同。要瞭解 POP3 運作的過程，最快的方法還是親自進行連線與指令操作，POP3 利用的 TCP 連接埠是 110，同樣的請您使用命令提示字元進行 Telnet，開啟本機回應，並連上一台提供 POP3 服務的伺服器。
	HTTP	Web Mail 即採用此通訊協定，收信時只下載郵件寄件人和標題，等使用者打開信件才傳送完整的郵件內容。
	IMAP	類似 HTTP，但不需透過網站伺服器，處理郵件的速度會較快，可直接在郵件伺服器上編輯郵件或收取郵件的協定，但較不普及。例如 UNIX 的郵件伺服器即採用此通訊協定。
	MAPI	微軟制定的郵件通訊協定，必須和 Outlook 搭配使用。
送信	SMTP	寄送郵件統一採用此通訊協定，通常取決於您上網的 ISP 所提供的郵件伺服器位址。SMTP 具有發信的功能，不過使用者無法使用郵件代理程式將信件下載至自己的電腦中，要下載信件必須伺服器有提供 POP3 服務。

電子郵件的運作機制，首先是寄件人從自己的電腦使用電子郵件軟體送出郵件。這時電子郵件會先經過寄件人所在的郵件伺服器 A 確認無誤後，再透過網際網路將郵件送至收件人所在的郵件伺服器 B。

接著郵件伺服器 B 會將接收到的電子郵件分類至收件人的帳號，等待收件人登入存取郵件。收件人從自己的電腦使用電子郵件軟體傳送存取郵件的指令至郵件伺服器 B，在驗證使用者帳號和密碼無誤後，即允許收件人開始下載郵件。

目前常見的電子郵件收發方式，可以分為兩類；POP3 Mail（如 Office 軟體提供的 Outlook）及 Web-Based Mail。POP3 Mail 是傳統的電子郵件信箱，通常由使用者的 ISP 所提供，這種信箱的特點是必須使用專用的郵件收發軟體。Web-Based 是在網頁上使用郵件服務，具備基本的郵件處理功能，包括寫信、寄信、回覆信件與刪除信件等等，只要透過瀏覽器就可以隨時收發信件，走到哪收到哪。

Web Based Mail 這種電子郵件信箱則是目前網路上免費電子郵件（例如 Gmail）的大宗，它的特點在於：使用瀏覽器來收發郵件，所以我們能在可以上網的電腦進行郵件的收發與管理。其操作方式如同瀏覽網頁一樣地簡易；且申請好帳號時不必進行煩人的設定工作即可進行郵件的收發。缺點是郵件存放在遠端電腦主機上集中管理，要閱讀信件一定得先上網。

Gmail 就是一種 Google 所推出的新型態網頁（web-based）電子郵件，提供超大量的免費儲存空間，您不用擔心硬碟空間不足，而花很多時間刪除郵件。同時，由於 Gmail 使用 Google 獨創的技術，還可以輕易擋下垃圾郵件。

12-3 ｜遠端登入（Telnet）與檔案傳輸服務（FTP）

當處理資料的主機與負責資料輸出／入的終端機不在同一個地理位置時，我們可以採用「遠端登入」的方式來執行整個系統的運作。Telnet（Telecommunications Network Protocol），稱之為「通訊網路協定」，它可算是個歷史悠久的應用層通訊協定，最早可從 1969 年的 ARPNET 開始追溯，其實您一定使用過 Telnet，一般文字介面的電子佈告欄（BBS），就是利用 Telnet 來進行登入與各種操作。

Telnet 是透過 TCP／IP 協定來進行一個 Telnet 用戶端（Client）與伺服端（Server）連結，在伺服端與用戶端各有一個終端機驅動程式，用戶端的終端機程式在目前可說是每一個作業系統所必備，在 Windows 系統中可以在「命令提示字元」中使用 Telnet 程式。

🌐 Telnet 用戶端

當使用者於鍵盤上鍵入字元時，作業系統的終端機驅動程式會解釋這些字元，並將這些操作訊息交由 Telnet 用戶端程式。接著 Telnet 用戶端程式會將這些操作訊息轉換為 NVT 字元集，然後交由下層的通訊協定 TCP 與 IP 加以包裝（Packed），並且傳送出去。

Telnet 伺服端

當伺服端的 IP 層與 TCP 層處理完各自的資訊後，會將剩下的訊息交由 Telnet 伺服端程式處理。Telnet 伺服端程式把當中的操作訊息轉換為伺服端的終端機標準，並交給虛擬終端機。虛擬終端機再根據這些操作訊息來執行用戶端所提出的種種要求。

12-3-1 FTP 檔案傳輸服務

FTP（File Transfer Protocol）是一種常見的檔案傳輸協定，透過此協定，不同電腦系統，也能在網際網路上相互傳輸檔案。Telnet 只使用一個連接埠進行資料的傳輸，而 FTP 則使用兩個連接埠，FTP 使用兩個連接埠來進行連線控制與資料傳輸，連線控制的連接埠隨時保持傾聽的狀態，以接受使用者的連線請求，而資料連接埠則是在必要的時候執行開啟或關閉的動作。

檔案傳輸分為兩種模式：下載（Download）和上傳（Upload）。下載是從 PC 透過網際網路擷取伺服器中的檔案，將其儲存在 PC 電腦上。而上傳則相反，是 PC 使用者透過網際網路將自己電腦上的檔案傳送儲存到伺服器電腦上。FTP 使用時最簡單的方法就是透過網際網路瀏覽器（例如 IE）連上 FTP 網站，進而尋找需要的檔案。需要下載檔案時，也可以直接使用 IE 功能儲存檔案到使用者電腦中。我們以 FTP 檔案傳輸軟體為例，帶領使用者尋找 IE 之外好用的中文化 FTP 傳輸軟體：

1. 進入 ftp://ftp.tku.edu.tw 網站

2. 如果不知道所需檔案類別檔名，可以開啟 index.html 檔案尋找

12-4 點對點模式（Peer to Peer, P2P）

　　早期各位在網路上下載資料時都是連結到伺服器來進行下載，也由於檔案資料都是存放在伺服器的主機上，若是下載的使用者太多或是伺服器故障，就會造成連線速度太慢與無法下載的問題：

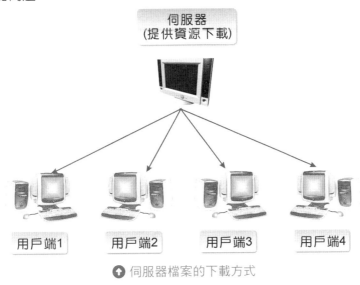

⬆ 伺服器檔案的下載方式

　　P2P 模式則是讓每個使用者都能提供資源給其他人，也就是由電腦間直接交換資料來進行資訊服務，P2P 網路中每一節點所擁有的權利和義務是對等的。自己本身也能從其他連線使用者的電腦下載資源，以此構成一個龐大的網路系統。至於伺服器本身只提供使用者連線的檔案資訊，並不提供檔案下載的服務（如圖）：

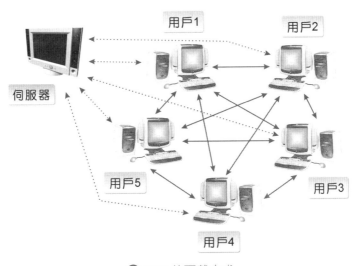

⬆ P2P 的下載方式

　　P2P 模式具有資源運用最大化、直接動作和資源分享的潛力，例如即時傳訊（Instant Messenger）服務就是一種 P2P 的模式。由於投入開發 P2P 軟體的廠商相當多，且每家廠商實作的作法上有一些差異，因此形成各種不同的 P2P 社群。在不同的 P2P 社群中，通常只允許使用者使用特定的 P2P 軟體，檔案分享是目前 P2P 軟體最主要的一種應用，因此有幾種不同類型的 P2P 軟體產生，例如 BitTorrent（BT）、emule、ezPeer＋ 等。其中 ezPeer＋ 是經各大唱片公司合法授權的音樂娛樂軟體，ezPeer 後來改名成 MyMusic，擁有百萬首曲庫的線上音樂服務，新名字迎向更激烈的個人雲端音樂市場戰爭。如果想要下載該軟體，可連至該軟體的官方首頁 https://www.mymusic.net.tw/ux/w/main，如下圖所示：

🔼 MyMusic 官網畫面

　　雖然我們知道 P2P（Peer to Peer）是一種點對點分散式網路架構，可讓兩台以上的電腦，儘管本身只提供使用者連線的檔案資訊，並不提供檔案下載的服務，可是凡事有利必有其弊，如今的 P2P 軟體儼然成為非法軟體、影音內容及資訊文件下載的溫床。雖然在使用上有其便利性、高品質與低價的優勢，不過也帶來病毒攻擊、商業機密洩漏、非法軟體下載等問題。在此特別提醒讀者，要注意所下載軟體的合法資訊存取權，不要因為方便且取得容易，就造成侵權的行為。

> **TIPS** 例如比特幣是一種不依靠特定貨幣機構發行的全球通用加密電子貨幣,就是透過特定演算法大量計算產生的一種 P2P 形式虛擬貨幣,它不僅是一種資產,還是一種支付的方式。此外,隨著金融科技(FinTech)熱潮席捲全球,P2P 網路借貸(Peer-to-Peer Lending)是由一個網路平台作為中介業務,和傳統借貸不同,特色是個體對個體的直接借貸行為,如此一來金錢的流動就不需要透過傳統的銀行機構,主要是個人信用貸款,網路就能夠成為交易行為的仲介平台。

12-5 | 網路電話(VoIP)

網路電話(IP Phone)是利用 VoIP(Voice over Internet Protocol)技術將類比的語音訊號經過壓縮與數位化(Digitized)後,以資料封包(Data Packet)的型態在 IP 數據網路(IP-based data network)傳遞的語音通話方式,取代傳統電話,與他人進行語音交談,只要能夠連上網,就可以撥打電話給同在網路上的任一親朋好友。VoIP 大致可分為 PC-to-PC、PC-to-Phone、Phone-to-Phone 三種,PC-to-PC 的 VoIP 軟體最有名的就屬 Skype 軟體了。

Skype 是一套使用語音通話的軟體,它以網際網路為基礎,讓線路二端的使用者都可以藉由軟體來進行語音通話,透過 Skype 可以讓你與全球各地的好友或客戶進行聯絡,甚至進行視訊會議與通話。最新版的通話品質比以前更好,不會出現語音延遲的現象,要變更語音設備也相當的簡單,無須再重新設定硬體設備,而且在 iPhone、Android 以及 Windows、Phone 上都可以使用 Skype。

想要使用 Skype 網路電話,通話雙方都必須具備電腦與 Skype 軟體,而且要有麥克風、耳機、喇叭或 USB 電話機,如果想要看到影像,則必須有網路攝影機(Web CAM)及高速的寬頻連線,要能達到較佳的視訊效果,電腦最好可以使用 2.0 GHz 雙核心處理器。目前的 Skype 功能可以與 Messenger 上的好友一起在 Skype 暢談,也就是說,你也可以用 Messenger ID 登入 Skype,並可以同時和 Skype、Windows Live Messenger、Outlook 及 Hotmail 上的聯絡人,進行即時通訊和視訊。還有一項功能就是最多可支援 10 人同時進行多方視訊通話,對於有許多朋友位於異地進行開會或舉辦跨域性活動,是一套相當不錯的視訊工具。

12-6 | 網路社群

在網路及通訊科技迅速進展的情勢下，網路正是改變一切的重要推手，而與網路最形影不離的就是「社群」（Community）。「社群」最簡單的定義，各位可以視為是一種由節點（node）與邊（edge）所組成的圖形結構（graph），其中節點所代表的是人，至於邊所代表的是人與人之間的各種相互連結的關係，新的使用者成員會產生更多的新連結，節點間相連結的邊的定義具有彈性，甚至於允許節點間具有多重關係。整個社群的生態系統就是一個高度複雜的圖表，它交織出許多錯綜複雜的連結，整個社群所帶來的價值就是每個連結創造出個別價值的總和，進而形成連接全世界的社群網路

網路社群的觀念可從早期的 BBS、論壇，一直到部落格、Plurk（噗浪）、Twitter（推特）、Pinterest、Instagram、微博或者 Facebook，由於這些網路服務具有互動性，因此能夠讓網友在一個平台上彼此溝通與交流，並且主導整個網路世界中人跟人的對話。網路社群代表著一群群彼此互動關係密切，且有著共同興趣或是特定目的而聚集在一起的共同族群，其所代表的意義依據不同類型的社群網路而有所不同，經過不斷的交叉連結，進而形成連接全世界的社群網路聚落。網路傳遞的主控權已快速移轉到網友手上，例如臉書（Facebook）的出現令民眾生活形態有了不少改變，在 2018 年底時全球每日活躍用戶人數也成長至 25 億人，這已經從根本撼動我們現有的生活模式了。

🔼 臉書在全球擁有超過 25 億以上的使用者

　　社群網路服務（SNS）就是 Web 體系下的一個技術應用架構，根據哈佛大學心理學教授米爾格藍（Stanely Milgram）所提出的「六度分隔理論」（Six Degrees of Separation）來運作。這個理論主要是說在人際網路中，平均而言只需在社群網路中走六步即可到達，簡單來說，即使位於地球另一端的你，想要結識任何一位陌生的朋友，中間最多只要透過六個朋友就可以達成。從內涵上講，就是社會型網路社區，即社群關係的網路化。通常 SNS 網站都會提供許多方式讓使用者進行互動，包括聊天、寄信、影音、分享檔案、參加討論群組等等。

🔼 大陸碰碰明星網社群網站

美國影星威爾史密斯曾演過一部電影「六度分隔」，劇情是描述威爾史密斯為了想要實踐六度分隔的理論而去偷了朋友的電話簿，並進行冒充的舉動。簡單來說，這個世界事實上是緊密相連著的，只是人們察覺不出來，地球就像6人小世界，假如你想認識美國總統歐巴馬，只要找到對的人，在6個人之間就能得到連結。隨著全球行動化與資訊的普及，我們可以預測這個數字還會不斷下降，根據最近 Facebook 與米蘭大學所做的一個研究，六度分隔理論已經走入歷史，現在是「四度分隔理論」了。

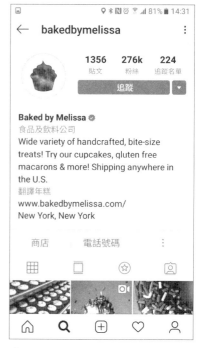

⬆ Instagram 非常受到目前年輕人的喜愛

> **TIPS** 美國學者桑斯坦（Cass Sunstein）表示：「雖然上百萬人使用網路社群來拓展視野，許多人卻反其道而行，積極撰寫與發表個人興趣及偏見，使其生活在同溫層中。」簡單來說，與我們生活圈接近且互動頻繁的用戶，通常同質性高，所獲取的資訊也較為相近，容易導致比較願意接受與自己立場相近的觀點，對於不同觀點的事物，則選擇性地忽略，進而形成一種封閉的同溫層現象。

13 CHAPTER

網路與資訊安全導論

　　網路已成為我們日常生活不可或缺的一部分，使用電腦或行動裝置上網的機率也越趨頻繁，資訊可透過網路來互通共享，部分資訊可公開，但部分資訊屬機密，網路設計的目的是為了提供最自由的資訊、資料和檔案交換，不過網路交易確實存在很多風險，正因為網際網路的成功也超乎設計者的預期，除了帶給人們許多便利外，也帶來許多資訊安全上的問題。

⬆ 網路安全示意圖

　　對於資訊安全而言，很難有一個十分嚴謹而明確的定義或標準。例如就個人使用者來說，只是代表在網際網路上瀏覽時，個人資料不被竊取或破壞，不過對於企業組織而言，可能就代表著進行電子交易時的安全考量與不法駭客的入侵等。在資安威脅風險居高不下，任何風險最大的挑戰在於員工的使用行為，加上愈來愈多行動用戶隨時隨地使用社群媒體，網路騷擾、攻擊與霸凌等社群犯罪的問題也日益嚴重。

13-1 | 資訊安全簡介

　　在尚未進入正題，討論網路安全的課題之前，我們先來對資訊安全有個基本認識。資訊安全的基本功能即為達到資料被保護的三種特性（CIA）：機密性（Confidentiality）、完整性（Integrity）、可用性（Availability），進而達到如不可否認性

（Non-repudiation）、認證性（Authentication）與存取權限控制（Authority）等安全性目的。說明如下：

- 機密性（**Confidentiality**）：表示交易相關資料必須保密，當資料傳遞時，確保資料在網路上傳送不會遭截取、窺竊而洩漏資料內容，除了被授權的人，在網路上不怕被攔截或偷窺，而損害其機密性。

- 完整性（**Integrity**）：表示當資料送達時必須保證資料沒有被篡改的疑慮，訊息如遭篡改時，該筆訊息就會無效，例如由甲端傳至乙端的資料有沒有被篡改，乙端在收訊時，立刻知道資料是否完整無誤。

- 認證性（**Authentication**）：表示當傳送方送出資訊時，就必須能確認傳送者的身分是否為冒名，例如傳送方無法冒名傳送資料，持卡人、商家、發卡行、收單行和支付閘道，都必須申請數位憑證進行身分識別。

- 不可否認性（**Non-repudiation**）：表示保證使用者無法否認他所完成過之資料傳送行為的一種機制，必須不易被複製及修改，就是指無法否認其傳送或接收訊息行為，例如收到金錢不能推說沒收到；同樣錢用掉不能推說遺失，不能否認其未使用過。

　　從廣義的角度來看，資訊安全所涉及的影響範圍包含軟體與硬體層面，共可區分為四類，分述如下：

影響種類	說明與注意事項
天然災害	電擊、淹水、火災等天然侵害。
人為疏失	人為操作不當與疏忽。
機件故障	硬體故障或儲存媒體損壞，導致資料流失。
惡意破壞	泛指有心人士入侵電腦，例如駭客攻擊、電腦病毒與網路竊聽等。

　　資訊安全所討論的項目，可以從四個角度來討論，說明如下：

1. 實體安全：硬體建築物與周遭環境的安全和管制。例如對網路線路或電源線路的適當維護。
2. 資料安全：確保資料的完整性與私密性，並預防非法入侵者的破壞，例如不定期做硬碟中的資料備份動作與存取控制。
3. 程式安全：維護軟體開發的效能、品管、除錯與合法性，例如提升程式寫作品質。
4. 系統安全：維護電腦與網路的正常運作，例如對使用者宣導及教育訓練。

國際標準制定機構英國標準協會（BSI），於 1995 年提出 BS 7799 資訊安全管理系統，最新的一次修訂已於 2005 年完成，並經國際標準化組織（ISO）正式通過成為 ISO 27001 資訊安全管理系統要求標準，為目前國際公認最完整之資訊安全管理標準，可以幫助企業與機構在高度網路化的開放服務環境鑑別、管理和減少資訊所面臨的各種風險。

⬆ 資訊安全涵蓋的四大項目

13-2 | 認識網路安全

隨著網路技術與通訊科技不斷推陳出新，無論是公營機關或私人企業，均有可能面臨資訊安全的衝擊，這些都含括在網路安全的領域中。從廣義的角度來看，網路安全所涉及的範圍包含軟體與硬體兩種層面，例如網路線的損壞、資料加密技術的問題、伺服器病毒感染與傳送資料的完整性等。而如果從更實務面的角度來看，那麼網路安全所涵蓋的範圍，就包括了駭客問題、隱私權侵犯、網路交易安全、網路詐欺與電腦病毒等問題。

雖然網路帶來相當大的便利，但相對也提供了一個可能或製造犯罪的管道與環境。而且現在利用電腦網路犯罪的模式，遠比早期的電腦病毒來得複雜，造成的傷害也更為深遠與廣泛。例如網際網路架構協會（Internet Architecture Board, IAB），負責網際網路間的行政和技術事務監督與網路標準和長期發展，並將以下網路行為視為不道德：

❶ 在未經任何授權情況下，故意竊用網路資源。

❷ 干擾正常的網際網路使用。

❸ 以不嚴謹的態度在網路上進行實驗。

❹ 侵犯別人的隱私權。

❺ 故意浪費網路上的人力、運算與頻寬等資源。

❻ 破壞電腦資訊的完整性。

以下我們將開始為各位介紹破壞網路安全的常見模式，讓各位在安全防護上有更深入的認識。

13-2-1 駭客攻擊

⬆ 駭客藉由 Internet 隨時可能入侵電腦系統

只要是經常上網的人，一定都常聽到某某網站遭駭客入侵或攻擊，因此駭客便成了所有人害怕又討厭的對象，不僅攻擊大型的社群網站和企業，還會使用各種方法破壞和用戶的連網裝置。駭客在開始攻擊之前，必須先能夠存取用戶的電腦，其中一個最常見的方法就是使用名為「特洛伊木馬」的程式。

駭客在使用木馬程式之前，必須先將其植入用戶的電腦，此種病毒模式多半是E-mail 的附件檔，或者利用一些新聞與時事消息發表吸引人的貼文，使用者一旦點擊連結按讚，可能立即遭受感染，或者利用聊天訊息散播惡意軟體，趁機竊取用戶電腦內的個人資訊，駭客甚至會利用社交工程陷阱（Social Engineering），假造的臉書按讚功能，導致帳號被植入木馬程式，讓駭客盜臉書帳號來假冒員工，然後連進企業或店家的資料庫中竊取有價值的商業機密。

> **TIPS** 社交工程陷阱（social engineering）是利用大眾疏於防範的資訊安全攻擊方式，例如利用電子郵件誘騙使用者開啟檔案、圖片、工具軟體等，從合法用戶中盜取用戶系統的秘密，例如用戶名單、用戶密碼、身分證號碼或其他機密資料等。

13-2-2　網路竊聽

由於在「分封交換網路」（Packet Switch）上，當封包從一個網路傳遞到另一個網路時，在所建立的網路連線路徑中，包含了私人網路區段（例如使用者電話線路、網站伺服器所在區域網路等）及公眾網路區段（例如 ISP 網路及所有 Internet 中的站台）。

而資料在這些網路區段中進行傳輸時，大部分都是採取廣播方式來進行，因此有心竊聽者不但可能擷取網路上的封包進行分析（這類竊取程式稱為 Sniffer），也可以直接在網路閘道口的路由器設置竊聽程式，來尋找例如 IP 位址、帳號、密碼、信用卡卡號等私密性質的內容，並利用這些進行系統的破壞或取得不法利益。

13-2-3　網路釣魚

Phishing 一詞其實是「Fishing」和「Phone」的組合，中文稱為「網路釣魚」，其目的就在於竊取消費者或公司的認證資料，而網路釣魚透過不同的技術持續竊取使用者資料，已成為網路交易上重大的威脅。網路釣魚主要是取得受害者帳號的存取權限，或是記錄您的個人資料，輕者導致個人資料外洩，侵範資訊隱私權，重則危及財務損失，最常見的伎倆有兩種：

網路釣魚

- 利用偽造電子郵件與網站作為「誘餌」，輕則讓受害者不自覺洩漏私人資料，成為垃圾郵件業者的名單，重則電腦可能會被植入病毒（如木馬程式），造成系統毀損或重要資訊被竊，例如駭客以社群網站的名義寄發帳號更新通知信，誘使收件人點擊 E-mail 中的惡意連結或釣魚網站。

- 修改網頁程式，更改瀏覽器網址列所顯示的網址，當使用者認定正在存取真實網站時，即使你在瀏覽器網址列輸入正確的網址，還是會輕易移花接木般轉接到偽造網站上，或者利用一些熱門粉專內的廣告來感染使用者，向您索取個人資訊，意圖侵入您的社群帳號，因此很難被使用者所查覺。

社群網站日益盛行，網路釣客也會趁機入侵，消費者對於任何要求輸入個人資料的網站要加倍小心，跟電子郵件相比，人們在使用社群媒體時比較不會保持警覺，例如有些社群提供的性向測驗可能就是網路釣魚（Phishing）的掩護，甚至假裝臉書官方網站，要你輸入帳號密碼及個人資訊。

 TIPS 跨網站腳本攻擊（Cross-Site Scripting, XSS）是當網站讀取時，執行攻擊者所提供的程式碼，例如製造一個惡意的 URL 連結（該網站本身具有 XSS 弱點），當使用者端的瀏覽器執行時，可用來竊取用戶的 cookie，或者後門開啟或是密碼與個人資料之竊取，甚至於冒用使用者的身分。

13-2-4　盜用密碼

有些較粗心的網友往往會將帳號或密碼設定成類似的代號，或者以生日、身分證字號、有意義的英文單字等容易記憶的字串，來作為登入社群系統的驗證密碼，因此盜用密碼也是網路社群入侵者常用的手段之一。入侵者抓住人性心理上的弱點，透過一些密碼破解工具，即可成功地將密碼破解，入侵使用者帳號最常用的方式是使用「暴力式密碼猜測工具」並搭配字典檔，在不斷地重複嘗試與組合下，一次可以猜測上百萬次甚至上億的密碼組合，很快就能夠找出正確的帳號與密碼，當駭客取得社群網站使用者的帳號密碼後，就等於取得此帳號的內容控制權，可將假造的電子郵件，大量發送至該帳號的社群朋友信箱中。

例如臉書在 2016 年時修補了一個重大的安全漏洞，因為駭客利用該程式漏洞竊取「存取權杖」（access tokens），然後透過暴力破解臉書用戶的密碼，因此當各位在設定密碼時，密碼就需要更高的強度才能抵抗，除了用戶的帳號安全可使用雙重認證機制，確保認證的安全性，建議各位依照下列幾項基本原則來建立密碼：

❶ 密碼長度儘量大於 8~12 位數。

❷ 最好能以英文 + 數字 + 符號混合，以增加破解時的難度。

❸ 為了要確保密碼不容易被破解，最好還能在每個不同的社群網站使用不同的密碼，並且定期進行更換。

❹ 密碼不要與帳號相同，並養成定期改密碼習慣，如果發覺帳號有異常登出的狀況，可立即更新密碼，確保帳號不被駭客奪取。

❺ 儘量避免使用有意義的英文單字作為密碼。

> **TIPS** 點擊欺騙（click fraud）是發布者或他的同伴對 PPC（pay by per click，每次點擊付錢）的線上廣告進行惡意點擊，因而得到相關廣告費用。

13-2-5 阻斷服務攻擊與殭屍網路

阻斷服務（Denial of Service, DoS）攻擊方式是利用送出許多需求去轟炸一個網路系統，讓系統癱瘓或不能回應服務需求。DoS 阻斷攻擊是單憑一方的力量對 ISP 的攻擊之一，如果被攻擊者的網路頻寬小於攻擊者，DoS 攻擊往往可在兩三分鐘內見效。但如果被攻擊者的網路頻寬大於攻擊者，那就有如以每秒 10 公升的水量注入水池，但水池裡的水卻以每秒 30 公升的速度流失，不管再怎麼攻擊都無法成功。例如駭客使用大量的垃圾封包塞滿 ISP 的可用頻寬，進而讓 ISP 的客戶無法傳送或接收資料、電子郵件、瀏覽網頁和其他網際網路服務。

殭屍網路（botnet）的攻擊方式則是利用一群在網路上受到控制的電腦轉送垃圾郵件，被感染的個人電腦就會被當成執行 DoS 攻擊的工具，不但會攻擊其他電腦，一遇到有漏洞的電腦主機，就藏身於任何一個程式裡，伺時展開攻擊、侵害，而使用者卻渾然不知。後來又發展出 DDoS（Distributed DoS）分散式阻斷攻擊，受感染的電腦就會像殭屍一般任人擺佈，執行各種惡意行為。這種攻擊方式是由許多不同來源的攻擊端，共同協調合作於同一時間對特定目標展開的攻擊方式，與傳統的 DoS 阻斷攻擊相比較，效果可說是更為驚人。過去就曾發生殭屍網路的管理者可以透過 Twitter 帳號下命令，加以控制病毒來感染廣大用戶的帳號。

13-3 電腦病毒

電腦病毒（Computer Virus）就是一種具有對電腦內部應用程式或作業系統造成傷害的程式；它可能會不斷複製自身的程式或破壞系統內部的資料，例如刪除資料檔案、移除程式或摧毀在硬碟中發現的任何東西。不過並非所有的病毒都會造成損壞，有些只是顯示令人討厭的訊息。例如電腦速度突然變慢，甚至經常莫名其妙的當機，或者螢幕上突然顯示亂碼，出現一些古怪的畫面與播放奇怪的音樂聲。

13-3-1 病毒感染途徑

　　早期的病毒傳染途徑，通常是透過一些來路不明的隨身碟傳遞。不過由於網路的快速普及與發展，電腦病毒可以很輕易地透過網路連線來侵入使用者的電腦，以下列出目前常見的病毒感染途徑：

1. 隨意下載檔案：如果使用者透過 FTP 或其他方式將網頁中含有病毒的程式碼下載到電腦中，就可能造成中毒的現象，甚至感染到位於區域網路內的其他電腦。

2. 透過電子郵件或附加檔案傳遞：有些病毒會藏身在某些廣告或外表花俏的電子郵件的附加檔案中，一旦各位開啟或預覽這些郵件，不但會使自己的電腦受到感染，還會主動將病毒寄送給通訊錄中的所有人，嚴重時還會導致郵件伺服器當機。

3. 使用不明的儲存媒體：如果各位使用來路不明的儲存媒體，也會將病毒感染到使用者電腦中的檔案或程式。

4. 瀏覽有病毒的網頁：有些網頁設計者為了在網頁上能製造出更精彩的動畫效果，而使用 ActiveX 或 Java Applet 技術，當您瀏覽有病毒的網頁時，這些潛伏在 ActiveX 或 Java Applet 元件中的病毒將會讀取、刪除或破壞檔案、進入隨機記憶體，甚至經由區域網路進入電腦的檔案儲存區。

13-3-2 電腦中毒徵兆

　　如何判斷您的電腦感染病毒呢？如果您的電腦出現以下症狀，可能就是不幸感染電腦病毒：

1	電腦速度突然變慢、停止回應、每隔幾分鐘重新啟動，甚至經常莫名其妙的當機。
2	螢幕上突然顯示亂碼，或出現一些古怪的畫面與播放奇怪的音樂聲。
3	資料檔無故消失或破壞，或者按下電源按鈕後，發現整個螢幕呈現一片空白。
4	檔案的長度、日期異常或 I/O 動作改變等。
5	出現一些警告文字，告訴使用者即將格式化你的電腦，嚴重的還會將硬碟資料給刪除或破壞掉整個硬碟。

13-3-3 常見電腦病毒種類

對於電腦病毒的分類,並沒有一個特定的標準,只不過會依發病的特徵、依附的宿主類型、傳染的方式、攻擊的對象等各種方式來加以區分,我們將病毒分類如下:

🌐 開機型病毒

又稱「系統型病毒」,被認為是最惡毒的病毒之一,這類型的病毒會潛伏在硬碟的開機磁區,也就是硬碟的第 0 軌第 1 磁區,稱為啟動磁區(Boot Sector),此處儲存電腦開機時必須使用的開機記錄。當電腦開機時,該病毒會迅速把自己複製到記憶體裡,然後隱藏在那裡,如果硬碟或磁片使用時,伺機感染其他磁碟的開機磁區。知名的此類病毒有米開朗基羅、石頭、磁碟殺手等。

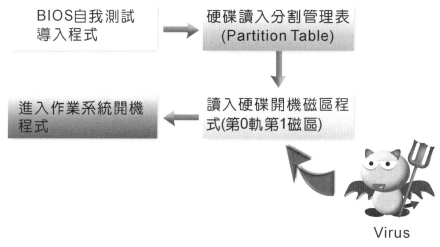

↑ 開機型病毒會在作業系統載入前先行進入記憶體

🌐 巨集型病毒

巨集病毒的目的是感染特定型態的文件檔案,和其他病毒類型不同的是,巨集病毒與作業系統無關,它不會感染程式或啟動磁區,而是透過其他應用程式的巨集語言來散播本身的病毒,例如 Microsoft Word 和 Excel 之類應用程式隨附的巨集。而且也很容易經由電子郵件附件檔、磁片、網站下載、檔案傳輸及合作應用程式散播,也是一種成長最迅速的病毒。巨集病毒可在不同時間(例如開啟、儲存、關閉或刪除檔案時)散播病毒。一般說來,只要具有撰寫巨集能力的軟體,都可能成為巨集病毒的感染對象。例如 Taiwan.NO.1 與美女拳病毒。

檔案型病毒

檔案型病毒（File Infector Virus）早期通常寄生於可執行檔（如 EXE 或 COM 檔案）之中，不過隨著電腦技術的演進與語言新工具等的提出，使得檔案型病毒的種類也越來越趨多樣化，甚至連文件檔案也會感染病毒，當含有病毒的檔案被執行時，便侵入作業系統取得絕對控制權。一般會將檔案型病毒依傳染方式的不同，分為「常駐型病毒」（Memory Resident Virus）與「非常駐型病毒」（Non-memory Resident Virus）。分別說明如下：

病毒名稱	說明與介紹
常駐型病毒	又稱一般檔案型病毒，當您執行了感染病毒的檔案，病毒就會進入記憶體中常駐，它可以取得系統的中斷控制，只要有其他的可執行檔被執行，它就會感染這些檔案；常駐型病毒通常會有一段潛伏期，利用系統的計時器等待適當時機發作並進行破壞行為，「黑色星期五」、「兩隻老虎」等都是屬於這類型的病毒。
非常駐型病毒	這類型的病毒在尚未執行程式之前，就會試圖去感染其他的檔案，一旦感染這種病毒，其他所有的檔案皆無一倖免，傳染的威力很強。

混合型病毒

混合型病毒（Multi-Partite Virus）具有開機型病毒與檔案型病毒的特性，它一方面會感染其他的檔案，一方面也會傳染系統的記憶體與開機磁區，感染的途徑通常是執行了含有病毒的程式，當程式關閉後，病毒程式仍然常駐於記憶體中不出來，當其他的磁碟與此台電腦有存取的動作時，病毒就會伺機感染磁碟中的檔案與開機磁區。由於混合型病毒既可以依附檔案，又可以潛伏於開機磁區，其傳染性十分的強，「大榔頭」（HAMMER）、「翻轉」（Flip）病毒就屬於此類型的病毒。

千面人病毒

千面人病毒（Polymorphic/Mutation Virus）正如它的名稱上所表現擁有不同的面貌，它每複製一次，所產生的病毒程式碼就會有所不同，因此對於那些使用病毒碼比對的防毒軟體來說，是頭號頭痛的人物，就像是帶著面具的病毒，例如 Whale 病毒、Flip 病毒就是這類型的病毒。

⊕ 電腦蠕蟲

是一種以網路為傳播媒介的病毒，例如區域網路、網際網路或 e-mail 等。目的是複製自己。有感染力的蠕蟲會以自己的複製分身充斥整個磁碟，也能擴散到網路上的許多電腦，以複製分身塞滿整個系統。只要開啟或執行到帶有這種病毒的檔案，就會傳染給網路上的其他電腦，例如 I Love You 病毒等。最廣為人知的電腦蠕蟲之一名為 Melissa，則是偽裝成 Word 文件檔經由電子郵件傳送，並且利用 Outlook 程式癱瘓許多網際網路和公司的郵件伺服器。

⊕ 特洛伊木馬

特洛伊木馬是一種很惡毒的程式，例如假裝成遊戲，並透過特殊管道進入使用者的電腦系統中，然後伺機執行如格式化磁碟、刪除檔案、竊取密碼等惡意行為，此種病毒模式多半是 E-mail 的附件檔。木馬程式一般會以主從模式方式來運作。首先程式會在使用者電腦系統中開啟一道「後門」（Backdoor），並且與遠端特定的伺服器進行連接，然後傳送使用者資訊給遠端的伺服器，或是主動開啟通訊連接埠。如此遠端的入侵者就能夠直接侵入到使用者電腦系統中，來進行瀏覽檔案、執行程式或其他的破壞行為。因為特洛伊木馬不會在受害者的磁碟上複製自己，所以在技術上它們不算病毒，但是也具殺傷力，所以被廣義認為是病毒。

⊕ 網路型病毒

利用 Java 及 ActiveX 設計一些足以影響電腦操作的程式在網頁之中，當人們瀏覽網頁時，便透過用戶端的瀏覽器去執行這些事先設計好的 Java 及 ActiveX 的破壞性程式，造成電腦上面的資源被消耗殆盡或當機。

⊕ 邏輯炸彈病毒

一般通常不會發作，只有在到達某一個條件或日期時，才會發作。

13-3-4 防毒基本措施

目前來說，並沒有百分之百可以防堵電腦病毒的方法，為了防止受到病毒的侵害，我們在這邊提供一些基本的電腦病毒防範措施：

安裝防毒軟體

檢查病毒需要防毒軟體,主要功用就是針對系統中的所有檔案與磁區,或是外部磁碟進行掃描的動作,以檢測每個檔案或磁區是否有病毒的存在並清除它們。新型病毒幾乎每天隨時發布,所以並沒有任何防毒軟體能提供絕對的保護。目前防毒軟體的市場也算是競爭激烈,各家防毒軟體公司為了滿足使用者各方面的防毒需求,在介面設計與功能上其實都已經大同小異。現在網路上也可以找到許多相當實用的免費軟體,例如 AVG Anti-Virus Free Edition,其官方網址為 http://free.avg.com/,各位不妨連上該公司的網頁:

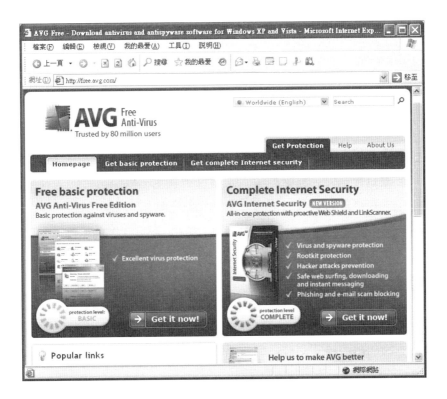

留意防毒網站資訊

在一些新病毒產生的時候,防毒軟體公司在還沒有提出新的病毒碼或解決方法之前,會先行在網站上公布病毒特徵、防治或中毒之後的後續處理方式,網站上通常也會有每日病毒公告。另外對於電腦中檔案和記憶體不正常異動也要經常留意。

不隨意下載檔案或收發電子郵件

病毒程式可能藏身於一般程式或電子郵件中，使用者透過 FTP 或網頁將含有病毒的程式下載到電腦中，並且執行該程式，結果就會導致電腦系統感染病毒。有些電腦病毒會藏身於電子郵件的附加檔案中，並且使用聳動的標題來引誘使用者點選郵件與開啟附加檔案。例如 Word 文件檔，但實際上此份文件中卻是包含了「巨集病毒」。

定期檔案備份

無論是再怎麼周全的病毒防護措施，總還是會有疏失的地方，因而導致病毒的入侵，所以保護資料最保險的方式，還是定期做好檔案備份的工作，檔案備份最好是將資料儲存於其他的可移動式儲存媒介中。

13-4 ▏認識資料加密

從古到今不論是軍事、商業或個人為了防止重要資料被竊取，除了會在放置資料的地方安裝保護裝置或程式外，還會對資料內容進行加密，以防止其他人在突破保護裝置或程式後，就可得知真正資料內容。尤其當在網路上傳遞資料封包時，更擔負著可能被擷取與竊聽的風險，因此最好先對資料進行「加密」（encrypt）的處理。

13-4-1 加密與解密

「加密」最簡單的意義就是將資料透過特殊演算法，將原本檔案轉換成無法辨識的字母或亂碼。因此加密資料即使被竊取，竊取者也無法直接將資料內容還原，這樣就能夠達到保護資料的目的。

就專業的術語而言，加密前的資料稱為「明文」（plaintext），經過加密處理過程的資料則稱為「密文」（ciphertext）。而當加密後的資料傳送到目的地後，將密文還原成明文的過程就稱為「解密」（decrypt），而這種「加\解密」的機制則稱為「金鑰」（key），通常是金鑰的長度越長越無法破解，示意圖如下所示：

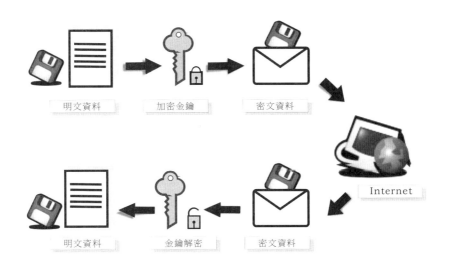

13-4-2　常用加密系統介紹

　　資料加 / 解密的目的是為了防止資料被竊取，以下將為各位介紹目前常用的加密系統：

🌐 對稱性加密系統

　　「對稱性加密法」（Symmetrical key Encryption）又稱為「單一鍵值加密系統」（Single key Encryption）或「秘密金鑰系統」（Secret Key）。這種加密系統的運作方式，是發送端與接收端都擁有加 / 解密鑰匙，這個共同鑰匙稱為秘密鑰匙（secret key），它的運作方式則是傳送端將利用秘密鑰匙將明文加密成密文，而接收端則使用同一把秘密鑰匙將密文還原成明文，因此使用對稱性加密法不但可以為文件加密，也能達到驗證發送者身分的功用。

　　因為如果使用者 B 能用這一組密碼解開文件，那麼就能確定這份文件是由使用者 A 加密後傳送過去，如下圖所示：

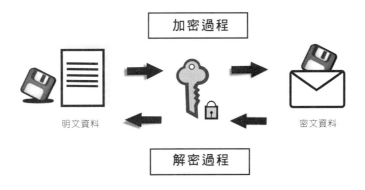

常見的對稱鍵值加密系統演算法有 DES（Data Encryption Standard，資料加密標準）、Triple DES、IDEA（International Data Encryption Algorithm，國際資料加密演算法）等，對稱式加密法的優點是加解密速度快，所以適合長度較長與大量的資料，缺點則是較不容易管理私密鑰匙。

🌐 非對稱性加密系統

「非對稱性加密系統」是目前較為普遍，也是金融界應用上最安全的加密系統，或稱為「雙鍵加密系統」（Double key Encryption）。它的運作方式是使用兩把不同的「公開金鑰」（public key）與「私密金鑰」（Private key）來進行加解密動作。「公開金鑰」可在網路上自由流傳公開作為加密，只有使用私人鑰匙才能解密，「私密金鑰」則是由私人妥為保管。

例如使用者 A 要傳送一份新的文件給使用者 B，使用者 A 會利用使用者 B 的公開金鑰來加密，並將密文傳送給使用者 B。當使用者 B 收到密文後，再利用自己的私密金鑰解密。過程如下圖所示：

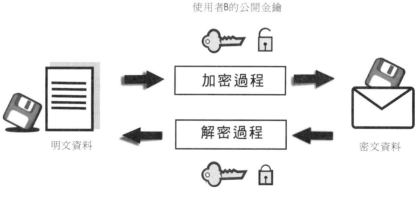

例如各位可以將公開金鑰告知網友，讓他們可以利用此金鑰加密信件傳送給您，一旦收到此信後，再利用自己的私密金鑰解密即可，通常用於長度較短的訊息加密上。「非對稱性加密法」的最大優點是密碼的安全性更高且管理容易，缺點是運算複雜、速度較慢，另外就是必須借重「憑證管理中心」（CA）來簽發公開金鑰。

目前普遍使用的「非對稱性加密法」為 RSA 加密法，它是由 Rivest、Shamir 及 Adleman 所發明。RSA 加解密速度比「對稱式加解密法」來得慢，是利用兩個質數作為

加密與解密的兩個鑰匙，鑰匙的長度約在 40 個位元到 1024 位元間。公開金鑰是用來加密，只有使用私密金鑰才可以解密，要破解以 RSA 加密的資料，在一定時間內是幾乎不可能，所以是一種十分安全的加解密演算法。

13-4-3　數位簽章

在日常生活中，簽名或蓋章往往是個人對某些承諾或文件署名的負責，而在網路世界中，所謂「數位簽章」（Digital Signature）就是屬於個人的一種「數位身分證」，可以來作為對資料發送的身分進行辨別。

「數位簽章」的運作方式是以公開金鑰及雜湊函數互相搭配使用，使用者 A 先將明文的 M 以雜湊函數計算出雜湊值 H，接著再用自己的私密金鑰對雜湊值 H 加密，加密後的內容即為「數位簽章」。最後再將明文與數位簽章一起發送給使用者 B。由於這個數位簽章是以 A 的私密金鑰加密，且該私密金鑰只有 A 才有，因此該數位簽章可以代表 A 的身分。故數位簽章機制具有發送者不可否認的特性，能夠用來確認文件發送者的身分，使其他人無法偽造此辨別身分。

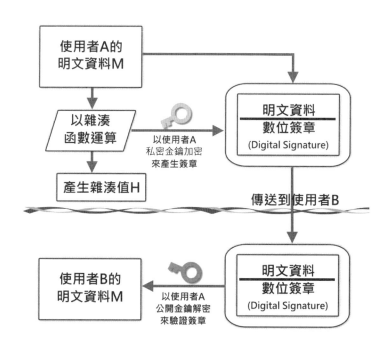

> **TIPS**　雜湊函數（Hash Function）是一種保護資料安全的方法，它能夠將資料進行運算，並且得到一個「雜湊值」，接著再將資料與雜湊值一併傳送。

　　想要使用數位簽章，當然第一步必須先向認證管理中心（CA）申請電子證書（Digital Certificate），它可用來證明公開金鑰為某人所有及訊息發送者的不可否認性，而認證中心所核發的數位簽章則包含在電子證書上。通常每一家認證中心的申請過程都不相同，只要各位跟著網頁上的指引步驟去做，即可完成。

> **TIPS** 憑證管理中心（Certification Authority, CA）：為一個具公信力的第三者身分，主要負責憑證申請註冊、憑證簽發、廢止等等管理服務。國內知名的憑證管理中心如下：
> 政府憑證管理中心：http://www.pki.gov.tw
> 網際威信：http://www.hitrust.com.tw/

13-4-4　認證

　　在資料傳輸過程中，為了避免使用者 A 發送資料後卻否認，或是有人冒用使用者 A 的名義傳送資料而不自知，我們需要對資料進行認證的工作，後來又衍生出第三種加密方式。首先是以使用者 B 的公開金鑰加密，接著再利用使用者 A 的私密金鑰做第二次加密，當使用者 B 在收到密文後，先以 A 的公開金鑰進行解密，接著再以 B 的私密金鑰解密，如果能解密成功，則可確保訊息傳遞的私密性，這就是所謂的「認證」。認證的機制看似完美，但是使用公開金鑰作加解密動作時，計算過程十分複雜，對傳輸工作而言不啻是個沈重的負擔。

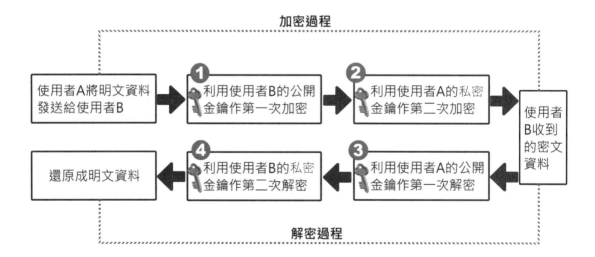

13-5 │認識防火牆

　　為了防止外來的入侵，現代企業在建構網路系統，通常會將「防火牆」（Firewall）建置納為必要考量因素。防火牆是由路由器、主機與伺服器等軟硬體組成，是一種用來控制網路存取的設備，可設置存取控制清單，阻絕所有不允許放行的流量，並保護我們自己的網路環境不受來自另一個網路的攻擊，讓資訊安全防護體系達到嚇阻（deter）、偵測（detect）、延阻（delay）、禁制（deny）的目的。雖然防火牆是介於內部網路與外部網路之間，並保護內部網路不受外界不信任網路的威脅，但它並不是將外部的連線要求阻擋在外，因為如此一來便失去連接到 Internet 的目的了：

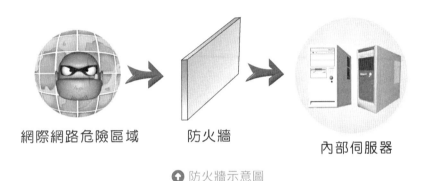

網際網路危險區域　　防火牆　　內部伺服器

🔺 防火牆示意圖

　　防火牆的運作原理相當於是在內部區域網路（或伺服器）與網際網路之間，建立起一道虛擬的防護牆來作為隔閡與保護功能。這道防護牆是將另一些未經允許的封包阻擋於受保護的網路環境外，只有受到許可的封包才得以進入防火牆內，例如阻擋如 .com、.exe、.wsf、.tif、.jpg 等檔案進入，甚至於防火牆內也會使用入侵偵測系統來避免內部威脅，不過防火牆和防毒軟體是不同性質的程式，無法達到防止電腦病毒與內部的人為不法行為。當我們使用各種網路應用軟體時，免不了一定會使用到相關的通訊協定，而防火牆可以依照這些通訊協定來做管制的動作。假設我們的防火牆設定只讓 POP3 與SMTP 協定通過，那我們的網路資料就只能使用電子郵件，而不能使用任何的網路應用軟體，換句說話，我們也可以由防火牆的特性來管制使用者登入特定的色情網站，做到嚴格管制網路資源的運用。

　　目前即使一般的個人網站，也開始在自己的電腦中加裝防火牆軟體，防火牆的觀念與作法也逐漸普遍。簡單來說，防火牆就是介於您的電腦與網路之間，用以區隔電腦系統與網路之用，它決定網路上的遠端使用者可以存取您電腦中的哪些服務，一般依照防

火牆在 TCP / IP 協定中的工作層次,主要可以區分為 IP 過濾型防火牆與代理伺服器型防火牆。IP 過濾型防火牆的工作層次在網路層,而代理伺服器型的工作層次則在應用層。

13-5-1　IP 過濾型防火牆

由於 TCP / IP 協定傳輸方式中,所有在網路上流通的資料都會被分割成較小的封包(packet),並使用一定的封包格式來發送。這其中包含了來源 IP 位置與目的 IP 位置。使用 IP 過濾型防火牆會檢查所有收到封包內的來源 IP 位置,並依照系統管理者事先設定好的規則加以過濾。

通常我們能從封包中內含的資訊來判斷封包的條件,再決定是否准予通過。例如傳送時間、來源 / 目的端的通訊連接埠號,來源 / 目的端的 IP 位址、使用的通訊協定等資訊,就是一種判斷資訊,這類防火牆的缺點是無法登錄來訪者的訊息。

13-5-2　代理伺服器型防火牆

「代理伺服器型」防火牆又稱為「應用層閘道防火牆」(Application Gateway Firewall),它的安全性比封包過濾型來得高,但只適用於特定的網路服務存取,例如 HTTP、FTP 或是 Telnet 等等。它的運作模式主要是讓網際網路中要求連線的用戶端與代理伺服器交談,然後代理伺服器依據網路安全政策來進行判斷,如果允許的連線請求封包,會間接傳送給防火牆背後的伺服器。接著伺服器再將回應訊息回傳給代理伺服器,並由代理伺服器轉送給原來的用戶端。也就是說,代理伺服器是用戶端與伺服端之間的一個中介服務者。

當代理伺服器收到用戶端 A 對某網站 B 的連線要求時,代理伺服器會先判斷該要求是否符合規則。若通過判斷,則伺服器便會去站台 B 將資料取回,並回傳用戶端 A。這裡要提醒各位的是,代理伺服器會重複所有連線的相關通訊,並登錄所有連線工作的資訊,這是與 IP 過濾型防火牆不同之處。

13-5-3　軟體防火牆

由於硬體防火牆的建置成本高,並不是所有的人都能負擔的起,加上個人網路使用者的堀起,以及個人網路安全意識的高漲,硬體防火牆對它們而言顯然並不適合,於是

便有了軟體防火牆的出現。個人防火牆是設置在家用電腦的軟體,可以像公司防火牆保護公司網路一樣保護家用電腦。軟體防火牆所採用的技術與封包過濾型如出一轍,但它包括了來源 IP 位置限制,與連接埠號限制等功能。例如 Windows 作業系統本身也有內建防火牆功能,如下所示:

13-5-4 防火牆的漏洞

雖然防火牆可將具有機密或高敏感度性質的主機隱藏於內部網路,讓外部的主機無法直接連線到這些主機上來存取或窺視這些資料,但事實上,仍然有一些防護上的盲點。防火牆安全機制的漏洞如下:

1	防火牆必須開啟必要的通道來讓合法封包進出,因此入侵者當然也可以利用這些通道,配合伺服器軟體本身可能的漏洞入侵。
2	大量資料封包的流通都必須透過防火牆,必然降低網路的效能。
3	防火牆僅管制封包在內部網路與網際網路間的進出,因此入侵者也能利用偽造封包來騙過防火牆,達到入侵的目的。例如有些病毒以 FTP 檔案方式入侵。
4	雖然保護了內部網路免於遭到竊取的威脅,但仍無法防止內賊對內部的侵害。

MEMO

14 網路管理導論

CHAPTER

由於網路的使用日趨普及，對商業界、學術界和政府機構甚至個人等彼此間資訊的交流提供快捷的服務，為了能夠即時掌握網路運作的情形與效率，就需要利用網路管理工具來維持效能表現，而這也是網路管理的目的。一般來說，要建置一個網路系統並不是件難事，但是建置完成後，挑戰才真正地開始，簡單來說，網路管理是為了實作控制、規劃、分配、部署及監視一個網路區域資源所需的整套具體實施。

⬆ 隨著網路使用者的增加，網路管理的角色更形重要

管理之父彼得‧杜拉克博士曾說：「做正確的事情，遠比把事情做正確來的重要」。因此，身為現代的網路管理者，首先需要能夠有效廣泛收集資訊及有效運用網路資源與相關資訊系統，來針對網路上各種機器設備加以規劃、監控和管理，並負責網路站點的資料更新與安全維護的管理，最終達成企業與組織的目標。

14-1 | 網路管理功能簡介

隨著近年來網路系統的不斷擴張，使得網路的管理與維護工作變得越來越重要，不僅直接協助網路管理人員解決問題，也可以經由整合，來替其他管理階層收集相關的決策資訊。基本上，網路管理可以看成是一個架構，也是用於規劃、實作和維護電腦網路的一套處理步驟，ISO 在 1989 年制定的 7498-4 號標準文件中提到，網路管理功能區分成「故障管理（Fault Management）」、「會計管理（Accounting Management）」、「組態管理（Configuration Management）」、「效能管理（Performance Management）」及「安全管理（Security Management）」五大類，並以組態管理為中心，這五個網路管理項目，也就成為大家最常探討的網管課題：底下分別為各位說明這五個網路管理功能。

14-1-1　故障管理

　　故障管理（Fault Management）是最重要的一種網路管理形式，通常任何非有意導致且會影響服務運作的事件，都可視為是必須立即處理的故障，一旦網路上出現各種異常現象，就得依賴相關的技術支援人員執行「故障排除」（Troubleshooting）作業。例如那些失去電力、網路連線裝置的損壞與功能參數設定錯誤……等等。故障管理主要是確認網路問題所在和診斷問題發生的原因，範圍包括了問題和故障的偵測、辨認、隔離、回報及修復不正常的網路環境，並以最短的時間與來解決網路上的異常狀態，就是故障管理的基本要求，也是故障管理著重的課題。

　　由於一般網路涵蓋相當大的區域，如果網路系統發生故障時，會對網路某服務造成不良的干擾影響，如果無法即時發現並進行隔絕及修復，整個系統的效率便會受到牽連。故障管理衍生出來的就是問題管理，能夠快速偵測到影響服務的問題、向管理裝置回報，並且採取可能的改正措施機制，故障管理包含分析並解決錯誤記錄、偵測網路設備送出的錯誤訊息、追蹤並確認錯誤來源、測試網路系統的運作、根據問題的來源和症狀，在對網路造成影響前，就能夠先及早修正錯誤，更重要是定期備份網路上的重要資料，或安裝「不斷電系統」（Uninterruptible Power Supply, UPS），這些都可以在發生緊急狀況時迅速重建與復原資料。

14-1-2　組態管理

　　組態管理（Configuration Management）是五種管理功能的中心架構，主要是取得目前網路系統的運作情況、設定或修改網路與電腦的使用狀態，內容包括連接到網路的裝置、連接方式以及這些裝置目前的系統功能參數，也包括用來管理所有網路設備的設定資訊，定義所有網路服務的組成元件（components），並對其元件加以控管，以確保相關資訊的準確性與設定，例如路由器、橋接器和主機的實體和邏輯位址連接及改變網路系統的功能參數（Provisioning）。

　　組態管理還負責對網路硬體設備的增減或修改進行控制，且對實際連線狀況進行登錄，以達到隨時掌握網路最新組態的目的，並收集網路的運作狀況及改變網路系統的設定、取得系統狀態重大改變的通知、設定並賦予被管理設備的元件清單（Inventory）、啟動或關閉被管理的設備。

14-1-3　會計管理

　　會計管理（Accounting Management）可對使用網路資源建立收費標準，記錄每個網路使用者或整個團體的使用記錄，以便核算分攤費用。例如資產管理（Asset management）：包括儀器、設施、硬體與電腦的建置與維護成本，以及人員的統計資料與相關資產紀錄，以瞭解與評估各項成本效益，進而監看網路資源與個別部門使用率以作為收費的依據，或通知使用者有沒有可用的資源。會計管理的目標就是透過最少的投資得到最大的收益。至於日常性的成本管控（Cost control），如控制網路與設備等各種消耗性資源的用量，包括紙張、碳粉夾、管線、空白光碟片、墨水夾等不當浪費的管制，也是會計管理的重要工作之一。

14-1-4　效能管理

　　當網路使用量及複雜度大量提升時，就會產生許多系統執行效率的問題，網路的運作效率直接影響到使用者的生產力，所謂效能管理（Performance Management）是用來衡量網路的運作效率，效能管理牽涉到監視網路效能和適當調整網路，提供不同網路區段在各連結網路效能的分析，以及網路測試反應時間管理，效能管理也可視為一種「預防性」的故障管理。我們可以透過一些回應時間（response time）作為傳輸效能良好的判斷準則，例如 ping 某個主機的回應時間、電子郵件收發的回應時間，以及瀏覽網頁所花費的回應時間。

　　網路管理者可透過效能管理工具來瞭解網路資源的使用情形，對於網路各節點的使用率、通訊協定、流量……等進行分析及管制，考量線路使用率（utilization），防止影響網路連線品質因素的發生及是否可達到所要求的速率。此外，由於網路數據具備可偵測性，透過長期統計網站交通流量可以得知網路流量成長趨勢，及早發現網路瓶頸。

⬆ Google 提供了免費的網路流量趨勢與分析工具

> **TIPS** Google 所提供的 Google Analytics（GA）就是一套免費且功能強大的跨平台網路流量分析工具，也稱得上是全方位監控網站完整功能的必備網站分析工具，不僅能讓企業可以估算銷售量和轉換率，還能提供最新的資料分析資料，包括網站流量、訪客來源、行銷活動成效、頁面拜訪次數、訪客回訪等，幫助客戶有效追蹤網站資料和訪客行為等。

14-1-5 安全管理

　　現代企業或組織透過網際網路固然可以增強營運效率，但相對地的將原先封閉的企業網路暴露在整個網際網路環境中。安全管理（Security Management）的主要目的是在提供應用程式一些安全性原則，開放必要權限給必要人員是安全管理的基本要求，藉此

防止未經授權的個人存取、使用和變更網路的行為，與對網路資源的偷竊與侵入建立網路安全機制，包括系統密碼和網路資料加密處理，以防止非法使用者對網路資源的竊取與破壞。

安全管理還包含內部安全管理和防範外部入侵，特別是給予網路使用者基本的安全維護保障與確認使用者的權限，並且透過稽核（Auditing）機制，讓網路伺服器記錄下重要的安全事件。例如當網路上存在大量壞封包時，通常表示網路傳輸時發生了某種問題，透過安全管理工具，分析複雜的日誌檔案，提前發現攻擊、安全威脅，進而通知系統改變及調整網路狀態。

14-2 | SNMP 與其他網路管理協定

相信現代企業與組織，甚至於個人都有專屬網站，而如何有效管理網站，也是每個網管人員心目中重要的課題。其中 SNMP（Simple Network Management Protocol, SNMP）是一種被廣泛接受並使用的網路通訊標準，由 IETF（Internet Engineering Task Force）所定義，用以管理網路設備之通訊協定，主要的目的在於管理網路上各式各樣的設備。SNMP 本身的協定非常簡單，使用上不但不困難，廠商或使用者也不必耗費大量的金錢就能支援 SNMP 協定的相關產品。透過 SNMP 可在任意的兩點中傳遞管理訊息，以便網路管理者能夠檢視網路上任何一個節點的訊息，並進行修改、調整與故障修復的工作。

當然除了 SNMP 外，還有許多其他的系統和網路管理通訊協定，不過 SNMP 標準能讓管理者的監控工作簡化，一旦裝置發生問題就可以即時得到訊息，以採取必要行動，是目前最普遍使用的網路管理協定，幾乎所有生產網路設備的廠商都支援 SNMP。至於「MIB（Management Information Base，管理訊息資料庫）」及「RMON（Remote Network Monitoring MIB，遠端網路監視管理訊息資料庫）」則是 SNMP 建立網路管理內容的基礎，在後續章節中會陸續為各位介紹。

14-2-1　認識 SNMP

SNMP 是運作於 OSI 模型之應用層，在 TCP / IP 的機制下，運用 UDP 及 IP 協定進行通訊。SNMP 的架構其實是相當於主從式架構的資訊系統模式，每個網路節點須提

供一致的網路管理介面,搜集描述過去和目前狀態的管理資訊,並且提供給網路上的管理系統來存取使用。SNMP 定義兩種管理物件:網管管理者(Manager)及網管代理人(Agent)。前者是用來執行網管軟體的主機,後者則是負責收集網路狀態的主機。在實際運作架構中,SNMP 架構主要由以下 4 種元件構成:

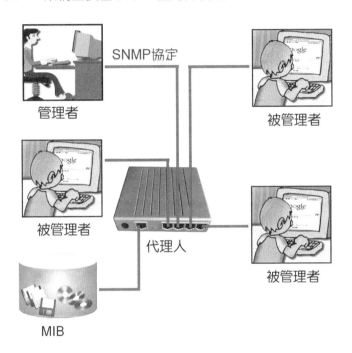

1. 管理者(**Manager**):也稱為管理站,在管理者的電腦上安裝有管理程式,經由 UDP 傳送 request 至代理者,利用 SNMP 通訊協定向代理人(Agent)查詢所需的相關資訊,可透過代理人進行監控、管理、設定等工作,例如網路設備運作狀態、系統硬體的配置(如 CPU 使用率、硬碟利用率)等。

2. 代理人(**Agent**):代理人是此架構中直接被管理者控制的設備節點,通常是一個執行程式(運作在被監控的設備上),因此也被稱做代理設備,是監看管理節點、負責讀取與蒐集被監控設備上的相關資訊,如路由器、橋接器等,且當管理者需要管理資訊時提供該資料。它必須隨時記錄網路上產生的各種事件,代理者透過來源埠傳送 response 至管理端,而管理者則可以透過網路來取得被管理者存放在 MIB 內的管理資訊。

3. **SNMP 協定**:SNMP 通訊協定實作上提供了一個標準的方法,其實就是一群管理訊息資料庫(MIB)的組合,用來檢視且改變不同廠商所提供之設備的網路管理資訊。這項協定不僅可用於網路設備之日常維運作業,亦可提供網路維運人員即時監控設

備異常事件發生及因應處理，一旦裝置發生問題還可以即時得到訊息，並採取必要行動。

4. 管理資訊庫（MIB）：MIB（Management Information Base, MIB）的作用是儲存代理設備的物件屬性、功能與各種資訊，就是內建於代理者的資料庫，主要是用來記錄在網路上各個網路設備的屬性與功能，以供管理者存取。

SNMP 協定的封包標頭包含了「版本」及「區域名稱」兩個部分，版本是用來識別 SNMP 協定的版本，而「區域名稱」則代表著一個獨立的網管架構。SNMP 有三種不同的版本，大部分網路設備（路由器、交換器）均支援 SNMP，演變順序是由 v1、v2 至 v3，使用最廣泛的是 SNMPv1；1992 年制定 SNMPv2 協定時，針對 SNMPv1 協定中不完善的地方做了許多改進，特別是在安全性方面，但卻使得它在管理上變得更加複雜難以管理，雖然 SNMPv2 增加大型網路與分散式處理能力，不過實用性遠不如 SNMPv1；至於 SNMPv3 由 RFC 3411-RFC 3418 定義，主要增加 SNMP 在安全性和遠端配置功能的強化與 SNMPv2 在存取控制、保密、認證方面不足的功能。

SNMP 管理者是以輪詢（polling）的方式詢問代理人，所謂輪詢方式是指網管系統主動向被代理人要求網管相關資訊，也就是代理人會不斷的收集各種統計資料，並儲存到「管理訊息資料庫（Management Information Base, MIB）」，通常輪詢也會佔用許多的網路頻寬。當管理者向代理設備的 MIB 送出查詢訊號，就可以獲得這些訊息。而代理人會接收 SNMP 管理者的指令，並按照特定的管理物件編號儲存於管理資訊庫（MIB）中，代理人也提供主動回報陷阱（Trap）的機制，在符合條件的情況下（如系統發生錯誤或關機等特殊的情況），主動以 Trap 的方式發送訊息通知管理者。陷阱（Trap）表示網路系統發生異常狀況，如果發生 Trap 時，會藉由代理人將此狀況回報給管理者。

 TIPS 在區域網路中，網路管理的主要常見機制有「輪詢（Polling）」、「陷阱（Trap）」、「設定（Set）」三種。設定（Set）是指管理者對代理人執行參數設定的工作，通常可能是網路發生異常狀況時，由管理者依據 Trap 訊息所進行的設定工作。

SNMP 的指令非常簡單，我們以 SNMP 第一版本 SNMPv1 為例，定義了五項指令讓管理者及代理人之間進行溝通（要求 / 回應），這五項指令的說明如下：

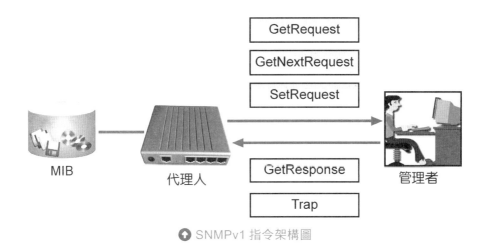

⬆ SNMPv1 指令架構圖

- **GetRequest** 要求命令：由管理者（Manager）向代理人（Agent）發出的指令，用來要求傳回被管理設備 MIB 的物件資料。

- **SetRequest** 設定命令：由管理者向代理人發出指令，用來對代理設備的 MIB 物件進行組態設定或刪除物件的動作。建議您在刪除物件之前先考慮清楚，以免造成網路運作不正常。

- **GetNextRequest** 瀏覽命令：由管理者向代理設備發出的指令，要求代理設備傳回 MIB 中下一個介面的資料。

- **GetResponse** 回應命令：當代理人收到管理者的 GetRequest 或 SetRequest 命令後，都是使用 GetResponse 命令來回應管理者，回應的方式包括 NoError、tooBig、noSuchName、badValue、readOnly、genErr 等。

- **Trap** 陷阱命令：當管理者有錯誤發生時，由代理人主動回報給管理者，管理者可以依據回應的訊息來決定處理方式，包括 warmStart、coldStart、egpNeighborLoss、linkUp 等處理方式。

至於 1992 年制定 SNMPv2 協定時，針對 SNMPv1 協定中不完善的地方做了許多改進，新增以下兩道指令：

- **InformRequest** 指令：由於 SNMPv1 協定只有定義管理者及代理人之間的封包型態，因此一個區域網路中只能有一個管理者，而這個新增的 InformRequest 封包，用來建立管理者可向另一個管理者彼此發出要求，讓網路中不僅可同時存在多個管理者，更可提高網路管理及傳輸效率。

- **GetBulkRequest** 指令：SNMPv1 協定中的 GetRequest 及 GetNextRequest 指令一次只能取得一筆資料，在效率表現上並不理想，而新增的 GetBulkRequest 指令，可讓管理者

一次對整個 MIB 表格或一整列的項目進行存取，不但可為管理者省下許多的時間，更能讓網路管理更加方便。

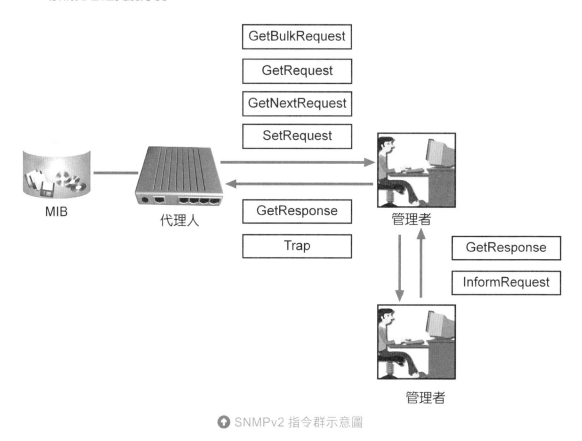

● SNMPv2 指令群示意圖

14-2-2　管理資訊庫（MIB-I / MIB-II）

在現實環境中，每種網路或設備對其資料的表達方式存在差異，因此必須採用一套抽象的語法來描述所有類型的資訊，稱為網管資訊庫。SNMP 協定稱為「網管資訊庫」（Management Information Base, MIB），MIB 是整個網管架構的核心，主要是用來記錄網路上各個設備的屬性與功能。MIB 可分為標準（Standard）MIB 及私人（Private）MIB 兩大類，標準 MIB 適用於所有網路設備，而私人 MIB 則由設備廠商自行定義。

SNMP 是使用物件（Object）的觀念來管理網路上的設備與資源，採用樹狀結構，是一種階層式分類，每個被管理的網路設備或資源都稱為物件。MIB 的作用是定義代理人的物件屬性及功能，每個 MIB 物件都具有唯一的 OID（Object Identifier，物件識別碼），管理者藉由 MIB 瞭解每一個網路設備的資訊。MIB 有許多版本，其中以 ISO 所制

定的 MIB-I 及 MIB-II 為較具整合性的標準。MIB-I 版本中定義了 8 個管理群組,分別是 System、Interface、Address Translation、IP、ICMP、TCP、UDP 及 EGP,而 MIB-II 則另外新增了 Transmission 及 SNMP 兩個群組。

14-2-3　RMON 網管資訊庫

　　MIB-II 網管資訊庫都是針對代理器本身的網路狀態做記錄,這樣的架構往往會造成管理者必須在每個網路裝置上安裝代理人(Agent),才能知道他所管理的每個網路裝置的狀態,而且管理者必須將每個代理人傳回的資訊做整合統計,因此網管效率較為不好。有鑑於此,在 MIB-II 網管資訊庫的節點底下又新增一個遠端監視網管資訊庫(Remote Network Monitoring MIB, RMON),並規定它必須記錄整體的網路狀態資訊。RMON 主要運作原理是將 RMON Agent 擺放在區域網路中,持續收集區域網路的運作資訊。

　　RMON 的強大之處在於它完全與 SNMP 框架兼容,在 RMON 網管架構中,代理人就如同一個監視器(Monitor)或探測器(Probe),負責提供該子網域的資訊給管理者,而此時的代理人則被稱做「RMON Probe」。這樣的好處在於可提高管理效率,並降低網管成本。RMON 與 MIB-II 的最大不同之處在於 RMON 網管資訊庫中所有的網管物件都是表格物件,並細分成「控制表物件(Control Table)」及「資訊表物件(Information Table)」。前者主要是用來設定資訊表物件應記錄哪些網路資訊,後者則存放 RMON Probe 實際收集到的網路狀態資訊。RMON 的設計不管是 RMONv1 或 RMONv2 都相當的成功,也被廣大企業界所樂於接受。

MEMO

15 CHAPTER

雲端運算與物聯網

　　隨著網際網路（Internet）的興起與蓬勃發展，網路的發展更朝向多元與創新的趨勢邁進，所謂雲端運算（Cloud Computing）是一種基於網際網路的運算方式，已經成為下一波電腦與網路科技的重要商機，或者可以視為將運算能力提供出來作為一種服務。Google 是最早提出雲端運算概念的公司。最初 Google 開發雲端運算平台是為了能把大量廉價的伺服器整合起來、以支援自身龐大的搜尋服務，最簡單的雲端運算技術在網路服務中已經隨處可見，例如「搜尋引擎、網路信箱」等，進而透過這種方式，共用的軟硬體資源和資訊可以按需求提供給電腦各種終端和其他裝置。Google 執行長施密特（Eric Schmidt）在演說中更大膽的說：「雲端運算引發的潮流將比個人電腦的出現更為龐大！」。

🔼 Google 是最早提出雲端運算概念的公司

　　當人與人之間隨著網路互動而增加時，隨著網路技術與雲端運算的發展更逐步進入萬物互聯的時代與可能，物聯網（Internet of Things, IOT）就是近年資訊產業中一個非常熱門的議題，台積電董事長張忠謀於 2014 年時出席台灣半導體產業協會年會（TSIA），明確指出：「下一個 big thing 為物聯網，將是未來五到十年內，成長最快速的產業，要好好掌握住機會。」他認為物聯網是個非常大的構想，不僅限於地上的、可穿戴的、量體溫血壓的，很多東西都能與物聯網連結。對半導體來說，將會是下一個重要的市場。

⬆ 國內最具競爭力的台積電公司把物聯網視為未來發展重心

15-1 │雲端運算簡介

　　所謂「雲端」其實就是泛指「網路」，希望以雲深不知處的意境，來表達無窮無際的網路資源，更代表了規模龐大的運算能力，與過去網路服務最大的不同就是「規模」。雲端運算之熱不是憑空出現，實是多種技術與商業應用的成熟，雲端運算將虛擬化公用程式演進到軟體即時服務的夢想實現，也就是只要使用者能透過網路、由用戶端登入遠端伺服器進行操作，就可以稱為雲端運算。

⬆ 雲端運算就是一種大規模的網路新型服務

　　「雲端運算」（Cloud Computing）則是一種具動態延伸能力的運算方式，原理源自於網格運算（Grid Computing），都算是由分散式運算（Distributed Computing）衍伸出來的概念，基本概念就是指在動態的環境下協調與利用分散的電腦資源協同合作來共同

解決計算問題的一種技術。雲端運算實現了以分散式運算技術來創造龐大的運算資源，以解決專門針對大型的運算任務，也就是將需要大量運算的工作，分散給很多不同的電腦一同運算，簡單來說，就是將分散在不同地理位置的電腦共同聯合組織成一個虛擬的超級電腦，運算能力藉由網路慢慢聚集在伺服端，伺服端也因此擁有更大量的運算能力，最後再將計算完成的結果回傳。

由於網路是透過電纜、將用戶端的個人電腦與遠端伺服器連結在一起，只要使用者能透過網路、由用戶端登入遠端伺服器進行操作，就可以稱為雲端運算。「雲端運算」的目標就是未來每個人面前的電腦，都將會簡化成一臺最陽春的終端機，只要具備上網連線功能即可，也就是利用分散式運算，共用的軟硬體資源和資訊可以按需求提供給電腦各種終端和其他裝置，將終端設備的運算分散到網際網路上眾多的伺服器來幫忙，讓網路變成一個超大型電腦，未來要讓資訊服務如同水電等公共服務一般，隨時都能供應。

15-1-1 雲端運算的應用

所謂雲端運算的應用，其實就是「網路應用」，如果將這種概念進而延伸到利用網際網路的力量，讓使用者可以連接與取得由網路上多台遠端主機所提供的不同服務，就是「雲端服務」的基本概念。隨著個人行動裝置正以驚人的成長率席捲全球，成為人們使用科技的主要工具，不受時空限制，就能即時能把聲音、影像等多媒體資料直接傳送到電腦、平板行動裝置上，也讓雲端服務的真正應用達到最高峰階段。

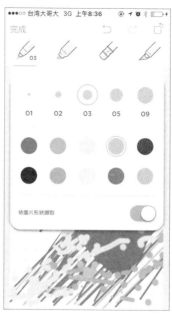

⬆ Evernote 雲端筆記本是目前很流行的雲端服務

　　雲端服務還包括許多人經常使用 Flickr、Google 等網路相簿來放照片，或者使用雲端音樂讓筆電、手機、平板來隨時點播音樂，打造自己的雲端音樂台；甚至於透過免費雲端影像處理服務，就可以輕鬆編輯相片或者做些簡單的影像處理。

⬆ Pixlr 是一套免費好用的雲端影像編輯軟體

　　在網路的世界中，Google 的雲端服務平台最為先進與完備，其所提供的應用軟體包羅萬象，Google 雲端服務主要是以個人應用為出發點，在目前最熱門的雲端運算平台所提供的應用軟體非常多樣化，例如：Gmail、Google 線上日曆、Google Keep 記事與提醒、Google 文件、雲端硬碟、Google 表單、Google 相簿、Google 地圖、YouTube、Google Play、Google Classroom……等。

⬆ 實用的 Google 雲端相簿

https://photos.google.com/apps

在我們日常生活中也有許多雲端運算的應用,例如台
灣大車隊是全台規模最大的小黃車隊,透過 GPS 衛星定位
與智慧載客平台全天候掌握車輛狀況,並充分利用大數據
技術,將即時的乘車需求提供給司機,讓司機更能掌握乘
車需求,將有助降低空車率且提高成交率,並運用雲端運
算資料庫,透過分析當天的天候時空情境和外部事件,精
準推薦司機優先去哪個區域載客,優化與洞察出乘客最真
正迫切的需求,也讓乘客叫車更加便捷,提供最適當的產
品和服務。

⬆ 台灣大車隊利用雲端運算
資料庫提供更貼心的叫車
服務

15-2 雲端運算技術簡介

現代不論是科技與傳統企業有八成的資訊支出花費在資訊硬體的維修費用，透過雲端運算的應用可協助企業大幅降低成本，提供隨需應變的資源應用與需求，可彈性與靈活進行配置，對企業與使用者而言，雲端運就算像是擁有取之不盡的運算資源，不需考慮使用人數的多寡，只要打開瀏覽器，有網路連線隨時就要能夠使用，雲端運算背後所隱藏的龐大商機、正吸引著Google、微軟 Microsoft、IBM、蘋果 Apple 等科技龍頭積極投入大量資源。

⬆ 微軟在開發雲端運算應用上投入大量的資源

例如因為雲端運算科技進步與網路交易平台流程的改善，讓網路購物越來越便利與順暢，不但改變商業經營模式，也改變了全球市場的消費習慣，目前正在以無國界、零時差的優勢，讓全年無休的電子商務（Electronic Commerce, EC）新興市場快速崛起，就是雲端技術推波助瀾下的最好成果。

⬆ 透過電子商務模式，小資族就可在雲端上開店

　　時至今日，企業營運規模不分大小，普遍都已體會到雲端運算的導入價值，雲端運算可不是憑空誕生，之所以能有今日的雲端運算，其實不是任何單一技術的功勞，包括多核心處理器與虛擬化軟體等先進技術的發展，以及寬頻連線的無所不在，基本上，雲端運算之所以能夠統整運算資源，應付大量運算需求，關鍵就在以下幾種技術，接下來我們來介紹目前最主要的雲端運算相關技術。

↑ 國際知名大廠 VMware 推出許多完整的雲端服務產品

15-2-1　虛擬化技術

　　虛擬化技術的最大功用是讓雲端服務可以統合與動態調整運算資源，因而可依據使用者的需求迅速提供運算服務。所謂虛擬化技術，就是將伺服器、儲存空間等運算資源予以統合，讓原本執行在真實環境上的電腦系統或元件，在虛擬的環境中執行，最早的虛擬機（Virtual Machine）出現在 1960 年代，主要是為了提高硬體資源充分利用率，例如像 CPU 運作的虛擬記憶體，相對於實體記憶體，虛擬記憶體（Virtual Memory）是一種記憶體管理技術，將磁碟空間模擬成記憶體，允許執行中的程式不必全部載入主記憶體中，作業系統就能創造出一個多處理程式的假象，使得在實體記憶體不足的情形下，也能執行需要更多記憶體的應用程式。

　　「虛擬記憶體」的功用就是作業系統將目前程式使用的程式段（程式頁）放主記憶體中，其餘則存放在輔助記憶體（如磁碟），程式不再受到實體記憶體可用空間的限制，使得在實體記憶體不足的系統上，也可執行耗費記憶體較多的應用程式。另外載入或置換使用者程式所需 I/O 的次數減少，執行速度也會加快，更增加了 CPU 使用率。

 所謂「置換」（Swapping），是指行程從主記憶體中移到磁碟的虛擬記憶體，再從虛擬記憶體移到主記憶體執行的動作。

　　透過虛擬化技術可以解決實體設備異質性資源的問題，在幾分鐘內就可以建立一台虛擬伺服器，每一台實體伺服器的運算資源都換成許多虛擬伺服器，這些虛擬的運算資源可以統整在一起，任意分配運算等級不同的虛擬伺服器，因此即使虛擬伺服器所在的實體機器發生故障，虛擬伺服器亦可快速移到其他正常的硬體伺服器。

15-2-2　分散式運算

　　分散式運算（distributed computing）技術是一種建構在網路之上的系統，並且隨著網路的普及而日益重要，簡單來說，就是讓一些不同的電腦同時去幫你進行某些運算，或者是說將一個大問題分成許多部分，交給不同的電腦或是系統去運算。在這種分散式系統的架構中，可以藉由網路資源共享的特性，提供給使用者更強大的功能，並藉此提高系統的計算效能，任何遠端的資源，都被作業系統視為本身的資源，而可以直接存取，並且讓使用者感覺起來就像透過一台電腦使用分散式運算架構，這樣的運算需求就可以快速分派給數千數萬台伺服器來執行，充分發揮最高的運算效率。Google 的雲端服務就是利用分散式運算的典型，他們將成千上萬的低價伺服器組合成龐大的分散式運算架構，利用網路將多台電腦連結起來，透過管理機制來協調所有電腦之間的運作，以創造高效率的運算。

　　例如「叢集式作業系統」（Clustered Operating System）通常指的是在分散式系統中，利用高速網路將許多台設備與效能可能較低的電腦或工作站連結在一起，再利用通訊網路連接，以提供程式進行平行運算，形成一個設備與效能較高的伺服主機系統。叢集式處理系統是多台獨立電腦的集合體，每一台獨立的電腦有它自己的 CPU、專屬記憶體和作業系統，使用者能夠視需要取用或分享此叢集系統中的計算及儲存能力，當

叢集系統的某節點發生故障無法正常運作時，可以重新在其他節點執行該故障節點的程式，也能提供我們在系統的高可用性及運算能力上協助。如下圖所示：

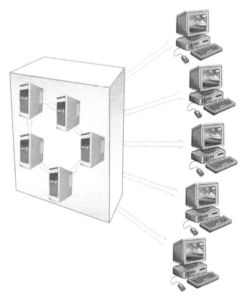

🔼 叢集式作業系統示意圖

　　叢集式作業系統除了高利用性外，在系統的擴充功能也較容易達到，是一種兼具高效能的作業系統，通常叢集式電腦系統可用來作為提供負載平衡（Load Balancing）、容錯（Fault Tolerant）或平行運算等目的。

 負載平衡（Load Balancing）是指藉由使用由兩台或者多台以上主機，以對稱的方式所組成的叢集主機，來執行分配伺服器工作量（負載）的功能，保持服務不因負載量過大而變慢或中斷，可以用最少的成本，就可獲得接近於大型主機的性能。

15-2-3　多核心處理技術

　　我們知道以傳統的單一 CPU 處理器來說，如果要達到兩倍運算效能，非得增加耗電量與工作時脈，但多核心處理器的設計不但能節省能源之外，也會製造較少的熱量。多核心的主要精神就是將多個獨立的微處理器封裝在一起，使得效能提升不再依靠傳統的工作時脈速度，而是平行處理（Parallel Processing）的技術，也就是同時使用多個處理器來執行單一程式，其過程會將資料以各種方式交給每一顆處理器，為了實現在多核

心處理器上程式性能的提升，還必須將應用程式分成多個執行緒來執行。多核心的處理架構將持續普及，一個 CPU 有愈多核心，意味可執行更多虛擬機器（Virtual Machine, VM），加上高效能運算（High Performance Computing, HPC）能力增加，則是透過應用程式平行化機制，處理器擁有更多的核心，單位運算密度因而提高，提供了更大量的運算資源，亦即在短時間內完成複雜、大量運算工作，讓雲端運算可以因應全球性服務大量的運算需求。

15-2-4 服務導向架構（SOA）

隨著雲端運算基礎架構的發展，如何結合企業資訊服務與外部雲端運算資源，是當前重要的研究課題。我們知道分散式處理是將資源或運算的工作分散給網路中其他的主機或伺服器，由於網路科技快速發展，頻寬與速度皆快速成長，網路程式的執行不再被侷限於單一電腦上，從早期的主機架構、主從式架構到服務導向架構，服務品質的整合已經成為任何一個網路系統的重要成功因素。而整合式運算系統則恰好相反，它是利用網路上所有主機的運算能力，來共同完成各種的整合式需求。例如現在網際網路上當紅的網路服務（Web Service）技術就是分散式系統未來發展的趨勢，讓每個企業組織能與商業夥伴公司內的應用系統加以整合，達到真正共享及交換資訊的便利。

從技術面來看，目前相當流行的「服務導向架構」（Service Oriented Architecture, SOA）就是一個以服務為基礎的處理架構模型，在網際網路的環境下透過標準的介面，將分散各地的資源整合成一個資訊系統，基本上，服務導向架構與雲端運算有著相同概念與技術特點，而且都受到企業的關注及採用，SOA 可快速整合在不同異質系統的資料來源，將系統的功能封裝為一個個服務，這樣的概念影響了雲端運算以服務的型式提供運算資源。其中開放標準是 SOA 的核心特色，由網站服務技術等標準化元件組成，透過SOA 讓不同性質的系統整合變得容易，這些模組化的軟體元件不但能重複使用，更可避免不同平台開發程式間相互整合的困擾，例如一套方便的提款機跨行提款的系統就可以成為 SOA 的最佳應用。

如果以軟體的角度來看，SOA 也算是一種軟體的架構，而網路服務（Web Service）則是在 SOA 架構下的一種軟體元件與軟體服務的概念。在目前網路科技的高速發展下，分散式處理的架構逐漸受到大家的注意，SOA 可以透過 Web Service 的實作來達成將網路視為一個巨大的作業平台，所有的服務都可由網路上的網站自動連結完成，這樣的作法

解決了各種平台及程式語言間的差異性，讓進行連結作業的兩端並不需要在交易其間期間進行事先的溝通工作。

傳遞資料的交換工作在網際網路上是非常重要的，特別是傳送的資料文件必須標準化，由於 XML 在資料交換上的性能卓越，能夠輕易地解決在網路架構中進行資料處理與交換。XML（Extensible Markup Language，中文譯為「可延伸標示語言」），是由 XML Working Group 所制訂，XML 著重在將文件資料以結構化的方式來表示，與 HTML 最大的不同在於 XML 是以結構與資訊內容為導向，補足了 HTML 只能定義文件格式的缺點，XML 具有容易設計的優點，並且可以跨平台使用。當我們用瀏覽器開啟 XML 文件時，網頁會以 XML 原始碼呈現，瀏覽器僅提供簡單的預覽功能，XML 必須搭配取出資料的程式才能發揮作用。

全球資訊網協會（World Wide Web Consortium, W3C）所定義的網路服務（Web Service）標準，成功地在 HTTP 通訊協定上所提供的標準化介面，就是以 XML 與 HTTP 為基礎，訂定了三個標準：SOAP、UDDI、WSDL 來為其他的應用程式提供服務。Web Service 主要利用 WSDL 來進行描述，然後透過 SOAP 標準協定互相溝通，最後再由註冊中心（UDDI）發布，從而使開發者和電子商務應用程式可以搜索及連結。WSDL、SOAP、UDDI 三個標準的說明如下：

- **SOAP**：簡易物件存取協定（Simple Object Access Protocol, SOAP）：1999 年由微軟的研發中心與 Lotus、IBM 等大廠提出，架構在 XML 之上，是一種架構簡單的輕量級資料傳輸協定，用以定義在 HTTP 的協定上存取遠端物件的方法。只要訊息收送雙方都支援此協定，就可以彼此交談。目前用於分散式網路環境下做資料訊息交換，主要著力於結合 HTTP 與其衍生架構。

- **WSDL**：Web 服務描述語言（Web Services Description Language, WSDL）是由微軟與 IBM 攜手合作所發表一種以 XML 技術為基礎之網際網路服務描述語言，副檔名就是 .WSDL，用來描述 Web Service 的語言，是利用一種標準方法來描述自己擁有哪些能力，可描述 Web Service 所提供功能與定義出介面、存取方式及位置。

- **UDDI**：統一描述搜尋與整合（Universal Description, Discovery and Integration, UDDI）是由 Ariba、IBM、微軟三大公司聯合主推 Web Service 註冊與搜尋機制，主要建置於 XML 技術之上，屬於一種 B2B 電子商務所使用的註冊機制標準，可定義一種方法來註冊及找尋 web service。就像是常用的電話簿，使用者可透過電話簿來快速找到所提供 web service 的相關資料。例如可提供服務要求者一個搜尋機制，取得和 web service 溝通的相關資訊，且促使業者更易於透過網際網路搜尋引擎尋找其他相關資源。

15-3 雲端運算的服務模式

根據美國國家標準和技術研究院（National Institute of Standards and Technology, NIST）的雲端運算明確定義了三種服務模式：

⬆ 知名硬體大廠 IBM 也提供三種雲端運算服務

15-3-1 軟體即服務（SaaS）

軟體即服務（Software as a service, SaaS）是一種軟體服務供應商透過 Internet 提供軟體的模式，意指讓使用者在不須下載軟體到本機上、不占用硬體資源的情況下，供應商透過訂閱模式提供軟體與應用程式給使用者，SaaS 常被稱為「隨選軟體」，並且通常是根據使用時數來收費，透過瀏覽器直接使用線上軟體，使用者本身不需要對軟體進行維護，即可利用租賃的方式來取得軟體的服務，在雲端運算架構中，伺服器並不會在乎你使用的電腦有優秀的運算能力，只要透過任何連接網際網路的裝置從任何地方進行存取，例如雲端概念的辦公室應用軟體（Google docs），可以將編輯好的文件、試算表或簡報等檔案，直接儲存在雲端硬碟空間中，提供各位一種線上

儲存、編輯與共用文件的環境。你只需要上網登錄 Google 文件，就可以具備像購買一套昂貴辦公室軟體所擁有的類似效果，而比較常見的模式是提供一組帳號密碼。

⬆ 只要瀏覽器就可以開啟 Google 雲端的文件

> **TIPS**　Google 公司所提出的雲端 Office 軟體概念，稱為 Google 文件（Google docs），可以讓使用者以免費的方式，透過瀏覽器及雲端運算就可以編輯文件、試算表及簡報。Google 文件軟體主要功能有：「Google 文件」、「Google 試算表」、「Google 簡報」、「Google 繪圖」。各位也能從任何設有網路連線和標準瀏覽器的電腦，隨時隨地變更和存取文件，也可以邀請其他人一起共同編輯內容。

15-3-2　平台即服務（PaaS）

平台即服務（Platform as a Service, PaaS）是在 SaaS 之後興起的一種新架構，也是一種提供資訊人員開發平台的服務模式，主要針對軟體開發者提供完整的雲端開發環境，公司的研發人員可以編寫自己的程式碼於 PaaS 供應商上傳的介面或 API 服務。由於軟體的開發和執行都是基於同樣的平台，讓開發者能用更低的成本、在更短的時間內開發完畢並上線，交由平台供應商協助進行監控和維護管理。

⬆ Google App Engine 是全方位管理的 PaaS 平台

15-3-3 基礎架構即服務（IaaS）

基礎架構即服務（Infrastructure as a Service, IaaS）是由供應商提供使用者運算資源存取，傳統基礎架構經常與舊式核心應用程式有關，以致無法輕易移轉至雲端，消費者可以使用「基礎運算資源」，如 CPU 處理能力、儲存空間、網路元件或中介軟體，也就是將主機、網路設備租借出去，讓使用者在業務初期可以依據需求租用、不必花大錢建置硬體。例如：Amazon.com 透過主機託管和發展環境，提供 IaaS 的服務項目，例如中華電信的 HiCloud 即屬於 IaaS 服務。

🔵 中華電信的 HiCloud 即屬於 IaaS 服務

15-4 | 雲端運算的部署模式

雲端運算依照其服務對象的屬性，大眾、單一組織、多個組織，而發展成 4 種雲端運算部署模式，分別是公有雲、私有雲、混合雲、社群雲，越來越多企業投向雲端的懷抱，以求提高敏捷度，並使 IT 資源密切符合業務需求，即使是規模較小的企業，也可利用雲端運算的好處，取得不輸大企業的龐大運算資源。

15-4-1 公有雲（Public Cloud）

公有雲（Public Cloud）是透過網路及第三方服務供應者，也就是由銷售雲端服務的廠商所成立，提供一般公眾或大型產業集體使用的雲端基礎設施，一般耳熟能詳的雲端運算服務，絕大多數都屬於公有雲的模式，通常公有雲價格較低廉，任何人都能輕易取得運算資源，其中包括許多免費服務。

⬆ Microsoft Azure 成為台灣企業最愛的公有雲

15-4-2　私有雲（Private Cloud）

　　私有雲（Private Cloud）：和公有雲一樣，都能為企業提供彈性的服務，而最大的不同在於私有雲是一種完全為特定組織建構的雲端基礎設施，可以部署在企業組織內，也可部署在企業外。

⬆ 宏碁推出的私有雲方案相當受到中小企業的歡迎

15-4-3 社群雲（Community Cloud）

社群雲（Community Cloud）是由多個組織共同成立，可以由這些組織或第三方廠商來管理，基於有共同任務或安全需求的特定社群共享的雲端基礎設施，所有社群成員共同使用雲端上的資料及應用程式。

⬆ IBM 所提出的智慧社群雲方案

15-4-4 混合雲（Hybrid Cloud）

混合雲（Hybrid Cloud）：結合兩個或多個獨立的雲端運算架構（私有雲、社群雲或公有雲），使用者通常將非企業關鍵資訊直接在公有雲上處理，但關鍵資料則以私有雲的方式來處理。

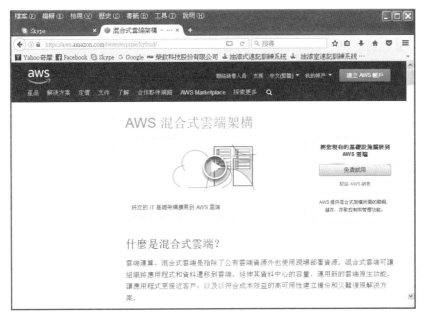

⬆ AWS 混合式雲端架構

15-5 | 物聯網（IOT）

　　物聯網（Internet of Things, IOT）是近年資訊產業中一個非常熱門的議題，物聯最早的概念是在 1999 年時由學者 Kevin Ashton 所提出，是指將網路與物件相互連接，實際操作上是將各種具裝置感測設備的物品，例如 RFID、環境感測器、全球定位系統（GPS）、雷射掃描器等種種裝置與網際網路結合起來而形成的一個巨大網路系統，全球所有的物品都可以透過網路主動交換訊息，透過網際網路技術讓各種實體物件、自動化裝置彼此溝通和交換資訊。

⬆ 物聯網系統的應用概念圖

圖片來源：www.ithome.com.tw/news/88562

15-5-1 物聯網的架構

物聯網的運作機制從實際用途來看，在概念上可分成 3 層架構，由底層至上層分別為感知層、網路層與應用層：

- 感知層：感知層主要是作為識別、感測與控制物聯網末端物體的各種狀態，對不同的場景進行感知與監控，主要可分為感測技術與辨識技術，包括使用各式有線或是無線感測器及如何建構感測網路，然後再透過感測網路將資訊蒐集並傳遞至網路層。

- 網路層：網路層則是利用現有無線或有線網路來有效的將感知層收集到的資料傳送至應用層，並將此資料傳輸至雲端，建構無線通訊網路。

- 應用層：應用層則是結合各種資料分析技術，來回饋並控制感應器或控制器的調節等，以及子系統重新整合，來滿足物聯網與不同行業間的專業進行技術融合，其所涵蓋到應用領域從環境監測、無線感測網路（Wireless Sensor Network, WSN）、能源管理、醫療照護（Health Care）、家庭控制與自動化與智慧電網（Smart Grid）等等。

15-5-2　物聯網的應用

　　現代人的生活正逐漸進入一個始終連接（Always Connect）網路的世代，除了資料與數據收集分析外，也可以回饋進行各種控制，這對於未來生活的便利性將有極大的影響，最終的目標是要打造一個智慧城市。現在的網路科技逐漸延伸到各個生活中的電子產品上，隨著業者端出越來越多的解決方案，物聯網概念將為全球消費市場帶來新衝擊，由於物聯網的應用範圍所牽涉到的軟體、硬體與之間的整合技術層面十分廣泛。在我們生活當中，已經有許多整合物聯網的技術與應用，可以包括如醫療照護、公共安全、環境保護、政府工作、平安家居、空氣汙染監測、土石流監測等領域。

　　物聯網是一項技術革命，由於物聯網的核心和基礎仍然是網際網路，物聯網的功能延伸和擴展到物品與物品之間，進行資訊或資源的交換。根據市場產業研究指出，2020年物聯網全球市場價值 1.7 兆美元，物聯網代表著未來資訊技術在運算與溝通上的演進趨勢，在這個龐大且快速成長的網路演進過程中，物件具備與其他物件彼此直接進行交流，無需任何人為操控，物聯網可搜集到更豐富的資料，因此可直接提供智慧化識別與管理。

MEMO

16 網路大數據與人工智慧

CHAPTER

近年來由於社群網站和行動裝置風行，加上萬物互聯的時代無時無刻產生大量的網路資料，使用者瘋狂透過手機、平板電腦、電腦等，在社交網站上大量分享各種資訊，許多熱門網站擁有的資料量都上看數 TB（Tera Bytes，兆位元組），甚至上看 PB（Peta Bytes，千兆位元組）或 EB（Exabytes，百萬兆位元組）的等級。大數據（big data）時代的到來，正在翻轉現代人們的生活方式，自從 2010 年開始，全球資料量已進入 ZB（zettabyte）時代，且每年以 60%~70% 的速度向上攀升，面對不斷擴張的巨大資料量，正以驚人速度不斷被創造出來的網路大數據，為各種產業的營運模式帶來新契機。

阿里巴巴創辦人馬雲在德國 CeBIT 開幕式上如此宣告：「未來的世界，將不再由石油驅動，而是由數據來驅動！」在國內外許多擁有大量顧客資料的企業，例如 Facebook、Google、Twitter、Yahoo 等科技龍頭企業，都紛紛感受到這股如海嘯般來襲的大數據浪潮。網路大數據應用相當廣泛，我們的生活中也有許多重要的事需要利用大數據來解決。

⬆ Facebook 廣告背後就包含了大數據技術

16-1 | 資料科學與大數據

近數十年來，資料在各行各業都已經有很多有效的應用，將資料應用延伸至實體場域最早是前世紀在 90 年代初，全球零售業的巨頭沃爾瑪（Walmart）超市就選擇把店內的尿布跟啤酒擺在一起，透過帳單分析，找出尿布與啤酒產品間的關聯性，尿布賣得好的店櫃位附近啤酒也意外賣得很好，進而調整櫃位擺設及推出啤酒和尿布共同銷售的促銷手段，成功帶動相關營收成長，開啟了資料科學（Data Science）發展與資料分析的序幕。

資料科學的狂潮不斷推動著這個世界，所謂資料科學就是研究從大量的結構性與非結構性資料中萃取出具行動力的知識，藉著提升從大型複雜的資料中提取知識的能力。在這個大數據的時代，用資料科學解決生活中各種大大小小的問題，大數據時代產生的

資料有許多特徵，資料不僅在數量上變多，而且日益複雜，這些特徵也引領資料科學在這些新興資料型態的分析上有著重大發展。

> **TIPS** 結構化資料（Structured data）則是目標明確，有一定規則可循，每筆資料都有固定的欄位與格式，偏向一些日常且有重覆性的工作，例如薪資會計作業、員工出勤記錄、進出貨倉管記錄等。非結構化資料（Unstructured Data）是指那些目標不明確，不能量化或定型化的非固定性工作，讓人無從打理起的資料格式，例如社交網路的互動資料、網際網路上的文件、影音圖片、網路搜尋索引、Cookie 紀錄、醫學記錄等資料。

　　由於使用者在網路及社群上累積的網路行為及口碑，都能夠被量化，生活上最顯著的應用莫過於 Facebook 上的個人化推薦和廣告推播，為了記錄每一位好友的資料、動態消息、按讚、打卡、分享、狀態及新增圖片，必須藉助大數據的技術，接著 Facebook 才能分析每個人的喜好，再投放他感興趣的廣告或行銷訊息。事實上，在國內外許多擁有大量顧客資料的企業，例如 Facebook、Google、Twitter、Yahoo 等科技龍頭企業，都紛紛感受到這股如海嘯般來襲的大數據浪潮。大數據應用相當廣泛，我們的生活中也有許多重要的事需要利用大數據來解決。

16-1-1　大數據的特性

　　沒有人能夠告訴各位，超過哪一項標準的資料量才叫大數據，如果資料量不大，可以使用電腦及常用的工具軟體慢慢算完，就用不到大數據資料的專業技術，由於資料的來源有非常多的途徑，大數據的格式也將會越來越複雜，也就是說，只有當資料量巨大且有時效性的要求，較適合應用大數據技術進行相關處理。

　　大數據涵蓋的範圍太廣泛，每個人對大數據的定義又各自不同，在維基百科的定義，大數據是指無法使用一般常用軟體在可容忍時間內進行擷取、管理及處理的大量資料。

　　我們可以這麼簡單解釋：大數據其實是巨大資料庫加上處理方法的一個總稱，是一套有助於企業組織大量蒐集、分析各種數據資料的解決方案，並包含以下三種基本特性：

- 巨量性（Volume）：現代社會每分每秒都正在產生龐大的資料量，堪稱是以過去的技術無法管理的巨大資料量，資料量的單位可從 TB（terabyte，一兆位元組）到 PB（petabyte，千兆位元組）。

- 速度性（Velocity）：隨著使用者每秒都在產生大量的資料回饋，更新速度也非常快，資料的時效性也是另一個重要的課題，技術也能做到即時儲存與處理。我們可以這樣形容：大數據產業應用成功的關鍵在於速度，往往取得資料時，必須在最短時間內反映，立即做出反應修正，才能發揮資料的最大價值，否則將會錯失商機。

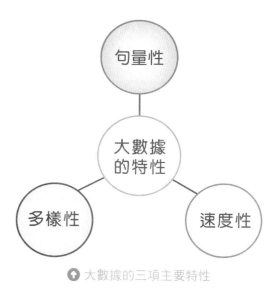

⬆ 大數據的三項主要特性

- 多樣性（Variety）：大數據資料的來源包羅萬象，例如存於網頁的文字、影像、網站使用者動態與網路行為、客服中心的通話紀錄，資料來源多元及種類繁多。巨量資料課題真正困難的問題在於分析多樣化的資料，彼此間能進行交互分析與尋找關聯性，包括企業的銷售、庫存資料、網站的使用者動態、客服中心的通話紀錄；社交媒體上的文字影像等企業資料庫難以儲存的「非結構化資料」。

16-1-2　大數據的應用

　　大數據現在不只是資料處理工具，更是一種企業思維和商業模式。大數據揭示的是一種「資料經濟」的精神。長期以來企業經營往往仰仗人的決策方式，導致決策結果不如預期，日本野村高級研究員城田真琴曾經指出，「與其相信一人的判斷，不如相信數千萬人的資料」，她的談話一語道出了大數據分析所帶來商業決策上的價值，因為採用大數據可以更加精準掌握事物的本質與訊息。

　　大數據中遍地是黃金，更是一場從管理到行銷的全面行動化革命，不少知名企業更是從中嗅到了商機，各種品牌紛紛大舉跨足數位行銷的範疇。大數據相關的應用，不完全只有那些基因演算、國防軍事、海嘯預測等資料量龐大才需要使用大數據技術，甚至橫跨電子商務、決策系統、廣告行銷、醫療輔助或金融交易…等，都有機會使用大數據相關技術。就以醫療應用為例，能夠在幾分鐘內解碼整個 DNA，並且讓我們制定出最新的治療方案，為了避免醫生的疏失，美國醫療機構與 IBM 推出 IBM Watson 醫生診斷輔

助系統，此系統會從大數據分析的角度，幫助醫生列出更多的病徵選項，大幅提升疾病診癒率，甚至能幫助衛星導航系統建構完備即時的交通資料庫。例如美國最大的線上影音出租服務的網站 Netflix 長期對節目進行分析，透過對觀眾收看習慣的瞭解，對客戶的行動裝置行為進行大數據分析，透過大數據分析的推薦引擎，不需要把影片內容先放出去後才知道觀眾喜好程度，結果證明使用者有 70% 以上的機率會選擇 Netflix 曾經推薦的影片，使 Netflix 節省不少行銷成本。

⬆ Netflix 借助大數據技術成功推薦消費者喜歡的影片

全球知名的 Amazon 商城會根據客戶瀏覽的商品，從已建構的大數據庫中整理曾瀏覽該商品的所有人，然後會給這位新客戶一份建議清單，在建議清單中會列出曾瀏覽這項商品的人也會同時瀏覽過哪些商品？甚至那些曾購買這項商品的人也會同時購買哪些相關性的商品？由這份建議清單，新客戶可以快速作出購買的決定，而這種大數據結合相關技術的推薦作法，也確實為 Amazon 商城帶來更大量的商機與利潤。

⬆ Amazon 應用大數據技術提高商品銷售的成績

就連目前相當熱門的「英雄聯盟」（LOL）這款多人線上遊戲，更是經常運用網路大數據來剖析玩家心理，再藉由社群號召玩家力量，並將比賽狀況透過錄影或直播的方式發布在社群網站上。遊戲開發商 Riot Games 也很重視社群大數據分析，目標是希望成為世界上最瞭解玩家的遊戲公司，背後靠的正是收集以玩家喜好為核心的大數據，掌握了全世界各地區所設置的伺服器裡，遠超過每天產生超過 5000 億筆以上的各種玩家與社群討論資料，透過連線對於全球所有比賽玩家進行的每一筆搜尋、動作、交易，或者敲打鍵盤、點擊滑鼠的每一個步驟中，可以即時監測所有玩家的動作與產出大數據資料分析，並瞭解玩家最喜歡的英雄，再從已建構的大數據資料庫中把這些資訊整理起來分析排行。

⬆ 英雄聯盟的遊戲畫面場景

遊戲市場的特點就是飢渴的玩家和激烈的割喉競爭，資料的解讀特別是電競戰中非常重要的一環，電競產業內的設計人員正努力擴增大數據的使用與分析範圍，數字不僅是數字，這些「英雄」設定分別都有一些不同的數據屬性，玩家偏好各有不同，你必須瞭解玩家心中的優先順序，只要發現某一個英雄出現太強或太弱的情況，就能即時調整相關數據的遊戲平衡性，用數據來擊殺玩家的心，進一步提高玩家參與的程度。

⬆ 英雄聯盟的遊戲戰鬥畫面

不同的英雄會搭配各種數據平衡，研發人員希望讓每場遊戲盡可能接近公平，因此根據玩家所認定英雄的重要程度來排序，創造雙方勢均力敵的競賽環境，然後再集中精力去設計最受歡迎的英雄角色，找到那些沒有滿足玩家需求的英雄種類，是創造新英雄的第一步，這樣的做法真正提供了遊戲基本公平又精彩的比賽條件。Riot Games 懂得利用社群大數據來隨時調整遊戲情境與平衡度，確實創造出能滿足大部分玩家需要的英雄們，這也是英雄聯盟能成為目前最受歡迎遊戲的重要因素。

16-2 | 大數據相關技術 -Hadoop 與 Sparks

大數據是目前相當具有研究價值的未來議題，也是一國競爭力的象徵。大數據資料涉及的技術層面很廣，它所談的重點不僅限於資料的分析，還必須包括資料的儲存、備份，與將取得的資料進行有效的處理，否則就無法利用這些資料進行社群網路行為分析，也無法提供廠商作為客戶分析。身處大數據時代，隨著資料不斷增長，使得大型網路公司的用戶數量，呈現爆炸性成長，企業對資料分析和儲存能力的需求必然大幅上升，這些知名網路技術公司紛紛投入大數據技術，使得大數據成為頂尖技術的指標，洞見未來趨勢浪潮，獲取源源不斷的大數據創新養分，瞬間成了搶手的當紅炸子雞。

16-2-1　Hadoop

隨著分析技術不斷的進步,許多網路行銷、零售業、半導體產業也開始使用大數據分析工具,現在只要提到大數據就絕對不能漏掉關鍵技術 Hadoop 技術,主要因為傳統的檔案系統無法負荷網際網路快速爆炸成長的大量資料。Hadoop 是源自 Apache 軟體基金會(Apache Software Foundation)底下的開放原始碼計畫(Open source project),為了因應雲端運算與大數據發展所開發出來的技術,是一款處理平行化應用程式的軟體,它以 MapReduce 模型與分散式檔案系統為基礎。

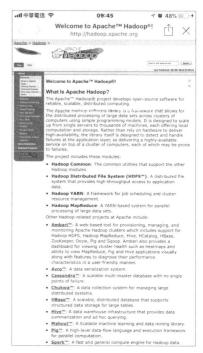

Hadoop 使用 Java 撰寫並免費開放原始碼,用來儲存、處理、分析大數據的技術,兼具低成本、靈活擴展性、程式部署快速和容錯能力等特點,為企業帶來新的資料儲存和處理方式,同時能有效地分散系統的負荷,讓企業可以快速儲存大量結構化或非結構化資料的

⬆ Hadoop 技術的官方網頁

資料,遠遠大於今日關連式資料庫管理系統(RDBMS)所能處理的量,具有高可用性、高擴充性、高效率、高容錯性等優點。

在以 Google 搜尋引擎的相關學術論文(GFS 分散式檔案系統)為參考對象的基礎下,慢慢演變出一套可以儲存、處理、分析大數據的先進處理方法,用戶可以輕鬆地在 Hadoop 上開發和執行處理大數據相關的應用程式。Hadoop 提供為大家所共識的 HDFS(Hadoop Distributed File System, HDFS)分散式資料儲存功能,可以自動儲存多份副本,能夠自動將失敗的任務重新分配,此外還提供稱為 MapReduce 的平行運算處理架構功能,因此 Hadoop 一躍成為大數據科技領域最炙手可熱的話題,發展十分迅速,儼然成為非結構資料處理的標準,徹底顛覆整個產業的面貌。基於 Hadoop 處理大數據資料的種種優勢,例如 Facebook、Google、Twitter、Yahoo 等科技龍頭企業,都選擇 Hadoop 技術來處理自家內部大量資料的分析,連全球最大連鎖超市業者 Walmart 與跨國性拍賣網站 eBay 都是採用 Hadoop 來分析顧客搜尋商品的行為,並發掘出更多的商機。

　　Hadoop 技術成功地讓大數據成為未來科技發展的重心，無疑是全球企業用來因應大數據需求的主要投資項目之一，這股大趨勢不僅影響資訊科技的走向，更成為商業熱烈討論的議題，使用 Hadoop 技術時，不需要額外購買具昂貴的軟硬體平台，只須在伺服器群組導入平行資料處理的技巧即可，它可以處理任何資料型態，能夠在節點之間動態地移動資料，因此處理速度非常快，Hadoop 逐漸成為企業日常營運不可或缺的系統，當然 Hadoop 人才也儼然成為各大企業挖角的對象之一。

16-2-2　Spark

　　最近快速竄紅的 Apache Spark，是由加州大學柏克萊分校的 AMPLab 所開發，是目前大數據領域最受矚目的開放原始碼（BSD 授權條款）計畫，Spark 相當容易上手使用，可以快速建置演算法及大數據資料模型，目前許多企業也轉而採用 Spark 作為更進階的分析工具，也是目前相當看好的新一代大數據串流運算平台。

　　我們知道速度在大數據資料的處理上非常重要，為了能夠處理 PB 級以上的資料，Hadoop 的 MapReduce 計算平台獲得了廣泛採用，不過還是有許多可以改進的地方。例如 Hadoop 在做運算時需要將中間產生的資料存在硬碟中，因此會有讀寫資料的延遲問題，Spark 使用了「記憶體內運算技術（In-Memory Computing）」，大量減少資料的移動，能在資料尚未寫入硬碟時即在記憶體內分析運算，讓原本使用 Hadoop 來處理及分析資料的系統快上 100 倍。

⬆ Spark 官網提供軟體下載及許多相關資源

　　由於 Spark 是一套和 Hadoop 相容的解決方案，繼承了 Hadoop MapReduce 的優點，但是 Spark 提供的功能更為完整，可以更有效地支援多種類型的計算。IBM 將 Spark 視為未來主流大數據分析技術，不僅是因為 Spark 會比 MapReduce 快上很多，更提供了彈性「分散式文件管理系統」（resilient distributed datasets, RDDs），可以駐留在記憶體中，然後直接讀取記憶體中的資料。

　　Spark 擁有相當豐富的 API，提供 Hadoop Storage API，可以支援 Hadoop 的 HDFS

儲存系統，更支援 Hadoop（包括 HDFS）所包括的儲存系統，使用的語言為 Scala，並支援 Java、Python 和 Spark SQL，各位可以直接用 Scala（原生語言）或者視應用環境來決定使用哪種語言來開發 Spark 應用程式。

16-3 | 人工智慧

在這個大數據時代，資料科學（Data Science）的狂潮不斷地推動著這個世界，全球用戶使用行動裝置的人口數已經開始超越桌機，一支智慧型手機的背後就代表著一份獨一無二的用戶科學，加上大數據給人工智慧（Artificial Intelligence, AI）的發展提供前所未有的機遇，人工智慧儼然是未來科技發展的主流趨勢，AI 的應用領域不僅展現在機器人、物聯網、自駕車、智慧服務等，更與行銷產業息息相關。如果要真正充分發揮資料價值，不能只光談大數據，人工智慧是絕對不能忽略的相關領域，我們可以很明確地說，人工智慧、機器學習與深度學習是大數據的下一步。

人工智慧的概念最早是由美國科學家 John McCarthy 於 1955 年提出，舉凡模擬人類的聽、說、讀、寫、看、動作等電腦技術，都被歸類為人工智慧的可能範圍。簡單地說，人工智慧就是由電腦所模擬或執行，具有類似人類智慧或思考的行為，例如推理、規劃、問題解決及學習等能力。

微軟亞洲研究院曾經指出：「未來的電腦必須能夠看、聽、學，並能使用自然語言與人類進行交流。」人工智慧的原理是認定智慧源自於人類理性反應的過程而非結果，即是來自於以經驗為基礎的推理步驟，那麼可以把經驗當作電腦執行推理的規則或事實，並使用電腦可以接受與處理的形式來表達，這樣電腦也可以發展與進行一些近似人類思考模式的推理流程。

⬆ 人工智慧為現代產業帶來全新的革命

圖片來源：中時電子報

16-3-1　機器學習

　　近幾年人工智慧的應用領域愈來愈廣泛，主要原因之一就是圖形處理器（Graphics Processing Unit, GPU）與雲端運算等關鍵技術愈趨成熟普及，使得平行運算的速度更快、成本更低廉，我們也因人工智慧而享用許多個人化的服務、生活也變得更為便利。GPU 可說是近年來科學計算領域的最大變革，是指以圖形處理單元（GPU）搭配 CPU 的微處理器，GPU 則含有數千個小型且更高效率的 CPU，不但能有效進行平行處理（Parallel Processing），還可以達到高效能運算（High Performance Computing; HPC）能力，藉以加速科學、分析、遊戲、消費和人工智慧應用。

　　我們知道 AI 最大的優勢在於「化繁為簡」，將複雜的大數據加以解析，AI 改變產業的能力已相當清楚，且可應用的範圍亦相當廣泛。機器學習（Machine Learning, ML）是大數據與 AI 發展非常重要的一環，為大數據分析的一種方法，透過演算法給予電腦大量的「訓練資料（Training Data）」，在大數據中找到規則，機器學習是大數據發展的下一個進程，可以發掘多資料元變動因素之間的關聯性，進而自動學習並且做出預測，意即機器模仿人的行為，特性很適合將大量資料輸入後，讓電腦自行嘗試演算法找出其中的規律性，對機器學習的模型來說，用戶越頻繁使用，資料的量越大越有幫助，機器就可以學習的愈快，進而達到預測效果不斷提升的過程。

⬆ YouTube 透過 TensorFlow 技術過濾出受眾感興趣的影片

　　機器學習的應用範圍相當廣泛，從健康監控、自動駕駛、自動控制、自然語言、醫療成像診斷工具、電腦視覺、工廠控制系統、機器人到網路行銷領域。隨著行動行銷而來的是各式各樣的大數據資料，這些資料不僅精確，更是相當多元，如此龐雜與多維的資料，最適合利用機器學習解決這類問題，例如各位應該都有在 YouTube 觀看影片的經驗，YouTube 致力於提供使用者個人化的服務體驗，導入 TensorFlow 機器學習技術，過濾出觀賞者可能感興趣的影片，並顯示在「推薦影片」中，全球 YouTube 超過 7 成用戶會觀看來自自動推薦影片，當觀看的影片數量越多，不論是喜歡以及不喜歡的影音都是機器學習訓練資料，會根據紀錄這些使用者觀看經驗，列出更符合觀看者喜好的影片。

> **TIPS** TensorFlow 是 Google 於 2015 年由 Google Brain 團隊所發展的開放原始碼機器學習函式庫，可以讓許多矩陣運算達到最佳的效能，並且支援不少針對行動端訓練和優化好的模型，無論是 Android 和 iOS 平台的開發者都可以使用，例如 Gmail、Google 相簿、Google 翻譯等都有 TensorFlow 的影子。

⬆ TensorFlow 官網

現代網路行銷業者如果及時引進機器學習（ML），將可更準確預測個別用戶偏好，機器會從資料中自主且重複學習，分析每個消費者在電腦、平板與手機上的使用行為，也可以從過去的資料或經驗當中，由機器學習（machine learning）的模型搜尋所有商品之後，提供買家最相關的購物選項，作為我們網路行銷時參考的基準。

16-3-2　深度學習

隨著科技和行動網路的發達，其中所產生的龐大、複雜資訊，已非人力所能分析，由於 AI 改變了行動行銷的遊戲規則，讓店家藉此接觸更多潛在消費者與市場，深度學習（Deep Learning, DL）算是 AI 的一個分支，也可以視為具有層次性的機器學習法，更將 AI 推向類似人類學習模式的優異發展。深度學習並不是研究者們憑空創造出來的運算技術，而是源自於類神經網路（Artificial Neural Network）模型，並且結合了神經網路架構與大量的運算資源，目的在於讓機器建立與模擬人腦進行學習的神經網路，以解釋大數據中圖像、聲音和文字等多元資料，例如可以代替人們進行一些日常的選擇和採買，或者在茫茫網路海中，獨立找出分眾消費的資料，甚至於可望協助病理學家迅速辨識癌細胞，乃至挖掘出可能導致疾病的遺傳因子，未來也將有更多深度學習的應用。

我們知道人腦是由約一千億個腦神經元組合而成，它可以說是身體中最神秘的一個器官，蘊藏著靈敏而奇妙的運作機制，神經系統間的傳導就是靠著神經元之間的訊息交流所引發。神經元會長出兩種觸手狀的組織，稱為軸突（axons）與樹突（dendrites）。軸突負責將訊息傳遞出去，樹突負責將訊息帶回細胞，而神經系統間的傳導就是靠著神經元之間的訊息交流所引發。當我們開始學習新的事物時，數以萬計的神經元就會自動組成一組經驗拼圖，當神經元發出與過去經驗拼圖類似的訊號時，就出現了記憶與學習模式。

類神經網路就是模仿生物神經網路的數學模式，取材於人類大腦結構，使用大量簡單而相連的人工神經元（Neuron）來模擬生物神經細胞受特定程度刺激來反應刺激架構為基礎的研究，這些神經元將根據預先被賦予的權重，各自執行不同任務，只要訓練的歷程愈扎實，這個被電腦系統所預測的最終結果，接近事實真相的機率就會愈大。

由於類神經網路具有高速運算、記憶、學習與容錯等能力，可以利用一組範例，透過神經網路模型建立出系統模型，讓類神經網路反覆學習，經過一段時間的經驗值，便可以進行推估、預測、決策、診斷的相關應用。最為人津津樂道的深度學習應用，當屬 Google Deepmind 開發的 AI 圍棋程式 AlphaGo 接連大敗歐洲和南韓圍棋棋王，AlphaGo 的設計是將大量的棋譜資料輸入，還有精巧的深度神經網路設計，透過深度學習掌握更抽象的概念，讓 AlphaGo 學習下圍棋的方法，接著就能判斷棋盤上的各種狀況，後來創下連勝 60 局的佳績，並且不斷反覆跟自己比賽來調整神經網路。

⬆ AlphaGo 接連大敗歐洲和南韓圍棋棋王

　　透過深度學習的訓練，機器正變得越來越聰明，不但會學習也會進行獨立思考，人工智慧的運用也更加廣泛，深度學習包括建立和訓練一個大型的人工神經網路，人類要做的事情就是給予規則跟大數據的學習資料，相較於機器學習，深度學習在數位行銷方面的應用，不但能解讀消費者及群體行為的歷史資料與動態改變，更可能預測消費者的潛在慾望與突發情況，能應對未知的情況。